U0504800

聚焦核心业务提升核心能力系列教材

开关类设备运检技术及故障处理

中国南方电网有限责任公司超高压输电公司 编

中国电力出版社
CHINA ELECTRIC POWER PRESS

内 容 提 要

本书以开关类设备为核心，对高压交直流断路器、高压隔离开关、气体绝缘金属封闭开关设备、气体绝缘金属输电线路、避雷器以及高压开关柜六个设备，分别从在电力系统中的位置及作用、设备结构原理、现场维护与试验、典型缺陷与故障分析处理、故障检测技术等方面进行介绍，最后介绍了开关类设备新技术的研究与展望。本书通过理论与实践相结合的方式，帮助读者更好地理解和掌握开关类设备运检与故障处理的相关知识，提高实际操作能力和故障应对能力。

本书可作为从事电力系统运行、维护和管理的人员的培训用书，也可供相关从业人员参考。

图书在版编目（CIP）数据

开关类设备运检技术及故障处理 / 中国南方电网有限责任公司超高压输电公司编．—北京：中国电力出版社，2024.10（2025.5重印）

ISBN 978-7-5198-8895-4

Ⅰ. ①开…　Ⅱ. ①中…　Ⅲ. ①开关电源－运行②开关电源－故障修复　Ⅳ. ① TN86

中国国家版本馆 CIP 数据核字（2024）第 089897 号

出版发行：中国电力出版社
地　　址：北京市东城区北京站西街 19 号（邮政编码 100005）
网　　址：http://www.cepp.sgcc.com.cn
责任编辑：高　芬（010-63412717）
责任校对：黄　蓓　王小鹏
装帧设计：张俊霞
责任印制：石　雷

印　　刷：三河市航远印刷有限公司
版　　次：2024 年 10 月第一版
印　　次：2025 年 5月北京第二次印刷
开　　本：710 毫米 ×1000 毫米　16 开本
印　　张：16
字　　数：265 千字
印　　数：1501—2000 册
定　　价：96.00 元

本书编委会

主　　任　李庆江　叶煜明

副 主 任　潘　超　王国利

委　　员　贺　智　李小平　冯　鸫　曹小拐　朱迎春

本书编写组

主　　编　叶煜明　王国利

副 主 编　楚金伟　吕金壮　龙　启　黎卫国　蒋　龙

编写人员　盛　康　王典浪　陈　静　韦　宇　陈　文　梁　俊
谢　宁　李明洋　龚诚嘉锐　钟宏乐　熊　亮　陈　光
覃　言　尹　启　卢文浩　庄小亮　徐　友　张长虹
姜克如　孙　勇　黄大为　杨　旭　罗赞琛　曾星宏
何满棠　孙珂珂　孙清超

序

当前，南方电网公司正处于建设世界一流企业的重要时期，部署了“九个强企”建设提升核心竞争力、增强核心功能，对直流输电的可靠性指标、运营能力、人才发展、技术创新、标准体系等核心要素提出了更高要求。作为南方区域西电东送的责任主体，随着新型电力系统及新型能源体系构建，迫切需要固底板、铸长板、补短板、扬优势，进一步提升直流核心竞争力，壮大竞争优势，支撑公司全面建成具有全球竞争力的世界一流跨区域输电企业。

人才作为“第一资源”，其培养工作是基础性、系统性、战略性工程。习近平总书记对实施新时代人才强国战略、加强和改进教育培训工作作出一系列重要论述、提出一系列明确要求，为行业和企业做好人才培养、打造一流产业工人队伍提供了根本遵循和行动指南。教材在建设人才强国中具有重要作用，党的二十大报告在科教兴国战略中指出要加强教材建设和管理。南网超高压公司坚持为党育人、为国育才，按照南方电网公司教育培训体系建设的统一部署，深入推动基层聚焦核心业务、提升核心能力建设工作，提升“三基”建设工作质量。以建设专业齐全、结构合理、阶段清晰的培训内容体系为目标，着力打造适应高质量发展要求的员工培训教材，帮助员工学习、掌握、研究核心业务与关键技术，加速提升员工履职能力、助力员工适岗成才，夯实公司建设世界一流企业的人才基础。

近年来，南网超高压公司立足新发展阶段，贯彻高质量发展要求，紧跟新型电力系统发展趋势，紧贴生产经营实际，根据超特高压直流输电核心技术、人才培养经验成效，基于员工对专业知识学习需要，综合考虑教材开发规模、专家队伍、专业发展等因素，采取了“统一框架、逐批开发、稳步成系列”的建设思路，围绕生产一线核心业务聚焦核心能力，今年我们首批出版开关检修类、无人机巡检类、输电材料制造工艺类三部教材，力争在2025

年实现公司级教材对一线核心业务的全覆盖。

系列教材的出版，对电网企业人才发展是一个积极的推动。不仅适合于各专业人员的教学和参考，而且适合于专业领域研究参考。当然，在本书内容的编撰中，有的地方还有待我们进一步推敲和优化，欢迎使用本系列教材的读者提出宝贵意见和建议，我们将持续完善。我相信，这套教材对员工个人学习成长将是非常有益的。在此，我感谢中国电力出版社和参编人员做出了这样一件有意义、有价值的工作。

2024 年 9 月

前　言

开关类设备是输电系统的重要设备之一，对电网和电力设备起控制、保护和安全隔离的作用，决定着电网的输送容量和运行安全。自21世纪以来，我国开关类设备的研发制造水平持续提高，从20世纪的引进、消化、吸收，发展为自主创新、行业引领，产生了一系列重大科技创新成果，对这些创新成果进行梳理和总结，对于保障电力系统的安全稳定运行具有重要意义。

开关类设备作为电力系统中的核心元件，由于各种因素的影响，在运行过程中可能会出现各种故障，如机械故障、电气故障等。这些故障不仅会影响电力系统的正常运行，严重时甚至可能导致系统瘫痪。因此，对开关类设备进行定期的检修与维护，及时发现并排除故障，是保障电力系统稳定运行的关键。

本书包含7章，第1章～第6章，讲述了高压交直流断路器、高压隔离开关、气体绝缘金属封闭开关设备、气体绝缘金属输电线路、避雷器以及高压开关柜六个设备，分别从各开关设备在电力系统位置及作用、设备结构原理、现场维护与试验、典型缺陷与故障分析处理、故障检测技术等方面进行阐述；在前6章的基础上，第7章对开关类设备新技术进行了介绍，包括高电压大容量开断技术、金属封闭式直流高压开关设备、高速开断技术、环保类开关设备、新一代智慧型高压开关设备等。

本书凝结了南方电网有限责任公司超高压输电公司培训与评价中心以及编写组专家的智慧，在编写过程中，力求内容的系统性和完整性，力求技术的实用性和前沿性。本书通过理论与实践相结合，既提供了丰富的理论知识，又结合实际操作进行了详细的阐述。希望通过本书，能够帮助读者全面掌握开关类设备的运检技术与故障分析方法，为从事电力系统运行、维护和管理的人员提供有价值的参考，为保障电力系统的安全、稳定运行贡献一份力量。由于电力行业技术与管理的不断发展，书中编写的内容可能存在一定的偏差，欢迎广大读者提出宝贵意见并持续关注，从而共同为电网企业发展做出应有贡献。

编者

2024 年 4 月

目　录

章前导读

导读

高压交直流断路器是电力系统的“安全卫士”，本章主要研究对象为交流场区域和直流场区域的敞开式断路器。本章首先介绍了高压交直流断路器在电力系统中的位置及作用，重点阐述了高压断路器典型灭弧室结构和操动机构工作原理，梳理了敞开式断路器现场维护检修与试验工作，总结了敞开式断路器典型缺陷及故障处理方法，最后分享了敞开式断路器典型故障案例。

重难点

本章的重点介绍高压断路器灭弧室结构设计，含 SF_6 断路器和真空断路器灭弧室结构设计，其中，SF_6 断路器灭弧室结构设计包括压气式 SF_6 断路器、自能式 SF_6 断路器、双动原理断路器、旋弧式 SF_6 断路器；常见操动机构的动作原理包括弹簧操动机构、液压操动机构、气动－弹簧操动机构。此外，重点总结了高压断路器常见故障类型及故障处理方法。

本章的难点在于正确把握高压断路器现场维护与试验，具体体现在高压断路器现场维护检修项目、检修质量标准、现场试验项目、现场试验步骤及标准。

重难点	包括内容	具体内容
重点	灭弧室动作原理	1. 压气式 SF_6 断路器 2. 自能式 SF_6 断路器 3. 双动原理断路器 4. 旋弧式 SF_6 断路器 5. 真空断路器
	操动机构动作原理	1. 弹簧操动机构 2. 液压操动机构 3. 气动－弹簧操动机构
	常见故障及处理方法	1. 敞开式断路器常见故障 2. 敞开式断路器故障处理
难点	现场维护与试验	1. 检修项目及标准 2. 试验项目及标准

第1章 高压交直流断路器

1.1 在电力系统中的位置及作用

1.1.1 高压断路器定义

断路器（或称开关）是指能够关合、承载和开断正常回路条件下的电流，即在规定的时间内承载规定的过电流，并能关合和开断在异常回路条件（如各种短路条件）下的电流的机械开关装置。断路器按其使用范围分为高压断路器与低压断路器，一般将额定工作电压在3kV及以上的断路器称为高压断路器。

1.1.2 高压交流断路器在电力系统中的位置

高压交流断路器在交流输变电系统中通常是串接在线路出线、联络和母线分段、联络等回路中，只有串联补偿装置用断路器则是并接在电容器组的两端，高压交流断路器在交流输变电系统中的位置见图1-1，按照安装位置可分为出线断路器、联络断路器、分段断路器和旁路断路器。

1.1.3 高压交流断路器的作用

高压交流断路器在电力系统中起着两方面的作用：①控制作用，即根据电力系统运行需要，将一部分电力设备或线路投入或退出运行；②保护作用，即在电力设备或线路发生故障时，将故障部分从电力系统中迅速切除。

（1）正常运行时起控制作用，高压交流断路器能开断、关合和承载运行线路的正常电流，并根据电力系统运行需要，与高压隔离开关配合可实现运行方式调整、设备停送电倒闸操作，与自动电压控制装置（AVC）配合可实现无功补偿设备自动投切。

（2）当电力系统某一部分发生故障时起保护作用，能在规定时间内关合、

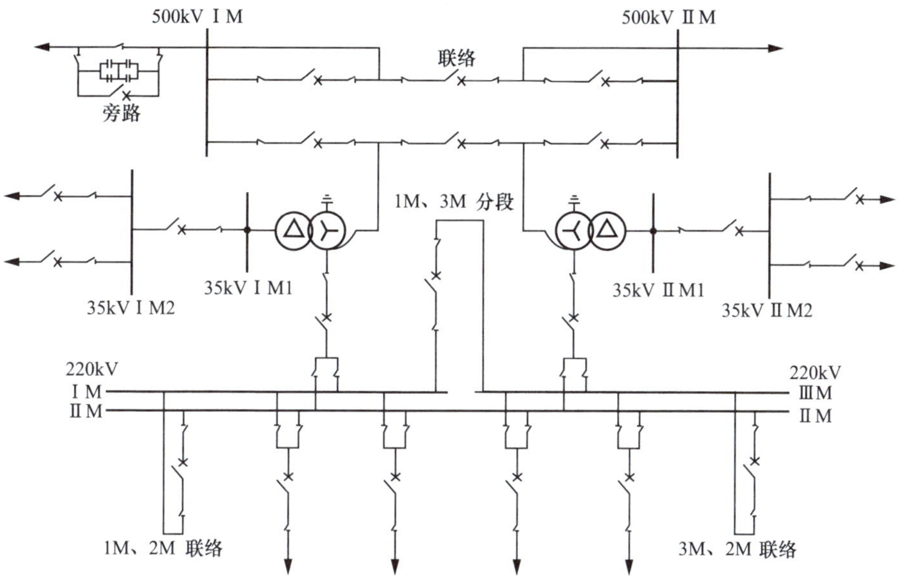

图 1-1　高压交流断路器在交流输变电系统中的位置

承载和开断规定的异常电流（如短路电流），与继电保护装置、安全稳定控制装置、失步解裂装置等自动装置配合，将该故障部分从系统中迅速切除，减少停电范围，防止事故扩大，必要时切除发电机或负荷，甚至将两个区域的电网进行解裂，保护系统中各类电气设备不受损坏，保证系统无故障部分安全运行。

（3）在工作电源因故障跳闸后，与备自动投装置配合，可自动迅速地将备用电源投入；与自动化系统配合可实现配电网故障自愈，迅速恢复非故障区域负荷供电，提高供电可靠性。

1.1.4　高压直流断路器在电力系统中的位置

高压直流断路器在直流输电系统中的位置与高压交流断路器有所区别，一是跨接在一个或多个换流桥直流端子间，作为换流桥投入、退出运行过程中转移电流、短接换流桥的旁路开关；二是串接在直流输电回线中作为运行电流转换开关。高压直流断路器包括金属回线转换开关（Metallic Return Transfer Break，MRTB）、大地回线转换开关（Earth Return Transfer Break，ERTB）、中性母线开关（Neutral Bus Switch，NBS）、中性母线接地开关（Neutral Bus Grounding Switch，NBGS），高压直流断路器在直流输电系统中的位置见图 1-2。

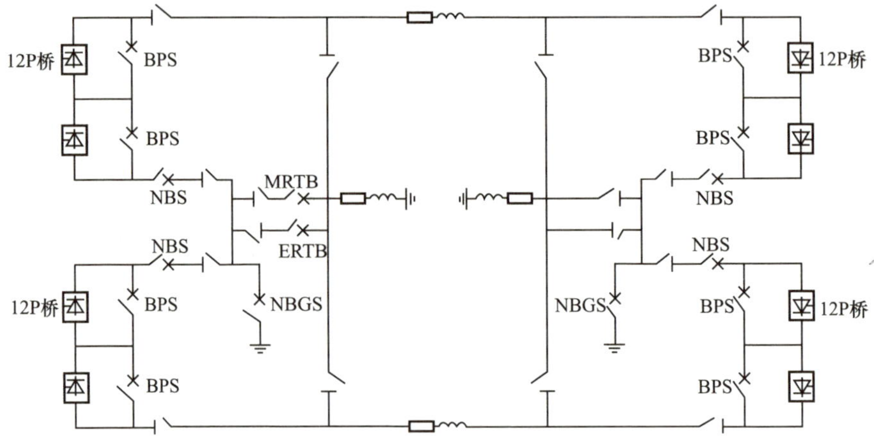

图 1-2　高压直流断路器在直流输电系统中的位置

BPS—旁路开关；MRTB—金属回线转换开关；ERTB—大地回线转换开关；
NBS—中性母线开关；NBGS—中性母线接地开关

1.1.5　高压直流断路器的作用

高压直流断路器在直流输电系统中主要起着两方面的作用：①在换流桥退出运行过程中把换流桥短路，在换流桥投入运行过程中把电流转移到换流阀中；②将高压直流输电系统中的直流运行电流从一个运行回线转换到另一个运行回线。

（1）旁路开关（By-Pass Switch，BPS）：跨接在一个或多个换流桥直流端子间，在换流桥投入运行过程中把电流转移到换流阀中，在换流桥退出运行过程中把换流桥短路。

（2）金属回线转换开关（MRTB）：装设于接地极线回路中，用以将直流电流从单极大地回线转换到单极金属回线，以保证转换过程中不中断直流功率的输送。

（3）大地回线转换开关（ERTB）：装设在接地极线与极线之间，用于在不停运的情况下，将直流电流从单极金属回线转换至单极大地回线。

（4）中性母线开关（NBS）：当单极计划停运时，换流器闭锁，换流器将使该极直流电流降为零，中性线开关在无电流情况下分闸。当正常双极运行时，如果一个极的内部出现接地故障，故障极闭锁，利用中性线开关将正常极注入接地故障点的直流电流转换至接地极线路。

（5）中性母线接地开关（NBGS）：安装在换流站站内接地线上，用于提供站内临时接地的开关设备，NBGS 最重要的作用是作为一个快速合闸开关，在 NBS 转换失败（开断不成功）时，NBGS 也可以提供暂时的大地回线通路。

1.2　设备结构原理

1.2.1　高压断路器基本结构

高压断路器是一个融合了机械结构和电气控制元件的组合体，主要由开断元件、支撑绝缘件、传动元件、基座及操动机构五个基本部分组成，开断元件是断路器的核心元件，实现控制、保护等功能。

1.2.2　SF_6 灭弧室动作原理

1.2.2.1　压气式断路器

所有的压气式断路器都具有一个共同的特点：气缸与活塞之间形成压气室，且二者之一会随动触头一起运动，在分闸过程中压气室内的 SF_6 气体被压缩。在大多数压气式断路器设计中，将动触头作为压气缸，在压气室内部气体压力升高后推动气流通过喷口，电弧在喷口中燃烧；当动触头到达最终分闸位置时，气流停止。压气式断路器重要设计原则为在从最短燃弧时间到最长燃弧时间的全部时间范围内提供有效的气吹，这可通过合理设定压缩行程的大小来实现。压气式 SF_6 断路器工作原理示意图见图 1-3。

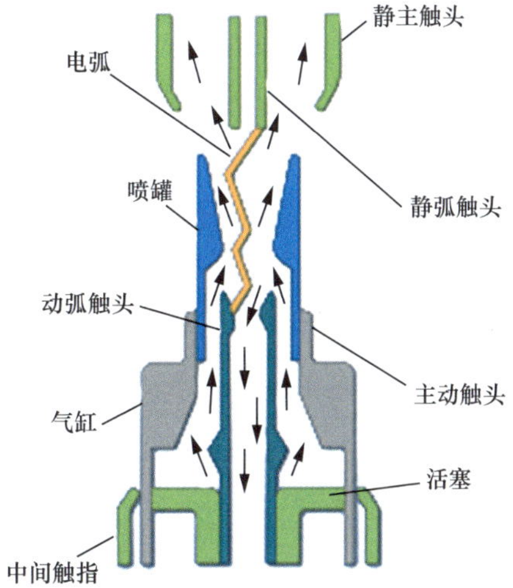

图 1-3　压气式 SF_6 断路器工作原理示意图

压气式灭弧室具有与电流有关的压力增强特性。在没有电弧的空载情况下，压气室内部的最大压力一般是充气压力的两倍。然而，在大电流阶段弧触头之间的电弧燃烧会阻碍气体流过喷口，称为“喷口阻塞”。对于气体来说，喷口内部的电弧相对于一个横截面随时间变化的阀，导致压气室内部附加的压力升高。在某种情况下，当喷口在较大的电流瞬时值期间被电弧临时堵塞或减小了有效直径时，喷口内部的一部分电弧能量不能有效释放。因此，压气室中能量增加，电弧能量通过这种方式使压力升高，压气室内最大压力可以是空载时最大压力的数倍。当电流向零点下降时，电弧直径也减小，为气流留出了越来越多的空间。因而在电流零点建立起全部气流，在电流过零点产生最大的冷却作用。

电弧阻塞总是或多或少地伴随喷口材料的蒸发，在压气室内额外产生一定量的气体。这个效应可以显著增加大电流开断过程中的气体压力、密度和流量，另外也影响了压气式灭弧室的触头行程特性。

压气过程中的高压力要求较大的操作力以防止断路器触头运动减慢、停止甚至反向，该操作力要转移到操动机构上。分闸操作所需要的气吹能量几乎全部由操动机构来提供，需要开断的电流越大，则需要的力就越大。因此，压气式断路器需要满足高能量输出要求的大功率操动机构，合闸所需要的力比分闸的小。

压气式断路器的一大优点是其灭弧室结构简单，增强了断路器的可靠性和机械寿命。每极灭弧室数目的减少也提高了最高电压等级断路器的可靠性。已开发每极仅有四个断口的1000kV以上电压等级的断路器。还有一些制造厂家已经开发出单断口额定电压550kV的压气式断路器。

然而，压气式断路器的主要缺点是需要相对较长的行程和较大的操作力，只能由满足高能量输出要求的复杂大功率机构来提供。

1.2.2.2 自能式断路器

自能式断路器是利用电弧释放出的热量来加热气体并使其压力升高，这是其称为“自能式”断路器的原因。其他如自压缩式、自动膨胀式、电弧辅助式、热辅助式、自动压气式等，均描述了同样的工作原理。

运行经验表明，由于开断能力不够引起断路器故障的概率是很小的。事实上，大多数现场发生的故障都来自机械方面的。因此，开关设备制造商都集中精力来生产简单可靠的操动机构。为了实现这一目标，制造商提出了如何降低分闸操作中作用在操动机构上的阻力设计思路，这样的思路引导了向自能式灭弧室方向的发展。

如果电弧能以某种方式提供产生气吹压力所需的全部能量，操动机构仅提供触头运动所需要的能量，则基于这一原理的灭弧室是非常简单的。触头置于绝缘的灭弧室中，触头分离后，电弧在这个封闭的空间内燃烧一段时间，电弧释放的热量在此处累积，使灭弧室内部压力大幅度升高；当动触头离开喷口时，强烈的气流在电流零点熄灭电弧。然而，实践表明，这种理想的状况目前是不可能实现的，当开断小电流时就会出现因为电弧能量不足以产生足够高的气体压力来进行有效的气吹的问题，这就是在过去的 20 年中一直采用自能式和压气式灭弧原理相结合的方式开发断路器的原因。

对于不超过 30% 额定断路器开断电流的较小电流开断来说，只需要相对较小的气吹压力，只有这部分能量需要由操动机构来提供。对于更大的电流，电弧自身就可以提供能量来产生足够的压力以保证电弧的有效气吹和冷却作用。

避免所产生的压力对操动机构造成不利影响的方法有很多，最常用的方法是采用带有合适的过压阀的自能式双气室灭弧室，避免了触头系统在运动过程中的减慢和停止。图 1-4 所示为应用此原理的自能式断路器的实例。

由图 1-4 可知，当开断不超过几千安的相对较小的电流时，这种灭弧室的工作方式与传统的压气式灭弧室完全相同。SF_6 气体在压气室 V2 内被压缩，经过容积不变的热膨胀室 V1 并沿着电弧流过喷口喉部［见图 1-4（b）］。此时没有产生足够的气体压力来关闭单向阀，因而热膨胀室和压气室形成了一个大的压气室。与传统压气室灭弧室不同，这种自能式断路器需要通过机构产生的气吹压力来开断部分额定短路电流，可开断额定短路电流的 20%～30%。

当开断更大的短路电流时，弧柱中释放的热能量累积在热膨胀室 V1 中，由于温度上升以及压气缸与静止活塞之间气体压缩导致压力升高。热膨胀室 V1 内的气压持续上升使其能够驱动单向过压阀到达闭合位置。至此，开断所需的全部 SF_6 气体都进入到容积不变的热膨胀室 V1 中。随后该气室内气体压力的任何增加都只与电弧加热作用有关［见图 1-4（c）］。

大约在相同时刻，压气室 V2 内的气压达到了足够高的水平而打开过压阀。由于压气室 V2 内的气体从过压阀排出，就不再需要较高的额外操作功来解决 SF_6 气体压缩的问题，同时可以保持耐受恢复电压所必需的触头运动速度。从喷口喉部打开的时刻起，在机构作用下和 / 或较小瞬时电流值下电弧直径减小时，热膨胀室和周围空间的压力差所产生的气流沿着电弧流过喷口，使电弧在电流零点熄灭。

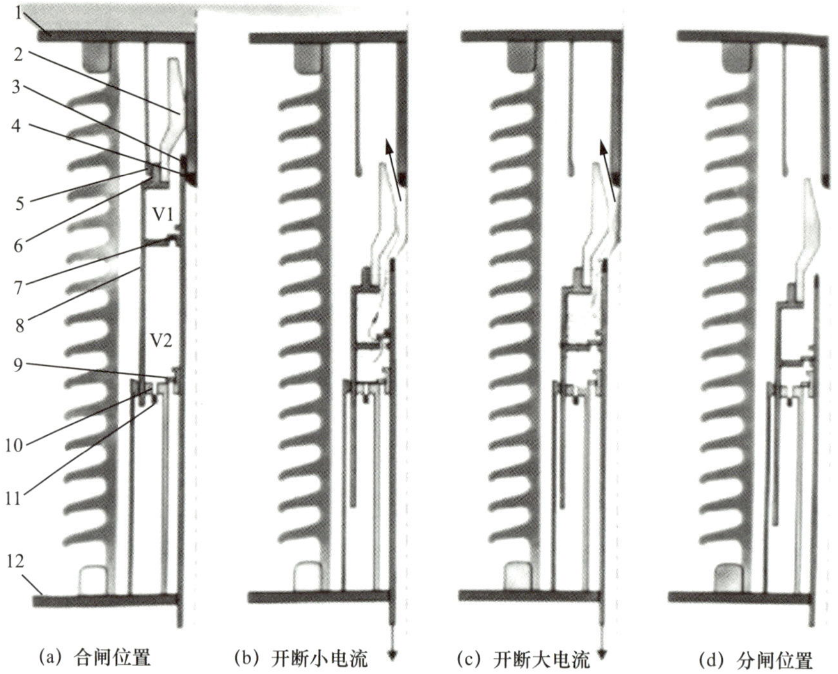

图 1-4　合理配置过压阀的 SF_6 自能式双气室灭弧室

V1—热膨胀室；V2—压气室；1—上接线端子；2—喷口；3—动弧触头；4—静弧触头；5—静主触头；6—动主触头；7—过压阀；8—压气缸；9—回气阀；10—活塞；11—过压阀；12—下接线端子

在合闸时，回气阀打开使 SF_6 气体进入热膨胀室和压气室。

这种类型的自能式灭弧室在相同开断能力下需要的操作功远小于传统的压气室灭弧室，在传统的压气室灭弧室操作功 50%～70% 之间。

1.2.2.3　双动原理断路器

对于额定电压 252kV 及以上的断路器来说，触头行程和分闸速度必须增加。在操动机构的全部能量中，运动部件中的动能部分将迅速增加，这是因为动能是与分闸速度的二次方与运动部件质量的乘积正相关；而对于旋转动能来说则是与角速度的二次方与转动惯量的乘积正相关。结合自能式和压气室灭弧原理的单动灭弧室，可利用双动原理进一步优化。该原理的主要内容是设置两个反向运动弧触头，此系统使分闸功显著降低。

采用双动原理进行操作的断路器灭弧室：可运动的上触头系统通过连接系统与喷口相连，上、下触头系统就能按相反方向运动。这样，由于触头速度将是运动的上、下触头之间的相对速度，来自操动机构的速度要求会大幅度降低。如果两个触头的速度都下降 50%，那么相对运动速度仍是 100%。同时，假设运动部件的质量不变，那么理论上所需要的动能就会下降 4 倍。

操作功的降低动力载荷，对操动机构的可靠性具有积极作用，因而对整个断路器的可靠性都有积极作用。

1.2.2.4　旋弧式断路器

在压气式和自能式 SF_6 断路器中，电弧冷却均通过沿着电弧驱动气流来实现的。只有在旋弧式 SF_6 断路器中，气体不运动而是让电弧运动并在静止的 SF_6 气体中旋转。最终的效果在本质上是相同的，倘若由被开断电流产生的磁场足够强，那么用这种方式就可以实现有效的冷却和成功的熄弧。

旋弧技术具有所需要的触头行程短、操作力小等优势，因此操动机构的操作功非常小。旋弧式 SF_6 断路器可以设计采用工程更小因而价格更低的操动机构，实现比压气室断路器更为紧凑的设计。旋弧技术的更深层次优点是降低了触头磨损，因为它驱使弧根运动。这就是几十年来致力于此灭弧原理的研究。然而，迄今为止，旋弧式灭弧原理还没有 SF_6 气体中的其他灭弧原理那么有效。在大多数情况下，仍需要附件的电弧气吹，及辅助压气作用来增强较低故障电流水平下的性能。这是因为当自身磁场强度不足以维持有效的电弧运动时，高效并安全地开断较小电流是不可能的。换句话说，如果没有辅助压气作用，断路器在开断较小的电容电流就可能存在问题。目前，SF_6 气体中旋弧技术仍是一个挑战。

1.2.3　真空断路器

真空断路器机械结构简单，其核心部件为真空灭弧室（也称为真空泡）及动静触头，真空灭弧室内部的压力小于 10^{-2}Pa，动、静触头位于真空灭弧室内部，利用金属波纹管使其中一个触头运动，从而将两触头分开，电弧由电极蒸发出的金属蒸气来维持，并在触头分离过程中被拉长，电弧在电流零点熄灭，蒸气粒子凝结在固体表面。

真空灭弧室的成功开断几乎与瞬态恢复电压的上升率无关，但其介质恢复特性在很大程度上受阳极斑点形成的影响，这主要取决于电极材料及其设计。阳极斑点是相对较大的熔融金属池，在正弦电流幅值附近产生。如果阳极斑点大到无法在电流过零点时凝固，将继续发生蒸气，继而削弱了介质恢复强度。因此，真空灭弧室触头系统中电弧控制装置旨在抑制阳极斑点的形成。为此，开断过程中真空触头的输入能量密度最小化是很重要的。为了实现这一目标，电弧应保持扩散形态，这样可以减少每平方毫米的能量输入；或使电弧保持螺旋运动，以避免电弧滞留在某个位置。

目前缺乏有效的机械的方法来控制真空电弧，一般采用磁场相互作用来影响电弧通道。如以下两种最实用的方法：

（1）利用电弧电流与其产生的横向磁场之间的相互作用。

（2）利用安装在真空灭弧室内部或外部产生纵向磁场的线圈。

真空灭弧室的开断能力还取决于触头的表面积。在纵向磁场条件下，较大的电极具有更好的开断能力。额定电流也与触头的表面积有关。因此，触头表面积必须足够大以吸收电弧能量而不会过热，而且足够的面积可提供充足的接触点，从而在额定电流通过期间保证合理的功率耗散。

真空灭弧室中进行开断的空间位于触头间隙、触头自身的长度以及触头与屏蔽罩之间。

因为真空的高绝缘强度，真空灭弧室内部空间可以相对小，但是真空灭弧室外部的绝缘强度同样要满足要求。因此，主要是外部绝缘强度决定了真空灭弧室的绝缘筒长度。某些专门设计的灭弧室在使用时浸入到 SF_6 中，比在空气中使用灭弧室要短得多。

1.2.4 操动机构

断路器的操动机构为断路器提供操作动力，保证断路器能可靠地进行正常的分合闸操作，在设备故障的情况下能可靠地使断路器跳闸。操动机构是高压断路器的重要组成部分，它由储能单元、控制单元和力传递单元组成。高压 SF_6 断路器的操动机构有多种形式，如弹簧操动机构、液压 / 液压碟簧操动机构、气动 – 弹簧操动机构等。

1.2.4.1 断路器对操动机构的要求

（1）动作可靠、稳定，制动迅速。

（2）有足够的操作能量，满足断路器开断、关合要求。

（3）具有防“跳跃”功能。

（4）具有防慢分功能。

（5）具有联锁功能。

（6）具有缓冲功能。

（7）具有重合闸功能，三相不一致、失灵保护。

（8）具有与保护及监控系统的接口功能。

（9）具有足够的使用寿命。一般应保证与断路器本体相同的使用寿命，并且应保证断路器可靠操作 10000 次以上。

（10）满足环保要求，具备防火、防小动物、驱潮功能。

（11）断路器的操动机构应满足各种使用环境的要求，对于外界温度，特别是液压和气动机构应具备自保护和补偿功能，因为液压机构和气动机构的动作特性受温度影响比较大。

1.2.4.2　操动机构特点比较

根据灭弧室承受的电压等级和开断电流的差异，SF_6 断路器选用弹簧操动机构、气动操动机构或液压操动机构。弹簧操动机构、液压 / 液压碟簧操动机构、气动 - 弹簧操动机构的比较如表 1-1 所示。

表 1-1　三类操动机构比较

比较项目	弹簧操动机构	液压 / 液压碟簧操动机构	气动 - 弹簧操动机构
储能与传动介质	螺旋压缩弹簧 / 机械	氮气 / 液压油压缩性流体 / 非压缩性流体	压缩空气 / 弹簧压缩性流体 / 机械
适用的电压等级	10～252kV	252～550kV	126～550kV
出力特性	硬特性，反应快，自调整能力小	硬特性，反应快，自调整能力大	软特性，反应慢，有一定自调整能力
阻力特性	反应敏感，速度特性受影响大	反应不敏感，速度特性基本不受影响	反应较敏感，速度特性在一定程度上受影响
环境适应性	强，操作噪声小	强，操作噪声小	较差，操作噪声大
人工维护量	最小	小	较小
相对优缺点	无漏油、漏气可能；体积小，质量轻	制造过程稍有疏忽容易造成渗漏，尤其是外渗漏；存在漏油可能	稍有泄漏不影响环境；空气中水分难以滤除，易造成锈蚀

1.2.4.3　弹簧操动机构

弹簧操动机构是一种以弹簧作为储能元件的机械式操动机构。弹簧的储能借助电动机通过省力装置来完成，并经过锁扣系统保持在储能状态。开断时，锁扣借助磁力脱扣，弹簧释放能量，经过机械传递单元使触头运动。

弹簧操动机构结构简单，可靠性高，分合闸操作采用两个螺旋压缩弹簧实现。储能电动机给合闸弹簧储能，合闸时合闸弹簧的能量一部分用来合闸，另一部分用来给分闸弹簧储能。合闸弹簧一释放，储能电动机立刻给其储能，储能时间不超过 15s（储能电动机采用交直流两用电动机）。运行时分合闸弹簧均处于压缩状态，而分闸弹簧的释放有一独立的系统，与合闸弹簧没有关系。这样设计的弹簧操动机构具有高度的可靠性和稳定性，既可满足 O–0.3s–CO–180s–CO 操作循环，又可满足 CO–15s–CO 操作循环，机械稳定性试验达 10000 次。

1．弹簧操动机构的特点

弹簧操动机构采用事先储存在弹簧内的势能作为驱动断路器合闸的能量，其主要特点有：

（1）不需要大功率的储能源，紧急情况下也可手动储能，所以其独立性和适应性强，可在各种场合使用。

（2）根据需要可构成不同合闸功能的操动机构，这样可以配用于 10～550kV 各电压等级的断路器中。

（3）动作时间比电磁操动机构快，因此可以缩短断路器的合闸时间。

（4）缺点是结构比较复杂，机械加工工艺要求比较高。其合闸力输出特性为下降曲线，与断路器所需要的呈上升的合闸力特性不易配合。合闸操作时冲击力较大，要求有较好的缓冲装置。

2．断路器对弹簧操动机构的要求

（1）应在机构上装设显示弹簧储能状态的指示器。

（2）当弹簧储足能量时，应能满足断路器额定操作循环下操作的要求。

（3）保证在断路器使用寿命期内，弹簧的力矩特性在额定操作循环条件下满足关合和开断断路器额定短路电流所要求的额定机械特性；弹簧应采取有效的防腐措施。

（4）对于利用合闸弹簧对分闸弹簧进行储能的操动机构，结构上应能保证在分闸弹簧储能未足时不能进行分闸操作。

（5）弹簧操动机构应保证低温条件下的操作性能。

3．弹簧操动机构中的合闸储能弹簧的结构形式

（1）压簧。压簧在缠绕时，各圈之间应预留间隙，工作时主要承受压力。弹簧两端的几圈叫支撑圈或死圈。

（2）拉簧。拉簧采用密绕而成，各圈之间不留间隙，弹簧两端一般采取加工成挂钩或采用螺纹拧入式接头。当采用拧入式接头时，凡是接头拧入的圈

数都叫死圈。死圈一般不得少于 3 圈。

（3）扭簧。制造储存能量大的扭簧比较困难。

4．弹簧操动机构的工作原理

弹簧操动机构的工作原理是利用电动机对合闸弹簧储能，并由合闸掣子保持合闸能量，在断路器合闸时，利用合闸弹簧释放的能量操作断路器合闸；与此同时对分闸弹簧储能，并由分闸掣子保持断路器在合闸位置，断路器分闸时利用分闸掣子释放分闸弹簧释放能量操作断路器分闸。

（1）分闸操作过程。图 1-5 所示为断路器处于合闸位置，合闸弹簧已储能（同时分闸弹簧也已储能完毕）。此时储能的分闸弹簧使主拐臂受到偏向分闸位置的力，但在分闸触发器和合闸保持掣子的作用下将其锁住，开关保持在合闸位置。

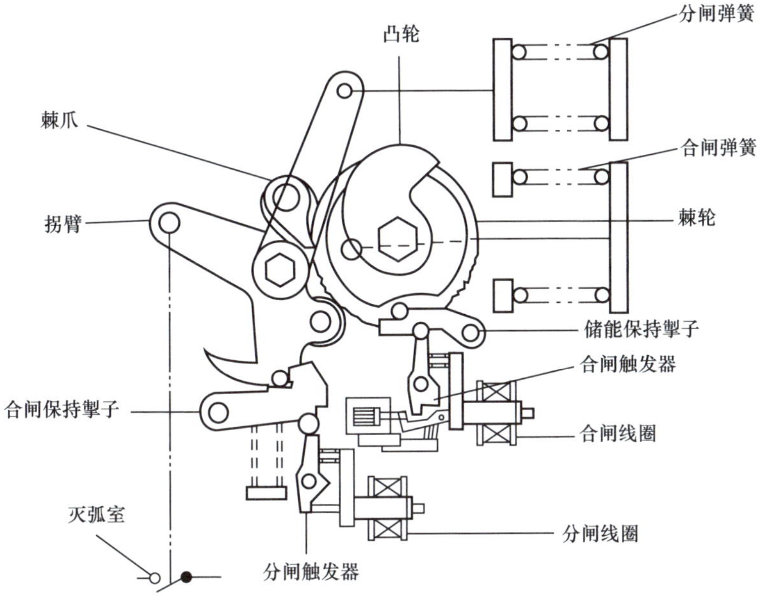

图 1-5　断路器处于合闸位置（合闸弹簧储能）

分闸操作：分闸信号使分闸线圈带电并使分闸撞杆撞击分闸触发器，分闸触发器以顺时针方向旋转并释放合闸保持掣子，合闸保持掣子也以顺时针方向旋转释放主拐臂上的轴销，分闸弹簧力使主拐臂逆时针旋转，断路器分闸。

（2）合闸操作过程。图 1-6 所示为断路器处于分闸位置，合闸弹簧已储能（分闸弹簧已释放），凸轮通过凸轮轴与棘轮相连，棘轮受到已储能的合闸弹簧力的作用存在顺时针方向的力矩，但在合闸触发器和合闸弹簧储能保持掣子的作用下将其锁住，断路器保持在分闸位置。

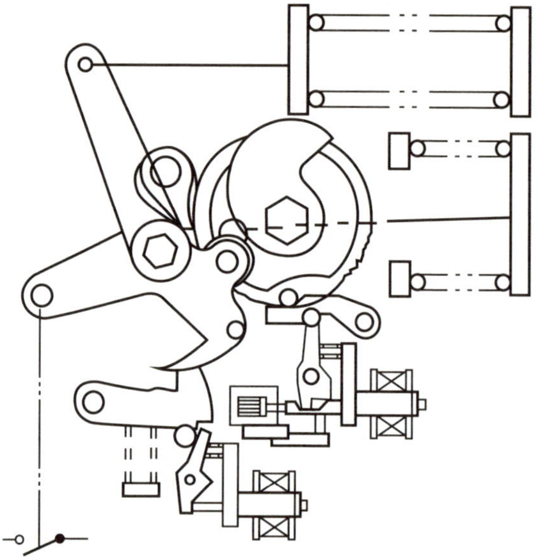

图 1-6　断路器处于分闸位置（合闸弹簧储能）

合闸操作：合闸信号使合闸线圈带电，并使合闸撞杆撞击合闸触发器。合闸触发器以顺时针方向旋转，并释放合闸弹簧储能保持掣子，合闸弹簧储能保持掣子逆时针方向旋转，释放棘轮上的轴销。合闸弹簧力使棘轮带动凸轮轴以逆时针方向旋转，利用凸轮转动使主拐臂以顺时针旋转，进而转换为连杆位移运动，断路器完成合闸，并同时压缩分闸弹簧，使分闸弹簧储能。当主拐臂转到行程末端时，分闸触发器和合闸保持掣子将轴销锁住，断路器保持在合闸位置。

（3）合闸弹簧储能过程。图 1-7 所示为断路器处于合闸位置，合闸弹簧释放（分闸弹簧已储能）。断路器合闸操作后，与棘轮相连的凸轮板使限位开关闭合，磁力开关带电，接通电动机回路，使储能电机启动，通过一对锥齿轮传动至与一对棘爪相连的偏心轮上，偏心轮的转动使这一对棘爪交替蹬踏棘轮，使棘轮逆时针转动，带动合闸弹簧储能，合闸弹簧储能到位后由合闸弹簧储能保持掣子将其锁定，同时凸轮板使限位开关切断电动机回路。合闸弹簧储能过程结束。

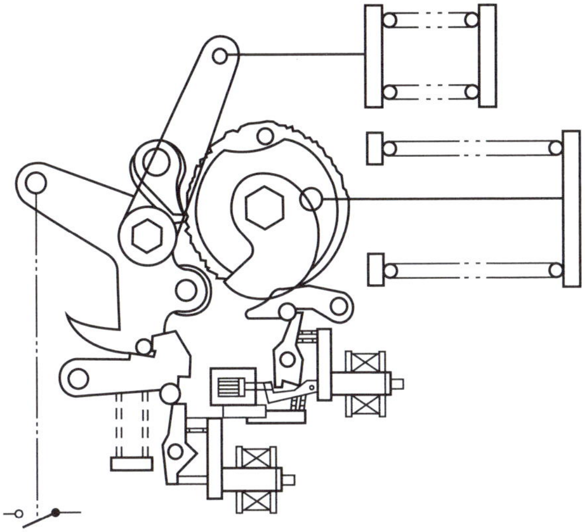

图 1-7　断路器处于合闸位置（合闸弹簧释放）

1.2.4.4　液压操动机构

液压操动机构利用液体不可压缩，以液压油作为传递介质，将高压油松如工作缸两侧来实现断路器的分合闸。液压操动机构在高压及超高压电网使用比较普遍。液压操动机构目前常见类型为氮气液压操动机构。

1．液压操动机构的特点

（1）主要优点：①输出功率大；②时延小，动作快；③负载特性配合好，噪声小；④速度易调整；⑤可靠性高；⑥维修方便等。

（2）主要缺点：①加工工艺要求高，如果制造或装配不良，容易渗漏油等；②氮气液压机构分合闸时间易受环境温度的影响。

2．断路器对液压操动机构的要求

（1）应具有监视压力变化的装置，当液压高于或低于规定值时，应发出信号并切换相应控制回路的接点来维持其压力。

（2）应给出各报警或闭锁压力的定值（停泵、启泵、压力异常的告警信号及重合闸闭锁、分合闸闭锁）及其行程，安全阀动作失灵时应给出信号。

（3）应装设安全阀和液压油过滤装置。

（4）应具有保证传动管路充满传动液体的装置和排气装置、防止断路器在运行中慢分的装置，以及附加的机械防慢分装置。

（5）应具有能根据温度变化自动投切的加热装置，液压操动机构的电动机和加热器均应有断线指示装置。

（6）在断开储能电机电源情况下，合闸状态和分闸状态开展保压应不小于 24h，行程开关变化量应不大于 2mm。

（7）机构箱里应装设温度表。

3．液压操动机构的主要构成元件

液压操动机构由储能元件、控制单元、操作元件、辅助元件和电气元件五个元件组成。

（1）储能元件。

1）蓄能器。由活塞分开，上部一般充氮气。当电动机驱动油泵时，油从油箱抽出送至蓄能器下部，从而压缩氮气而储存能量。当操作时，气体膨胀释放能量，通过液压油传递给工作缸，从而转变机械能，实现断路器的分合闸操作。

2）消振容器。用以消除油泵打压时的压力波动。

3）滤油容器。用以保证进入高压油液无杂质。

4）手力泵：在调整、检测及电动泵发生故障或无电源时升压或补压。

5）油泵：将油从油箱送至蓄能器，从而储存能量。

（2）控制单元。控制单元是一组阀系统，主要作为储能元件与操作元件的中间连接，给出分合闸动作的液压脉冲信号，控制操作元件。

（3）操作元件。

1）工作缸。借助连接件与断路器本体相连，受控制元件控制，最终驱动断路器，实现分合闸动作。

2）压力开关。用以控制电动泵启动、停止、分合闸闭锁。

3）安全阀。用以释放故障情况引起的过压，以免损坏液压零件。

4）放油阀。在调试和检修时，用以释放油压。

（4）辅助元件。

1）信号缸。带动辅助开关切换电气控制线路，有的还带动分合闸指示器及计数器。

2）油箱。作为储油容器，平时与大气相通，操作时因工作缸排油，使其内部压力瞬时升高。

3）排气阀。在液压系统压力建立之前，用以排尽工作缸、管道内气体，以免影响动作时间和速度特性。

4）压力监测器。用来测量液压系统压力值。

5）辅助储压器。为了充分利用液压能量，减少工作缸分闸排油时的阻力，以提高分闸速度。

（5）电气元件。

1）分合闸线圈。分别用以操作电磁阀（一级阀）。

2）加热器。在外界低温时用以保持机构箱内温度，防止油液冻结和驱散箱内潮气，有手动和自动两种。

3）微动开关。作为分合闸闭锁触点和油泵启动、停止用触点，同时给主控室转换信号，以便起到监控作用。

4．液压操动机构的工作原理

液压操动机构系统工作原理示意图见图 1-8，工作缸活塞右侧（分闸腔）和蓄能器直接连通，因此处于常高压。活塞左侧（合闸腔）则通过阀来控制。主要工作原理是，合闸时蓄能器中的高压油进入合闸腔，由于合闸腔承压面积大于分闸承压面积，使活塞快速向右运动，实现合闸；分闸时合闸腔中高压油泻至低压油箱，在分闸腔高压油作用下，活塞向左运动，实现快速分闸。

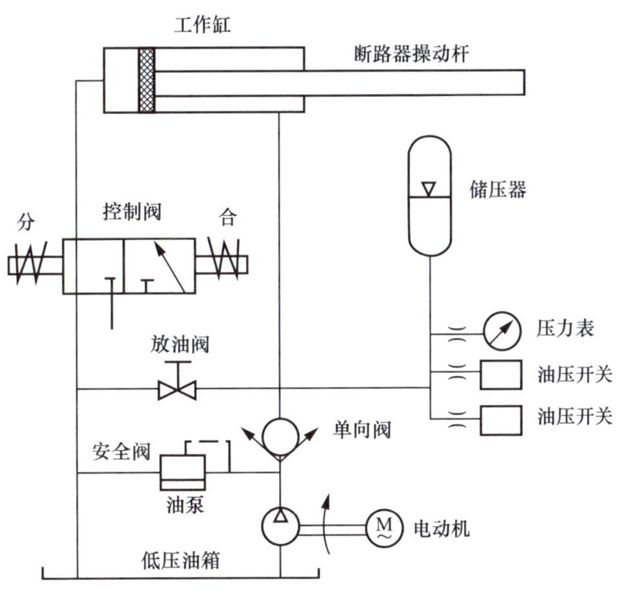

图 1-8　液压操动机构系统工作原理示意图

5．SF_6 断路器及其液压操动机构的自卫防护功能及措施

（1）油泵超时运转闭锁功能。一般油泵运转超过 3～5min 时，时间继电器的动断触点延时断开，切断电动机电源，停止打压。

（2）防慢分闭锁功能。

1）电气闭锁。当断路器和隔离开关处在合闸位置时，如果操动机构油压非常低，或降至零压时，控制回路自动切断油泵电动机电源，禁止启动打压。

2）防慢分阀。有三种方法：①将二级阀活塞锁住或加防慢分装置；②在三级阀处设置手动阀，油压降至零压时，将手动阀拧紧，使油压系统保持在合闸位置，当油压重新建立后松开此手动阀；③设置管状差动锥阀，该阀无论开关在分合闸位置，只要系统一旦建立压力，不管压力有多大，该管状差动锥阀都将产生一个为维持在分合闸位置的保持力。

3）机械闭锁。利用机械手段将工作缸活塞杆维持在合闸位置上，待机械故障处理完毕后方可拆除机械支撑。

（3）有两套完全相同，而且互相独立的分闸回路。有主分闸回路的副分闸回路，动作原理相同，保证了分闸可靠性。

（4）防“跳跃”功能。在分闸指令和合闸指令同时施加的情况下，防跳跃继电器使分闸优先。防跳跃继电器由分闸指令直接启动，并通过继电器的触点使防跳跃继电器保持在励磁状态，它们的触点完全地切断合闸线圈励磁回路，使断路器不能实现合闸，直到合闸信号完全解除为止。

（5）油压低闭锁功能。当油压降低至不足以保证断路器合闸或分闸时，经有关的微动开关使有关继电器励磁，断开合间启动回路和主、副分闸启动回路，从而实现分闸、合闸或重合闸闭锁功能。

（6）SF_6气压低闭锁功能。当SF_6气体因漏气而下降到一定值时，使分合闸闭锁继电器励磁，断路器被闭锁在原先所在位置。

（7）“非全相”保护功能。如果发生了“非全相”运行的情况，“非全相”分闸继电器线圈励磁，经过整定时间的延时，触点动作，使三相分闸继电器励磁动作，断路器合闸相分闸。

1.2.4.5 液压碟簧操动机构

液压碟簧操动机构用碟簧作为储能介质，用液压油作为传动介质，易获得高压力使其结构小巧紧凑。

1．液压碟簧操动机构的特点

（1）液压系统的压力基本不受环境温度变化的影响。

（2）避免了氮气泄漏或油氮互渗引起的压力变化的可能性。

（3）弹簧刚度大，单位体积材料的变形能较大，所以可以将液压系统工作压力定得较高，减少系统损耗，提高效率，减小整体体积。

（4）具有变刚度特性，选择适当的内截锥高度 *h* 与钢板厚度 *s* 的比值，可得到非常适宜液压机构储能用的渐减型特性，当 *h/s* 接近 1.4 时，力值在一定位移范围内变化最小。

（5）采用不同的组合方式，可以得到不同的弹簧数值特性。对合增大位移，叠合增大力值，复合则同时增大位移和力值。

（6）可在支撑面和叠合面间采用圆钢丝支撑并涂润滑油减少摩擦。

（7）在储能电动机到油泵的传动中这对啮合的锥齿轮材料分别为钢和工程塑料，优点是传动噪声小，无须润滑。

（8）防慢分可靠。液压碟簧操动机构采用了钢球斜面阀系统和拐臂连杆两套防慢分装置，在机构一旦出现失压意外，能可靠地防止断路器出现慢分。液压碟簧操动机构广泛应用于 126kV 高压及超高压 SF_6 断路器。

2．液压碟簧操动机构的结构

液压碟簧操动机构的结构如图 1-9 所示。液压碟簧操动机构由五个相对独立的模块构成：

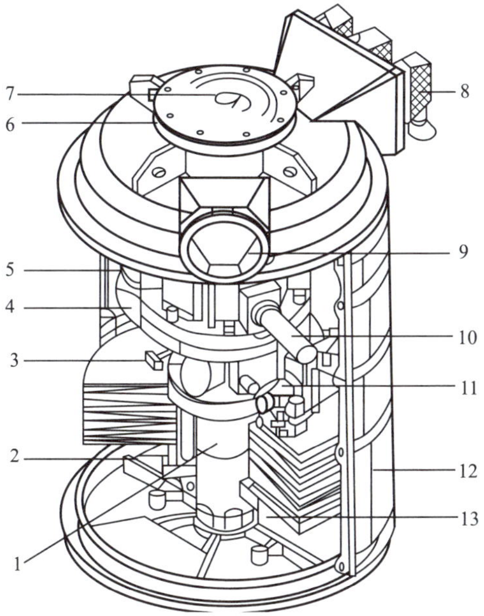

图 1-9　液压碟簧操动机构的结构

1—高压区；2—螺杆；3—液压螺钉；4—油泵；5—电动机；6—连接法兰；7—连接头；8—插塞式接头；9—断路器位置指示器；10—油压计；11—启动阀；12—外壳；13—碟簧

（1）储能模块储压器：由三组相同的储能活塞、工作缸、支撑环和八片或十六片碟簧组成。

（2）监测模块（弹簧行程开关等）：监测并控制碟簧的储能情况，主要由齿轮转动时带动的限位开关、此轮构成的储能弹簧位置指示器及泄压阀组成。

（3）控制模块：控制模块（电磁阀及换向阀等）控制工作缸的分合动作，包括一个合闸电磁铁、两个分闸电磁阀、换向阀和调整粉、合闸速度的可调节流螺栓。

（4）充能模块（电动机和油泵）：将电能转变成机械能再转换成液压能带动储能模块（储压器）压缩碟簧储能，主要由储能电动机、变速齿轮、柱塞油泵、排油阀和位于低压油箱的油位指示器组成。

（5）工作模块：采用常充压差动式结构，高压油恒作用于有杆侧，主要由和断路器连接的连杆、辅助开关以及防慢分装置等组成。

3．工作原理

液压碟簧操动机构工作原理示意图如图 1-10 所示。

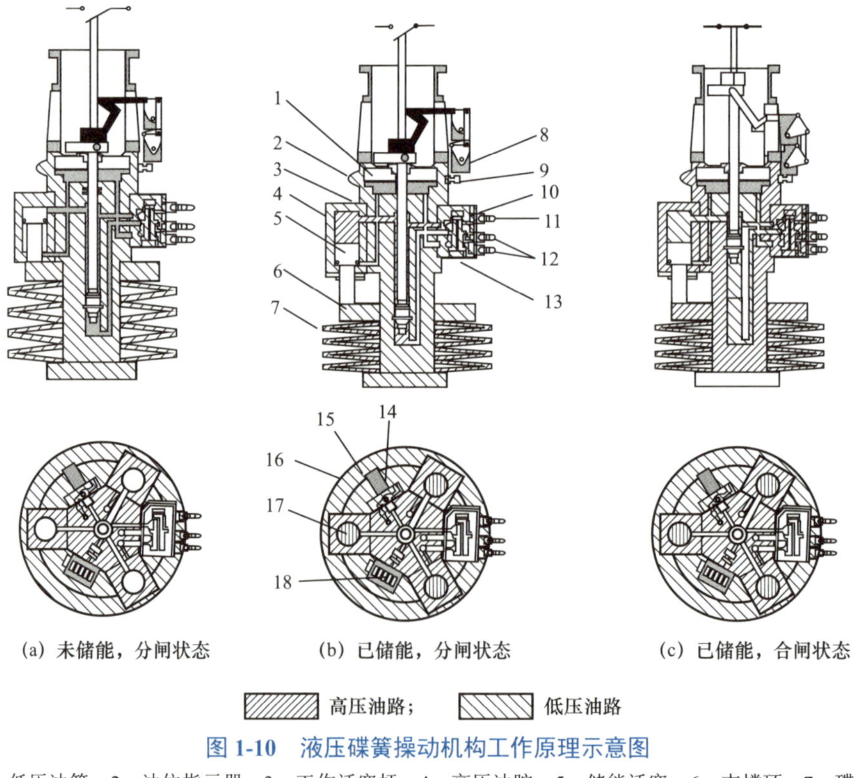

图 1-10　液压碟簧操动机构工作原理示意图

1—低压油箱；2—油位指示器；3—工作活塞杆；4—高压油腔；5—储能活塞；6—支撑环；7—碟簧；8—辅助开关；9—注油孔；10—合闸节流阀；11—合闸电磁阀；12—分闸电磁阀；13—分闸节流阀；14—排油阀；15—储能电动机；16—柱塞油泵；17—泄压阀；18—行程开关

（1）储能。当储能电动机接通时，油泵将低压油箱的油压入高压油腔，三组相同结构的储能活塞在液压力的作用下，向下压缩碟簧而储能，如图 1-10（a）所示。

注意：储能时应特别注意储能电动机仅适用于短时工作。为了防止储能电动机过热而损坏，储能电动机启动次数每小时不能超过 20 次。

（2）分闸操作。当分闸电磁阀线圈带电时，分闸电磁阀动作，换向阀上部的高油压腔与低压油箱导通而失压，换向阀芯立即向上运动，切断了原来与工作活塞下部相连通的高压油路，而使工作活塞下部与低压油箱连通失压。工作活塞在上部高压油的作用下，迅速向下运动，带动断路器分闸，如图 1-10（b）所示。

（3）合闸操作。当合闸电磁阀线圈带电时，合闸电磁阀动作，高压油进入换向阀的上部，在差动力的作用下，换向阀芯向下运动，切断了工作活塞下部原来与低压油箱连通的油路，而与储能活塞上部的高压油路接通。这样，工作活塞在差动力的作用下，快速向上运动，带动断路器合闸，如图 1-10（c）所示。

4．液压碟簧操动机构防慢分措施

液压碟簧操动机构采用了钢球斜面阀系统和拐臂连杆两套防慢分装置，在机构一旦出现失压意外时，能可靠地防止断路器出现慢分，如图 1-11 所示。

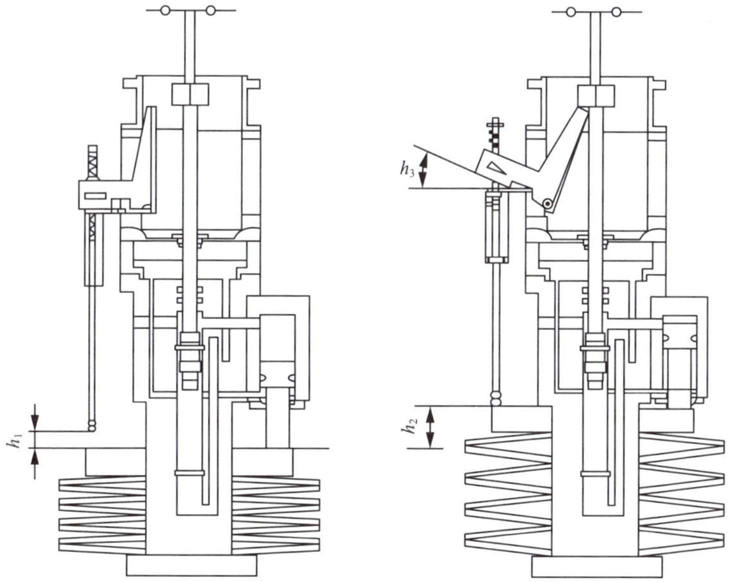

(a)正常工作　　(b)机构失压

图 1-11　机械防慢分工作原理

防慢分原理：阀系统在合闸位置由于某种原因机构失压时，由于换向阀中采用斜面碰珠结构和差压原理，可避免再次启动油泵打压使换向阀趋向分闸位置而引起慢分事故。

1.2.4.6 气动－弹簧操动机构

气动－弹簧操动机构是一种以压缩空气做动力进行分闸操作，辅以合闸弹簧作为合闸储能元件的操动机构。压缩空气靠断路器操动机构自备的压缩机进行储能，分闸过程中通过气缸活塞给合闸弹簧进行储能，经过机械传递单元使触头完成分闸操作，并经过锁扣系统使合闸弹簧保持在储能状态；合闸时，锁扣借助磁力脱扣，弹簧释放能量，经过机械传递单元使触头完成合闸操作。

1. 气动－弹簧操动机构的特点

气动－弹簧操动机构结构简单，可靠性高。分闸操作靠压缩空气做动力，控制压缩空气的阀系统为一级阀结构，合闸弹簧为螺旋压缩弹簧。运行时分闸所需的压缩空气通过控制阀封闭在储气罐中，而合闸弹簧处于释放状态。这样分合闸各有一独立的系统。储气罐的容量能满足上述设计的气动－弹簧操动机构，具有高度的可靠性和稳定性，满足 O–0.3s–CO–180s–CO 操作循环，机械稳定性试验达 10000 次。

2. 断路器对气动－弹簧操动机构的要求

（1）在压缩机出口应装设气水分离装置和自动排污阀，保证进入储气罐的压缩空气是清洁和干燥的。

（2）应装设气体压力监视装置，当压缩空气的压力达到上限值或下限值前应能发出报警信号，超过规定值时应能实现闭锁。

（3）空气压缩机系统应装设安全阀。

（4）储气罐进气孔应装止回阀，在规定的压力范围内，储气罐容量应能保证断路器进行 O–t–CO–t′–CO 操作顺序的要求，其机械特性应符合规定。当三相分别带有一个储气罐时，各储气罐之间的分相管路应设控制阀门进行隔离。

（5）在可能结冰的气候条件下使用时，气动操动机构及其连接管路应有可自动投切的加热装置，防止凝结水在压缩空气通道中结冰。

（6）储气罐应有防锈措施，导气管、控制阀体等压缩空气回路部件应采用防腐材料。

（7）在结构上应保证气源在分（或合）操作完成后才断开。

（8）压缩空气操动机构的额定气压从下列标准值中选取：0.5、1.0、1.5、2.0、2.5、3.4MPa。

1.3 现场维护与试验

1.3.1 现场维护检修

1.3.1.1 敞开式 SF_6 断路器

1．断路器本体不停电维护

（1）构架检查。

1）构架接地应良好、紧固，无松动、锈蚀。

2）基础应无裂纹、沉降或移位。

3）支架、横梁所有螺栓应无松动、锈蚀。

（2）瓷套检查。

1）瓷套应清洁，无损伤、裂纹、放电闪络或严重污垢。

2）法兰处应无裂纹、闪络痕迹，连接螺栓无锈蚀、脱落或油漆剥落现象。

3）本体应无异常振动、声响，内部及管道应无异常声音（漏气声、振动声、放电声）。

（3）SF_6 压力值及密度继电器检查。

1）SF_6 气压指示应清晰可见，SF_6 密度继电器外观应无污物、损伤痕迹。

2）SF_6 密度表与本体应连接可靠，无渗漏油。如果发现密度表渗漏油应对密度表进行更换。

3）SF_6 气体压力值应在厂家规定正常范围内。

4）防雨罩应完好，安装牢固。

（4）相间连杆检查。检查（三相）操动连杆及部件应无开焊、变形、锈蚀或松脱。

（5）高压引线及端子板检查。

1）引线应连接可靠，自然下垂，三相松弛度一致，无断股、散股现象。

2）高压引线端子板应无松动、变形、开裂现象或严重发热痕迹。

（6）红外检测。

1）用红外热成像仪进行红外检测，按《带电设备红外诊断应用规范》

（DL/T 664）执行。

2）重点检查断路器本体和接线板应无过热，瓷套表面应无局部过热，绝缘子应无闪络爬电。

3）对红外检测数据进行横向、纵向比较，判断断路器是否存在发热发展的趋势。

（7）SF_6 气体压力数据分析。通过运行记录、补气周期对断路器 SF_6 气体压力值进行横向、纵向比较，对断路器是否存在泄漏进行判断，必要时进行红外定性检漏，查找漏点。

2. 断路器本体停电局部检修

（1）外露金属部件检查。各部件应无锈蚀、变形，螺栓应紧固、油漆（相色）应完好，补漆前应彻底除锈并刷防锈漆。

（2）螺栓检查。目测螺栓紧固标识线应无移位，螺栓应紧固。

（3）SF_6 气体密度继电器检查。

1）检查 SF_6 表计或密度继电器阀门及连接管道应无损伤、漏油、锈蚀，阀门的开闭位置正确，管道的绝缘法兰与绝缘支架良好。

2）检查 SF_6 表计或密度继电器二次接线盒外观应完好无破损，螺钉紧固无锈蚀，二次电缆外层无脱落。

3）对 SF_6 气体密度继电器进行功能检查，压力告警 / 闭锁功能应正常。

（4）瓷套检查。

1）如有污物，应冲洗和擦拭以清洁瓷套表面，积污严重的可考虑开展带电水冲洗。

2）检查浇装处应均匀涂以防水密封胶，若有脱落，应补充涂抹。

（5）断口均压电容、合闸电阻检查。

1）安装应牢固，接点应无锈蚀，接线应可靠，应对接头进行紧固。

2）均压电容应无渗漏油、合闸电阻应无漏气，外绝缘应无污秽、损坏或裂纹。

3）检查防水胶层情况应良好。

（6）接线板检查。检查引线接头、接线板应不存在开裂情况和过热痕迹。

（7）接地检查。接地连接应牢固，接地片应无锈蚀，否则应重新进行清洁并紧固。

3. 断路器本体停电整体检修

（1）灭弧室解体检修。

1）检查灭弧室内应无明显异物，各传动部件应无明显划痕、无松动，检查后应做彻底清洁处理。

2）对弧触指进行清洁打磨，弧触头磨损量超过制造厂规定要求应予更换。

3）清洁主触头并检查镀银层应光滑无划伤、起皮、脱落等异常情况，触指压紧弹簧应无疲劳、松脱、断裂等现象。

4）检查压气缸、气缸座表面应完好；导电接触面应完好；镀银层应完整，表面无烧蚀、破损。

5）喷口应无破损、堵塞等现象，烧损深度、喷口内径应小于产品技术规定值。

6）检查屏蔽罩表面光洁，应无毛刺、变形。

7）测量灭弧室的弧触头行程和接触行程、定开距灭弧室的弧触头开距，应符合产品技术规定。

8）必要时应更换新的相应零部件。

（2）更换密封圈。

1）检查所有密封面、法兰面（密封槽）应无刀痕、杂质、划痕，清理密封面，更换 O 型密封圈及操动杆处直动轴密封，直动密封装配内部应注入低温润滑脂，并检查密封良好且动作灵活。

2）法兰对接紧固螺栓应全部更换，并对称均匀紧固，力矩符合产品技术规定，密封圈外侧对接面（法兰面）以及密封面的连接螺栓应涂防水胶，防止密封圈老化和法兰面锈蚀。

3）检查新密封件无过度扭曲或拉伸，无变形、裂纹、毛刺等，应进行清洁处理，安装顺序和安装方向应符合产品技术规定。

（3）绝缘件检查。

1）检查绝缘拉杆、支持绝缘台等外表应无破损、变形，表面应光滑，无毛刺、起层、裂纹、伤痕、色调不均、气泡、受潮及异物附着，应清洁绝缘件表面。

2）绝缘拉杆两头金属固定件应无松脱、磨损、锈蚀现象，无异物附着及放电痕迹，绝缘电阻应符合厂家技术要求。

3）必要时应进行干燥处理或更换。

（4）更换吸附剂。

1）检查吸附剂盒应无破损、变形，安装应牢固。

2）更换真空包装的全新吸附剂或经高温烘焙后的全新吸附剂。

（5）瓷套检查。

1）清洁瓷套的内外表面，应无破损伤痕或电弧分解物。

2）法兰处应无裂纹，与绝缘子胶装良好；绝缘套管金属附件应采用上砂水泥胶装，胶装处胶合剂外露表面应平整，无水泥残渣及露缝等缺陷，胶装后露砂高度10～20mm，且不得小于10mm，胶装处应均匀涂以防水密封胶。

3）瓷套有异常或爬电比距不符合污秽等级要求的应更换。

（6）SF_6气体管路检修。

1）检查各气管应无渗漏、锈蚀等现象。

2）更换各气管、逆止阀、充放气接头的密封件。

4．断路器操动机构不停电维护

（1）机构箱及汇控箱电器元件检查。

1）电器元件及二次线应无锈蚀、破损、松脱，机构箱内应无烧焦的糊味或其他异味。

2）分合闸指示灯、储能指示灯及照明应完好，分合闸指示灯能正确指示断路器位置状态。

3）“就地 / 远方”切换开关应打在“远方”。

4）储能电源空气开关应处于合闸位置。

5）动作计数器读数应正常工作。

（2）液压机构检查。

1）读取高压油压表指示值，应在厂家规定正常范围内。

2）液压系统各管路接头及阀门应无渗漏现象，各阀门位置、状态正确。

3）观察低压油箱的油位是否正常（液压系统储能到额定油压后，通过油箱上的油标观察油箱内的油位，应在最高与最低油位标识线之间）。

4）记录油泵电机打压次数。

5）检查液压碟簧机构储能位移行程正常。

（3）弹簧机构检查。

1）检查机构外观，机构传动部件应无锈蚀、裂纹。机构内轴、销应无碎裂、变形，锁紧垫片应无松动。

2）检查缓冲器应无漏油痕迹，缓冲器的固定轴正常。

3）分合闸弹簧外观应无裂纹、断裂、锈蚀等异常。

4）机构储能指示应处于“储满能”状态。

（4）气动机构检查。

1）检查气压表的压力值应无异常。

2）空压系统各管路接头及阀门应无渗漏现象，各阀门位置、状态正确。

3）空压系统储气罐排水应排至排水口无水雾喷出为止。如排水过程中出现气压下降至气泵启动时，应停止排水，待气泵停止后再继续。

（5）机构箱及汇控箱密封情况检查。

1）密封应良好，达到防潮、防尘要求。密封胶条应无脱落、破损、变形、失去弹性等异常。

2）柜门应无变形情况，能正常关闭。

3）箱内应无进水、受潮现象。

4）箱底应清洁无杂物，二次电缆封堵良好。

（6）分合闸指示牌检查。

1）分合闸指示牌指示应到位，无歪斜、松动、脱落现象。

2）分合闸指示牌的指示与断路器拐臂机械位置、分合闸指示灯及后台状态显示应一致。

（7）加热器检查。

1）对于长期投入的加热器（驱潮装置），应检查加热器空气开关在合闸位置，日常巡视时利用红外或手触摸等手段检测，加热器应处于加热状态。

2）对于由环境温湿度控制的加热器，也应检查加热器空气开关在合闸位置，同时检查温湿度控制器的设定值是否满足厂家要求。厂家无明确要求时，温度控制器动作值一般不应低于 10℃，湿度控制器动作值一般不应大于 80%。

3）避免接触箱体内表面、漆层、其他元器件与电缆电线。

（8）传动部件外观检查。

1）拐臂、掣子、缓冲器等机构传动部件外观应正常，无松动、锈蚀、漏油等现象。

2）螺栓、锁片、卡圈及轴销等传动连接件应正常，无松脱、缺失、锈蚀等现象。

（9）空气压缩机机油检查。

1）压缩机机油应无乳化、缺失现象，必要时清洁或更换压缩机油。

2）压缩机机油位应符合厂家要求。

（10）打压次数数据分析。通过运行记录的液压（包括液压碟簧）、气动操动机构的打压次数及操动机构压力值进行比较，进行操动机构是否存在泄漏的早期判断，如果发现打压次数出现增加，应结合专业巡视对相关高压管路进行重点关注。

（11）断路器动作 SOE 报文检查。检查断路器分合闸动作 SOE 报文时间应无明显异常。

5. 断路器操动机构停电局部检修

（1）机构检查。

1）检查机构内所做标记位置应无变化；对各连杆、拐臂、联板、轴销、螺栓进行检查，应无松动、弯曲、变形或断裂现象；对轴销、轴承、齿轮、弹簧筒等转动和直动产生相互摩擦的地方涂厂家配套的润滑脂，应润滑良好、无卡涩；各截止阀门应完好。

2）储能电机应无异响、异味，建压时间应满足设计要求。

3）对各电器元件（转换开关、中间继电器、时间继电器、接触器、温控器等）进行功能检查，应正常工作。

4）按机构类型划分：

a. 液压机构。压力控制值应正常，若有异常则需要重新调整压力控制单元；主油箱油位不足时应补充液压油；机构的各操作压力指示应正常；油泵工作应正常，无单边工作或进气现象；如有防慢分装置，应检查防慢分装置无异常、锈蚀，功能正常。

b. 弹簧机构。传动齿轮应无卡阻、锈蚀现象，凸轮间隙应符合厂家要求。

c. 气动机构。压力控制值应正常，若有异常则需要重新调整压力控制单元；传动皮带应完好，若有异常则应进行更换；空气过滤器应洁净，无积尘、污秽、堵塞现象。

5）检查断路器操动机构动作次数计数器工作正常，打压计数器工作正常，发现异常机构动作计数器应更换为不带有复归功能的机构动作计数器。

（2）分合闸掣子检查。

1）分合闸滚子与掣子接触面表面应平整光滑，无裂痕、锈蚀及凹凸现象，若有异常则应重新进行调整。

2）分合闸滚子转动时，应无卡涩和偏心现象，扣接时扣入深度应符合设计要求。

（3）分合闸电磁铁检查。

1）分合闸线圈安装应牢固，接点无锈蚀，接线应可靠。

2）分合闸线圈铁芯应灵活、无卡涩现象，间隙应符合厂家要求。

3）分合闸线圈直流电阻值应满足厂家要求。

（4）缓冲器检查。缓冲压缩行程应符合要求；无变形、损坏或漏油现象，补油时应注意使用相同型号的液压油。

（5）预充压力检查。如发现液压操动机构预充压力值异常升高或降低时，应对储压筒进行检查，并制定相应的检修方案。

（6）液压油过滤 / 更换。油箱、过滤器应洁净，液压油无水分及杂质，应对液压油进行过滤，补油时宜使用真空滤油机进行补油，补换油应正确选用厂家规定标号液压油。如发现杂质应制定相应的检修方案。

（7）储能电机检查。储能电机（直流）碳刷磨损应符合制造厂技术要求，电机运行应无异响、异味、过热等现象，若有异常情况应进行检修或更换。

（8）辅助开关检查。

1）辅助开关传动机构中的连杆连接、辅助开关切换应无异常。

2）辅助开关应安装牢固、转动灵活、切换可靠、接触良好，并进行除尘清洁工作。

（9）二次端子检查。

1）检查接线应牢固，无锈蚀，对端子进行紧固；清扫控制元件、端子排。

2）储能回路、控制回路、加热和驱潮回路应正常工作，测量各对节点通断应正常。

3）二次元器件应正常工作，接线牢固，无锈蚀。

（10）加热器检查。

1）加热器安装应牢固并正常工作，测量加热器电阻值，对加热器的状态进行评估，并根据结果进行维护或更换。

2）对于由环境温湿度控制的加热器，检查温湿度控制器的设定值应满足厂家要求。厂家无明确要求时，温度控制器动作值一般不应低于 10℃，湿度控制器动作值一般不应大于 80%。

6. 断路器操动机构停电整体检修

(1) 更换电器元件。更换断路器机构箱、汇控箱内的继电器、接触器、加热器、行程开关、辅助开关、分合闸线圈等低压电器元件。

(2) 液压机构大修。

1) 控制阀、供排油阀、信号缸、工作缸的检查：阀内各金属接口，应密封良好；球阀、锥阀密封面应无划伤；各复位弹簧无疲劳、断裂、锈蚀。

2) 油泵检查：逆止阀、密封垫、柱塞、偏转轮、高压管接口等应密封良好，无异响、异常温升。

3) 电机检查：电机绝缘、碳刷、轴承、联轴器等应无磨损，工作正常。

4) 氮气缸检查：罐体无锈蚀、渗漏；管接头密封情况良好；漏氮报警装置完好；活塞缸、活塞密封应良好，应无划痕、锈蚀。

5) 检查各报警或闭锁压力的定值（停泵、启泵、压力异常的告警信号及分合闸、重合闸闭锁）满足厂家要求。

6) 油缓冲器检查：油缓冲器弹簧应无疲劳、断裂、锈蚀，必要时进行更换；活塞缸、活塞密封应良好，无划痕、锈蚀。

7) 检查液压机构分合闸阀的阀针应无松动或变形，防止由于阀针松动或变形造成断路器拒动。

8) 更换机构所有的密封垫、密封圈。

9) 对机构所有转动轴、销等进行更换。

10) 更换机构液压油、油缓冲器液压油。

11) 必要时更换新的相应零部件或整体机构。

(3) 气动机构大修。

1) 检查压缩机曲轴应无变形、断裂。

2) 电机检查：电机绝缘、碳刷、轴承、联轴器等应无磨损、工作正常。

3) 曲轴箱应密封完好、无渗漏。

4) 活塞缸、活塞密封良好，无划痕、锈蚀。

5) 逆止阀、安全阀密封情况应良好。

6) 空气滤清器清洁应无损坏。

7) 缓冲器检查：合闸缓冲器和分闸缓冲器的外部、缓冲器下方固定区域应无漏油痕迹，缓冲器应无松动、锈蚀现象，弹簧应无疲断裂、锈蚀，活塞缸、活塞密封圈应密封良好。

8）传动皮带（齿轮）应无老化、变形、损坏。

9）储气罐罐体应无锈蚀、渗漏；气水分离装置、自动排污装置应工作正常；排水阀密封应良好；气罐进出逆止阀、截止阀、管接头密封情况应良好；储气罐内壁应无锈蚀；防爆片应完好无锈蚀。

10）更换新的压缩机机油。

11）检查气动机构分合闸阀的阀针应无松动或变形，防止由于阀针松动或变形造成断路器拒动。

12）对机构所有转动轴、销等进行更换。

13）必要时更换新的相应零部件或整体机构。

（4）弹簧机构大修。

1）分合闸弹簧检查：分合闸弹簧应无损伤、变形；对分合闸弹簧进行力学性能试验，应无疲劳，力学性能应符合要求。

2）分合闸滚子检查：分合闸滚子转动时应无卡涩和偏心现象，与掣子接触面表面应平整光滑，无裂痕、锈蚀及凹凸现象。

3）电机检查：电机绝缘、碳刷、轴承等应无磨损、工作正常。

4）减速齿轮检查：减速齿轮应无卡阻、损坏、锈蚀现象，润滑应良好。

5）缓冲器检查：合闸缓冲器和分闸缓冲器的外部、缓冲器下方固定区域应无漏油痕迹，缓冲器应无松动、锈蚀现象，弹簧应无疲断裂、锈蚀，活塞缸、活塞密封圈应密封良好。

6）对机构所有转动轴、销等进行更换。

7）必要时更换新的相应零部件或整体机构。

1.3.1.2　敞开式真空断路器

1．断路器本体不停电维护

（1）构架检查。

1）构架接地应良好、紧固，无松动、锈蚀。

2）基础应无裂纹、沉降或移位。

3）支架、横梁所有螺栓应无松动、锈蚀。

4）接地引下线标志应无脱落，接地引下线可见部分应连接完整可靠，接地螺栓应紧固，无放电痕迹，无锈蚀、变形现象。

5）设备名称、编号、铭牌应齐全、清晰，相序标志应明显。

（2）瓷套检查。

1）瓷套、复合绝缘外表应清洁，无损伤、裂纹、放电闪络或严重污垢。

2）法兰处应无裂纹、闪络痕迹，瓷套固定螺栓无松动。

3）本体应无异响、异味。

（3）相间连杆检查。

1）检查（三相）操动连杆及部件应无开焊、变形、锈蚀或松脱。

2）传动部分应无明显变形、锈蚀，轴销齐全；连杆接头和连板应无裂纹、锈蚀，锁紧螺母紧固、无松动。

（4）引线检查。

1）引线应连接可靠，自然下垂，三相松弛度一致，无断股、散股现象。

2）设备线夹应无裂纹、变形、发热、锈蚀。

（5）红外检测。

1）用红外热成像仪进行红外检测，按 DL/T 664 执行。

2）重点检查断路器本体和接线板应无过热，瓷套表面应无局部过热，绝缘子应无闪络爬电。

3）对红外检测数据进行横向、纵向比较，判断断路器是否存在发热发展的趋势。

2. 断路器本体停电局部检修

（1）外露金属部件检查。

1）各部件应无锈蚀、变形，螺栓应紧固、油漆（相色）应完好，补漆前应彻底除锈并刷防锈漆。

2）检查动触头连杆上的软联结夹片应无松动。

（2）螺栓检查。目测螺栓紧固标识线应无移位，螺栓应紧固。

（3）瓷套清洁 / 维护。

1）如有污物，应冲洗和擦拭以清洁瓷套表面，积污严重的可考虑开展带电水冲洗。

2）检查浇装处应均匀涂以防水密封胶，若有脱落，应补充涂抹。

（4）接线板检查。检查引线接头、接线板应不存在开裂情况和过热痕迹。

（5）接地检查。接地连接应牢固，接地片应无锈蚀，否则应重新进行清洁并紧固。

3．断路器本体停电整体检修

（1）更换密封圈。

1）清理密封面，更换 O 型密封圈及操动杆处直动轴密封。

2）法兰对接紧固螺栓应全部更换。

（2）绝缘件检查。

1）检查绝缘拉杆、支持绝缘台等外表应无破损、变形，清洁绝缘件表面。

2）绝缘拉杆两头金属固定件应无松脱、磨损、锈蚀现象，绝缘电阻符合厂家技术要求。

3）必要时应进行干燥处理或更换。

（3）瓷套检查。

1）清洁瓷套的内外表面，应无破损伤痕或电弧分解物。

2）法兰处应无裂纹，与绝缘子胶装良好；应采用上砂水泥胶装，胶装处胶合剂外露表面应平整，无水泥残渣及露缝等缺陷，胶装后露砂高度 10～20mm，且不得小于 10mm，胶装处应均匀涂以防水密封胶。

3）瓷套有异常或爬电比距不符合污秽等级要求的应更换。

4．断路器操动机构不停电维护

（1）机构箱及汇控箱电器元件检查。

1）电器元件及二次线应无锈蚀、破损、松脱，机构箱内应无烧焦的糊味或其他异味。

2）分合闸指示灯、储能指示灯及照明应完好，分合闸指示灯能正确指示断路器位置状态。

3）“就地 / 远方”切换开关应打在“远方”。

4）储能电源空气开关应处于合闸位置。

5）动作计数器读数应正常工作。

（2）弹簧机构检查。

1）检查机构外观，机构传动部件应无锈蚀、裂纹。机构内轴、销应无碎裂、变形，锁紧垫片应无松动。

2）检查缓冲器应无漏油痕迹，缓冲器的固定轴正常。

3）分合闸弹簧外观应无裂纹、断裂、锈蚀等异常。

4）机构储能指示应处于“储满能”状态。

（3）机构箱及汇控箱密封情况检查。

1）密封应良好，达到防潮、防尘要求。密封胶条应无脱落、破损、变形、失去弹性等异常。

2）柜门应无变形情况，能正常关闭。

3）箱内应无进水、受潮现象。

4）箱底应清洁无杂物，二次电缆封堵良好。

（4）分合闸指示牌检查。

1）分合闸指示牌指示应到位，无歪斜、松动、脱落现象。

2）分合闸指示牌的指示与断路器拐臂机械位置、分合闸指示灯及后台状态显示应一致。

（5）加热器检查。

1）对于长期投入的加热器（驱潮装置），应检查加热器空气开关在合闸位置，日常巡视时应利用红外或手触摸等手段检测，加热器应处于加热状态。

2）对于由环境温湿度控制的加热器，也应检查加热器空气开关在合闸位置，同时检查温湿度控制器的设定值是否满足厂家要求。厂家无明确要求时，温度控制器动作值一般不应低于10℃，湿度控制器动作值一般不应大于80%。

3）避免接触箱体内表面、漆层、其他元器件与电缆电线。

（6）传动部件外观检查。

1）拐臂、掣子、缓冲器等机构传动部件外观应正常，无松动、锈蚀、漏油等现象。

2）螺栓、锁片、卡圈及轴销等传动连接件应正常，无松脱、缺失、锈蚀等现象。

5. 断路器操动机构停电局部检修

（1）机构检查。

1）检查机构内所做标记位置应无变化；对各连杆、拐臂、联板、轴销、螺栓进行检查，应无松动、弯曲、变形或断裂现象；对轴销、轴承、齿轮、弹簧筒等转动和直动产生相互摩擦的地方涂厂家配套润滑脂，应润滑良好、无卡涩。

2）储能电机应无异响、异味，建压时间应满足设计要求。

3）对各电器元件（转换开关、中间继电器、时间继电器、接触器、温控器等）进行功能检查，应正常工作。

4）传动齿轮应无卡阻、锈蚀现象。

5）检查断路器操动机构动作次数计数器工作正常，打压计数器工作正常，发现异常机构动作计数器应更换为不带有复归功能的机构动作计数器。

（2）分合闸掣子检查。

1）分合闸滚子与掣子接触面表面应平整光滑，无裂痕、锈蚀及凹凸现象，若有异常则应重新进行调整。

2）分合闸滚子转动时应无卡涩和偏心现象，扣接时扣入深度应符合设计要求。

（3）分合闸电磁铁检查。

1）分合闸线圈安装应牢固，接点无锈蚀，接线应可靠。

2）分合闸线圈铁芯应灵活、无卡涩现象，间隙应符合厂家要求。

3）分合闸线圈直流电阻值应满足厂家要求。

4）对于双分闸线圈并列安装的分闸电磁铁，应注意线圈的极性。

（4）缓冲器检查。缓冲压缩行程应符合要求；无变形、损坏或漏油现象，补油时应注意使用相同型号的液压油。

（5）储能电机检查。储能电机（直流）碳刷磨损应符合制造厂技术要求，电机运行应无异响、异味、过热等现象，若有异常情况应进行检修或更换。

（6）辅助开关检查。

1）辅助开关应安装牢固、转动灵活、切换可靠、接触良好。

2）断路器进行分合闸试验时，检查转换断路器接点应能正确切换。

（7）二次端子检查。

1）检查并紧固接线螺钉，清扫控制元件、端子排。

2）储能回路、控制回路、加热和驱潮回路应正常工作，测量各对节点通断应正常。

3）二次元器件应正常工作，接线牢固，无锈蚀。

（8）加热器检查。

1）加热器安装应牢固并正常工作，测量加热器电阻值，对加热器的状态进行评估，并根据结果进行维护或更换。

2）对于由环境温湿度控制的加热器，检查温湿度控制器的设定值应满足厂家要求。厂家无明确要求时，温度控制器动作值一般不应低于 10℃，湿度控制器动作值一般不应大于 80%。

6．断路器操动机构停电整体检修

（1）更换电器元件。更换断路器机构箱、汇控箱内继电器、接触器、加热器等低压电器元件。

（2）弹簧机构大修。

1）分合闸弹簧检查：分合闸弹簧应无损伤、变形；对分合闸弹簧进行力学性能试验，应无疲劳，力学性能符合要求。

2）分合闸滚子检查：分合闸滚子转动时应无卡涩和偏心现象，与掣子接触面表面应平整光滑，无裂痕、锈蚀及凹凸现象。

3）电机检查：电机绝缘、碳刷、轴承等应无磨损，工作正常。

4）减速齿轮检查：减速齿轮应无卡阻、损坏、锈蚀现象，润滑应良好。

5）缓冲器检查：合闸缓冲器和分闸缓冲器的外部、缓冲器下方固定区域应无漏油痕迹，缓冲器应无松动、锈蚀现象，弹簧无疲断裂、锈蚀，活塞缸、活塞密封圈应密封良好。

6）对机构所有转动轴、销等进行更换。

7）必要时更换新的相应零部件或整体机构。

1.3.2　现场试验

1.3.2.1　敞开式 SF_6 断路器

1．SF_6 气体泄漏试验

（1）试验参数。

1）定性检漏：

a．定性检漏仪灵敏度不低于 10^{-8}。

b．应无明显漏点。

2）定量检漏：

a．定量检漏仪灵敏度不低于 10^{-6}，测量范围为 10^{-4}～10^{-6}（体积比）。

b．用局部包扎法测得的 SF_6 气体含量（体积分数）不大于 15μL/L。

（2）试验方法。参考《高压开关设备六氟化硫气体密封试验方法》（GB/T 11023）进行。

1）定性检漏：采用抽真空检漏法、检漏仪检漏法，运行中推荐采用检漏仪检漏法。

2）定量检漏：通常采用扣罩法、挂瓶法、局部包扎法、压力降法，大型产品推荐采用局部包扎法。

（3）试验过程。

1）将断路器操作至检修状态。

2）检查断路器 SF_6 气压值是否正常。

3）检查断路器外观是否有明显的破损、漏气现象。

4）定性检测：使用灵敏度不低于 10^{-8} 的六氟化硫气体检漏仪检漏，无漏点则认为密封性能良好；

5）定量检测：对检测到的漏点可采用局部包扎法检漏，每个密封部位包扎后历时 5h，测得的 SF_6 气体含量（体积分数）不大于 15μL/L，则认为该气室漏气率合格；

（4）注意事项。定量检测时，不能包扎断路器的传动部位。

2．SF_6 气体湿度试验

（1）试验参数。SF_6 气体湿度应满足表 1-2 要求。

表 1-2　　SF_6 气体湿度要求　　（μL/L）

气室类型	大修后	运行中
灭弧室气室	≤150	≤300
其他气室	≤250	≤500

（2）试验方法。采用电解法、冷凝露点法或电阻电容法。

（3）试验过程。

1）将仪器与待检设备经设备检测口、连接管路、接口相连接，并将仪器电源接通，可参考图 1-12 推荐连接方法或有关仪器说明。

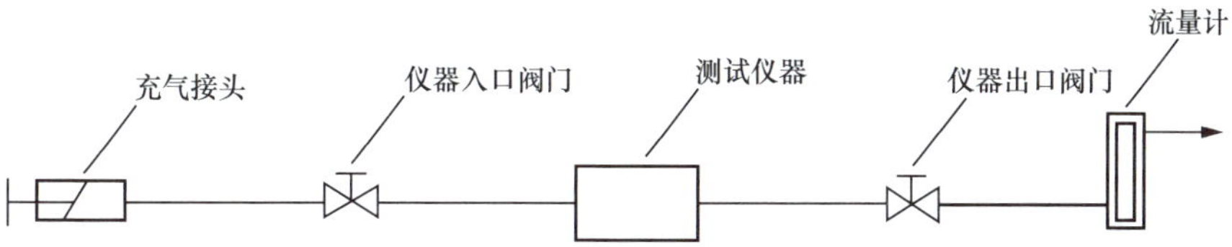

图 1-12　SF_6 气体湿度试验气路连接图

2）接通气路，用六氟化硫气体短时间的吹扫和干燥连接管路与接口。

3）按下测量键开始检测，待仪器读数稳定后读取结果，同时记录检测时的环境温度和空气相对湿度。

4）测试结果的温度折算。如需将 SF_6 气体湿度值折算到20℃时的数值，可参考《六氟化硫电气设备中绝缘气体湿度测量方法》（DL/T 506），推荐的温度折算方法。

a．由于环境温度对测试气体湿度有明显的影响，测试结果应换算到20℃时的数值。

b．由于各型号、品牌的六氟化硫电气设备对气体湿度测试数据的温度修正依据不同，推荐采用厂家提供的曲线、图表进行温度修正。

c．在没有厂家提供的曲线、图表时，推荐使用以下的修正公式

$$X_2/X_1=(P_2/P_1)\times(T_1/T_2) \tag{1-1}$$

式中 X_1——测试温度下的水分测量值，$\times10^{-6}$；

X_2——换算至20℃时的水分测量值，$\times10^{-6}$；

P_1——测试温度下的饱和水蒸气压，Pa；

P_2—— 20℃时的饱和水蒸气压，Pa；

T_1——测试温度，K；

T_2—— 20℃，293K。

5）恢复控制阀门为测试前状态，检查气体压力正常，接口无泄漏。

（4）注意事项。

1）使用不锈钢、铜、聚四氟乙烯材质的连接管路与接口。

2）用于测量的管路要尽量缩短，并保证各接头的密封性，接头内不得有油污。

3）连接检测口与 SF_6 气体湿度仪气路前，仔细检查检测口类型，确认是否需要关闭检测口上的控制阀门后才能与仪器相连接。

4）测量过程中要保持测量流量的稳定，并随时监测被测设备的气体压力，防止气体压力异常下降。

5）在投运前新充气静置24h后测量。

6）试验后应开展定性检漏试验。

3．现场分解产物测试

（1）试验参数。气体组分注意值见表 1-3。

表 1-3　气体组分注意值　（μL/L）

气室类型	SO_2	H_2S	CO	CF_4
灭弧室气室	≤3	≤2	≤300	≤400
其他气室	≤1	≤1	≤300	≤400

（2）试验方法。采用气相色谱法或气体传感器法。

（3）试验过程。

1）将仪器与待检设备经设备检测口、连接管路、接口相连接，并将仪器电源接通，可参考图 1-12。

2）接通气路，用六氟化硫气体短时间的吹扫和干燥连接管路与接口。

3）按下测量键开始检测，待仪器读数稳定后读取结果（或根据色谱检测结果手动识别计算），同时记录检测时的环境温度和空气相对湿度。

4）恢复控制阀门为测试前状态，检查气体压力正常，接口无泄漏。

（4）注意事项。

1）使用不锈钢、铜、聚四氟乙烯材质的连接管路与接口。

2）用于测量的管路要尽量缩短，并保证各接头的密封性，接头内不得有油污。

3）连接检测口与 SF_6 气体湿度仪气路前，仔细检查检测口类型，是否需要关闭检测口上的控制阀门后才能与仪器相连接。

4）室内测量时，如测量气体直接向大气排放，应在排气口加长管子，注意不要影响测量室压力。

5）测量过程中要保持测量流量的稳定，并随时监测被测设备的气体压力，防止气体压力异常下降。

4．一次绝缘电阻的测量

（1）试验参数。

1）试验电压：2500V。

2）绝缘电阻值应符合产品技术文件规定。

（2）试验方法。采用直流电压、电流测量法。

（3）试验过程。

1）检查断路器应在分闸位置，如断路器在合闸位置则应将断路器分闸。

2）将断路器就地汇控柜“远方 / 就地”控制把手设在“就地”位置。

3）拉开断路器两侧接地开关。

4）断口间绝缘电阻测量接线方式见图 1-13，兆欧表 E 端与断口动触头侧连接，L 端接到断口静触头上，测量并读取并记录断口间绝缘电阻值，测量完毕应立即进行放电。

5）绝缘拉杆绝缘电阻测量接线方式见图 1-14，先将兆欧表 E 端接地，L 端接到断口动触头侧（该断口的提升杆的高压端），测量并读取绝缘拉杆的绝缘电阻值。测量完毕应立即进行放电。

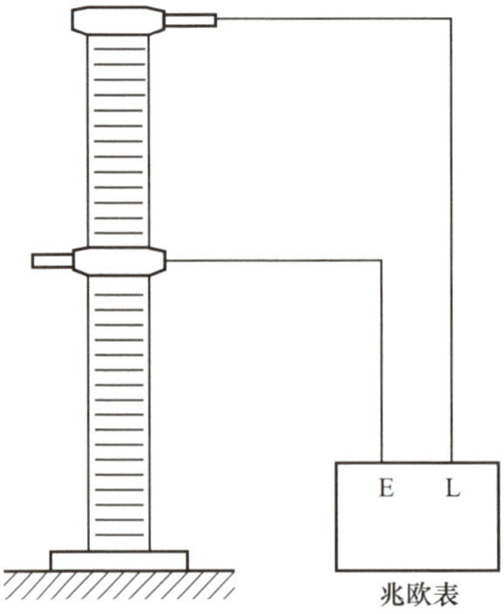

图 1-13　断口间绝缘电阻测量接线方式

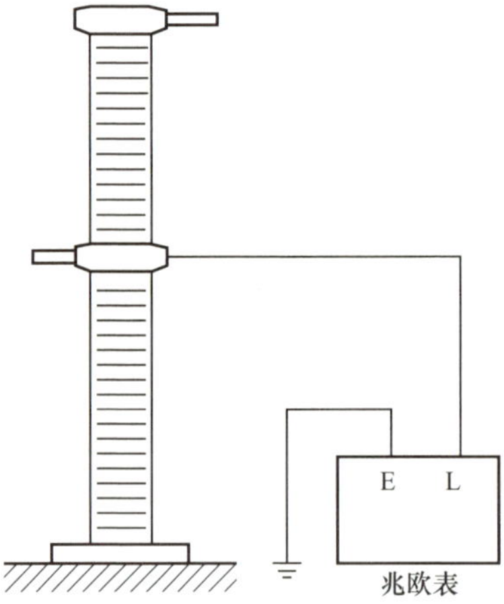

图 1-14　绝缘拉杆绝缘电阻测量接线方式

6）试验结束后，将断路器恢复到试验前状态。

（4）注意事项。

1）使用 2500V 兆欧表。

2）试验导线较长时，使用绝缘试验杆将导线与断路器连接，触碰试验导线时，应戴绝缘手套。

3）如被试断路器为多断口断路器，则连同断口间并联电容器一起进行断口间绝缘电阻试验。

5. 辅助回路和控制回路绝缘电阻测量

（1）试验参数。

1）试验电压：500V 或 1000V。

2）绝缘电阻不低于 2MΩ。

3）包含分合闸线圈的回路，在交接时绝缘电阻不低于 10MΩ。

（2）试验方法。采用直流电压、电流测量法。

（3）试验过程。

1）检查断路器辅助、控制回路电源应已被断开。

2）将断路器就地汇控柜“远方 / 就地”控制把手设在“就地”位置。

3）查阅断路器就地汇控柜的控制回路图，确认所有被加压端子。

4）用万用表测量各个加压端子的对地交、直流电压，确认断路器的辅助、控制回路电源已被拉开。

5）先将兆欧表 E 端接地，再将 L 端接到控制、辅助回路上的被加压端子，测量端子绝缘电阻，读取绝缘电阻值。

6）记录被加压端子的编号及其对地绝缘电阻值。

7）更换被试的加压端子并重复步骤 5）～6）直至所有的加压端子的对地绝缘电阻值都已被测量。测量完毕应对被加压端子进行放电。

8）试验结束后，将断路器恢复到试验前状态。

（4）注意事项。

1）采用 500V 或 1000V 兆欧表。

2）所有辅助及控制回路上的每个电气段都应该被试验一次。

3）控制及辅助回路应包含分合闸线圈及储能电机。

4）在对分合闸线圈及储能电机所在的电气段进行试验时，应将分、合闸线圈或储能电机电源两端短接。

6．辅助回路和控制回路交流耐压试验

（1）试验参数。

1）试验电压：交流 2000V。

2）要求：施加电压 1min，无击穿。

（2）试验方法。采用短时施加交流电压测量法。

（3）试验过程。与“辅助回路和控制回路绝缘电阻测量”的试验步骤相同，可采用 2500V 兆欧表代替 2000V 交流耐压设备进行试验。

（4）注意事项。

1）可采用 2500V 兆欧表替代。

2）所有辅助及控制回路上的每个电气段都应该被试验一次。

3）控制及辅助回路应包含分合闸线圈及储能电机。

4）在对分合闸线圈及储能电机所在的电气段进行试验时，应将分、合闸线圈或储能电机电源两端短接。

7．断口间并联电容器的电容量和 tanδ 测量

（1）试验参数。与断口同时测量，测得的电容值偏差应在初始值的 ±5% 范围内，10kV 试验电压下 tanδ 值不大于表 1-4 所列数值。

表 1-4　　tanδ 值

绝缘类型	油纸绝缘	膜纸复合绝缘
tanδ	0.5%	0.4%

（2）试验方法。采用西林电桥测量法。

（3）试验步骤。

1）检查断路器应在分闸位置，断路器两侧隔离开关及接地开关均在断开位置。

2）将断路器就地汇控柜“远方 / 就地”控制把手设在“就地”位置，并且停止在断路器就地汇控柜上的工作。

3）断口间并联电容器的电容量和 tanδ 测量接线图见图 1-15，将介质损耗测量仪的 Hv 端通过试验线接到断路器断口的动触头侧，将 Cx 端通过试验线接到断路器断口的静触头侧。

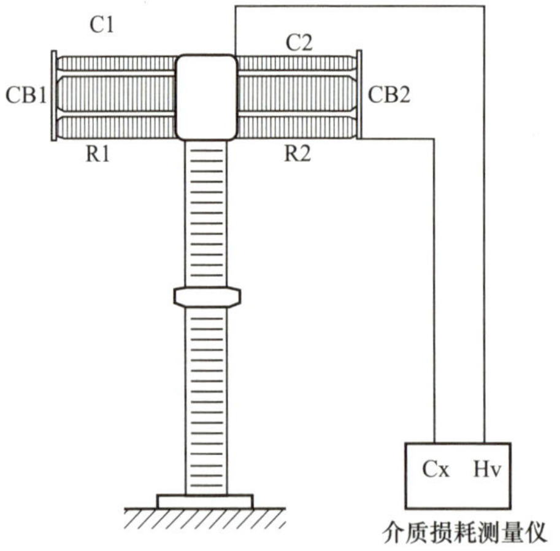

图 1-15　断口间并联电容器的电容量和 tanδ 测量接线图

4）试验结束后，将断路器恢复到试验前状态。

（4）注意事项。

1）若环境与条件允许，优先使用正接法进行电容器的介质损耗试验，试验电压为交流 10kV。

2）如有明显变化时，应解开断口单独对电容器进行试验。

8．断路器的时间参量测量

（1）试验参数。

1）断路器的分合闸时间、主辅触头的配合时间应符合制造厂规定。

2）断路器的合分闸时间应符合制造厂规定。

3）除制造厂另有规定外，断路器的分合闸同期性应满足下列要求：

a. 相间合闸不同期不大于 5ms。

b. 相间分闸不同期不大于 3ms。

c. 同相各断口间合闸不同期不大于 3ms。

d. 同相各断口间分闸不同期不大于 2ms。

（2）试验方法。采用直流电路通、断计时法。

（3）试验过程。

1）将断路器操作至分闸位置，断路器两侧隔离开关及接地开关均在断开位置。

2）将断路器就地汇控柜“远方 / 就地”控制把手设在“就地”位置，并且停止在断路器就地汇控柜上的工作。

3）检查断路器辅助、控制回路电源应已被断开。

4）查阅图纸，确定每个分合闸线圈回路两侧的试验端子号。

5）测量试验端子的对地交直流电压，确认控制、辅助回路电源确被断开。

6）测量被试回路的直流电阻是否正常，以确认试验回路是否正确。

7）按图 1-16（a）进行接线，断路器在分闸状态时，机械特性测试仪的控制电源输出正、负端子分别接到断路器合闸回路的试验端子［如图 1-16（b）中的 a、b 端子］；机械特性测试仪的一次测量通道接至断路器的断口，每个测量通道的两根测量线分别对应接到一个断口的两侧，通道间相互独立；操作机械特性测试仪进行合闸时间测量，仪器自动记录三相的合闸时间并计算合闸不同期时间。

8）将机械特性测试仪的控制电源输出正、负端子分别接到断路器分闸回路的试验端子［如图 1-16（b）中的 c、d 端子］，操作机械特性测试仪进行分闸时间测量，仪器自动记录三相的分闸时间并计算分闸不同期时间。

9）将试验接线拆除，并将断路器恢复到试验前状态。

（4）注意事项。

1）测试断路器的时间参量应在额定操作电压（气压、液压）下进行。

2）采用外接直流电源时，应防止串入站内运行直流系统。

3）使用本接线方式的前提是开关机械特性测试仪可提供开关操作电源输出。

4）对多断口断路器测量，则应该增加断口的测量通道同时进行测量，如断路器为分相动作断路器，则机械特性的开关操作电源应该同时对各相的分合闸线圈通电。

5）如断路器有两组分闸线圈，则应分组进行分闸时间测量。

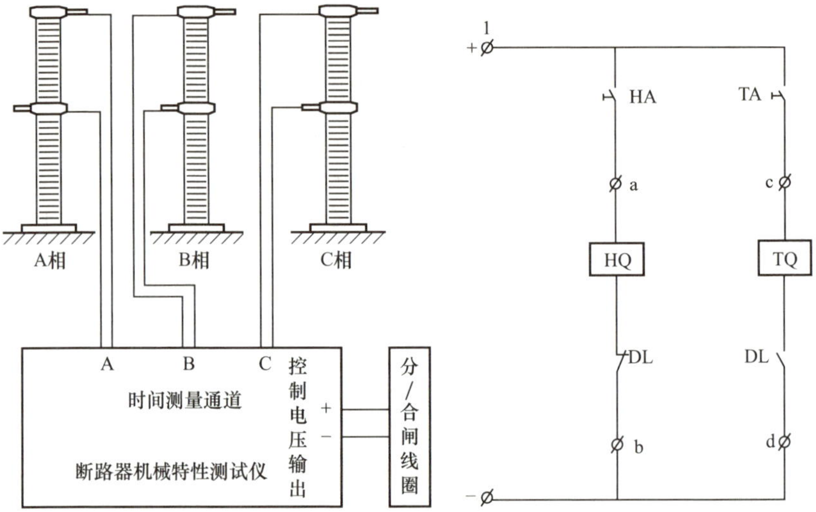

(a) 试验接线　　(b) 断路器二次控制回路

图 1-16　断路器的时间参量测量

9．断路器的速度特性试验

本项试验可结合断路器的时间参量测量同时进行。

（1）试验参数。测量结果应符合制造厂规定。

（2）试验方法。测量方法应符合制造厂规定。

（3）试验过程。

1）断开断路器储能电机电源，并操作断路器释放弹簧操动机构分、合闸弹簧能量（或将液压操动机构的压力泄放至“零压”）。

2）将断路器就地汇控柜“远方 / 就地”控制把手设在“就地”位置，并且停止在断路器就地汇控柜上的工作。

3）按照制造厂要求将测速传感器可靠固定，并将传感器运动部分牢固连接至断路器动触杆（或转轴）上。

4）按照制造厂要求在机械特性测试仪上对断路器速度进行定义。

5）合上断路器储能电机电源，断开断路器辅助、控制回路电源。

6）查阅图纸，确定每个分、合闸线圈回路两侧的试验端子号。

7）测量试验端子的对地交直流电压，确认控制、辅助回路电源确被断开。

8）测量被试回路的直流电阻是否正常，以确认试验回路是否正确。

9）按图 1-17（a）进行接线，断路器在分闸状态时，机械特性测试仪的控制电源输出正、负端子分别接到断路器合闸回路的试验端子［如图 1-17（b）中的 a、b 端子］；机械特性测试仪的一次测量通道接至断路器的断口，每个测量通道的两根测量线分别对应接到一个断口的两侧，通道间相互独立；操作机械特性测试仪进行合闸速度测量，仪器自动记录合闸时间、机械行程曲线、合闸线电流并计算出合闸速度。

10）将机械特性测试仪的控制电源输出正、负端子分别接到断路器分闸回路的试验端子［如图 1-17（b）中的 c、d 端子］，操作机械特性测试仪进行分闸速度测量，仪器自动记录分闸时间、机械行程曲线、分闸线圈电流并计算出分闸速度。

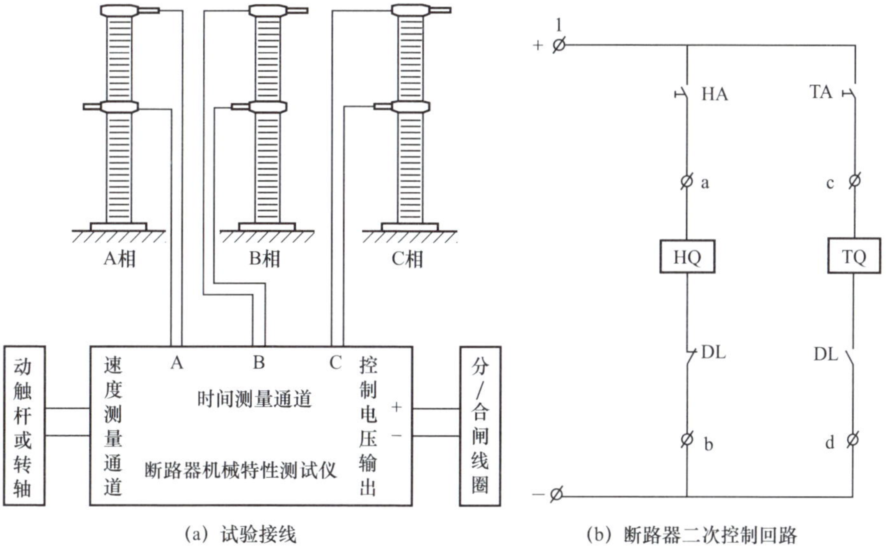

（a）试验接线　　（b）断路器二次控制回路

图 1-17　断路器的速度特性试验

11）断开断路器储能电机电源，操作断路器释放弹簧操动机构分、合闸弹簧能量（或将液压操动机构的压力泄放至“零压”）。

12）将速度传感器、试验接线拆除，并将断路器恢复到试验前状态。

（4）注意事项。

1）装、拆速度传感器应在操动机构无能的情况下进行。

2）测量断路器的速度特性应在额定操作电压（气压、液压）下进行。

3）采用外接直流电源时，应防止串入站内运行直流系统。

10. 合闸电阻值和合闸电阻的预接入时间测量

（1）试验参数。

1）除制造厂另有规定外，阻值变化允许范围不得大于 ±5%。

2）合闸电阻的预接入时间按制造厂规定校核。

（2）试验方法。

1）合闸电阻值：采用直流电压、电流法。

2）合闸电阻的投入时间：采用直流电流幅值突变时差法。

（3）试验过程。

1）将断路器操作至分闸位置，断路器两侧隔离开关及接地开关均在断开位置。

2）将断路器就地汇控柜“远方 / 就地”控制把手设在“就地”位置，并且停止在断路器就地汇控柜上的工作。

3）按图 1-18 进行接线，断路器在分闸状态时，合闸电阻测试仪的一次测量通道接至断路器的断口，每个测量通道的两根测量线分别对应接到一个断口的两侧，通道间相互独立。

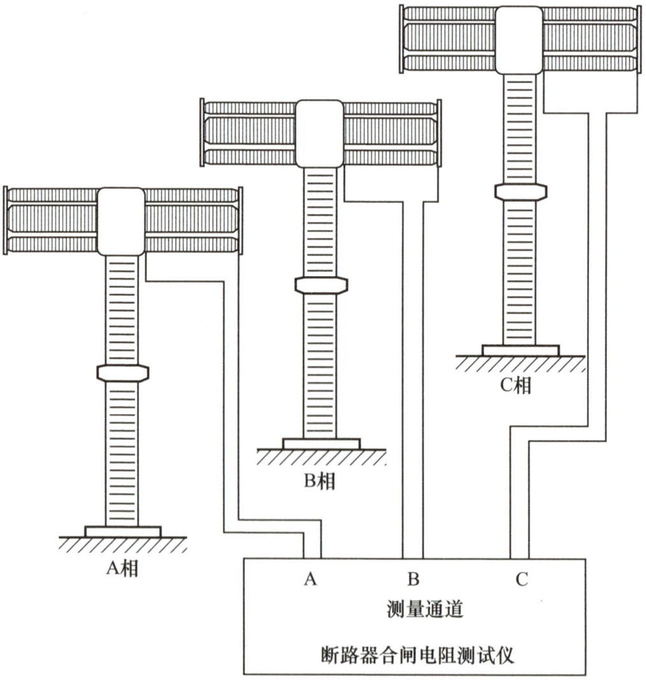

图 1-18　合闸电阻值和合闸电阻的预接入时间测量接线图

4）操作合闸电阻测试仪，使其进入触发测量状态。

5）使用断路器就地汇控柜中的合闸按钮对断路器进行合闸操作，合闸电阻测试仪自动触发测量各相合闸电阻值及其预接入时间。

6）将试验接线拆除，并将断路器恢复到试验前状态。

（4）注意事项。测量合闸电阻值和合闸电阻的预接入时间应在额定操作电压（气压、液压）下进行。

11．分合闸电磁铁的动作电压测量

（1）试验参数。

1）并联合闸脱扣器应能在合闸装置额定电压的 85%～110% 范围内可靠动作。

2）并联分闸脱扣器应能在分闸装置额定电源电压的 65%～110% 范围（直流）或 85%～110% 范围（交流）内可靠动作。

3）当电源电压低至额定值的 30% 或更低时，分合闸脱扣器均不应脱扣。

4）应分别记录各个分合闸脱扣器的最低脱扣动作电压值，并与历史值进行对比。其中，合闸脱扣器最低动作电压应在其额定电压的 30%～85%，分闸脱扣器最低动作电压应在额定电源电压的 30%～65%（直流）或 30%～85%（交流）。

5）在使用电磁机构时，合闸电磁铁线圈通流时的端电压为操作电压额定值的 80%（关合电流峰值等于及大于 50kA 时为 85%）时应可靠动作。

6）或按制造厂规定执行。

（2）试验方法。采用瞬时加压法测量。

（3）试验过程。

1）将断路器操作至分闸位置。

2）将断路器就地汇控柜“远方 / 就地”控制把手设在“就地”位置，并且停止在断路器就地汇控柜上的工作。

3）检查断路器辅助、控制回路电源应已被断开。

4）查阅图纸，确定每个分合闸线圈回路两侧的试验端子号。

5）测量每个端子的对地交直流电压，确认控制、辅助回路电源确被断开。

6）测量被试回路的直流电阻是否正常，以确认试验回路是否正确。

7）根据图 1-19，当断路器在分闸位置时，将断路器机械特性测试仪控制电源的正、负端分别与断路器控制回路中的 a、b 端相连，调整试验电源的电

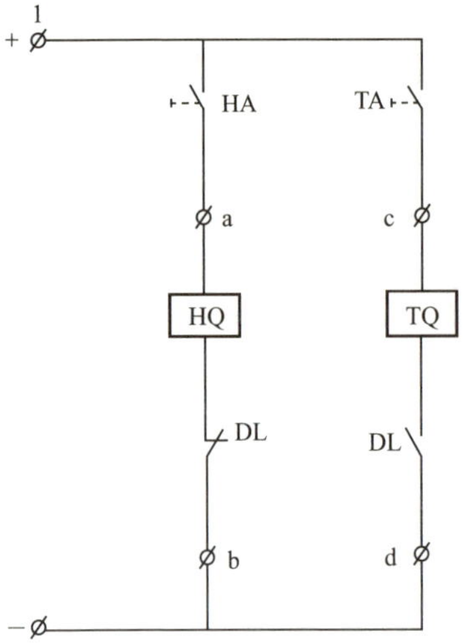

图 1-19　分合闸电磁铁的动作电压测量

压至断路器控制回路额定电压的 30%，然后按下试验电源的输出按钮使相连的分闸线圈带电，重复按 3 次，断路器不应合闸；随后调整试验电源的电压至断路器控制回路额定电压的 85% 和 110%（分别进行），然后按下试验电源的输出按钮，使合闸线圈带电，重复按 3 次，如断路器能合闸则该合闸电磁铁的动作电压符合规程规定，反之则认为该合闸电磁铁的动作电压偏高。

8）当断路器在合闸位置时，将断路器机械特性测试仪控制电源的正、负端分别与断路器控制回路中的 c、d 端相连，调整试验电源的电压至断路器控制回路额定电压的 30%，然后按下试验电源的输出按钮使相连的分闸线圈带电，重复按 3 次，断路器不应分闸，否则则认为该分闸线圈的最低动作电压偏低；随后调整试验电源的电压比断路器控制回路额定电压的 65% 和 110%（直流，分别进行）或 85% 和 110%（交流，分别进行），然后按下试验电源的输出按钮，使分闸线圈带电，重复按 3 次，如断路器能分闸则该分闸电磁铁的动作电压符合规程规定，否则认为该分闸电磁铁的最低动作电压偏高。

9）依次完成所有分、合闸电磁铁的试验，试验结束后将断路器恢复至试验前状态。

（4）注意事项。

1）应分别对所有分合闸脱扣器进行独立试验。

2）每个规定动作电压值分别操作 3 次，确认断路器动作正常。

3）最低动作电压测试方法建议如下：从 30% 额定操作电压起，向上增加操作电压，步长宜采用 3V（额定操作电压 110V）或 5V（额定操作电压 220V），直至断路器动作，记录此时的操作电压，即为最低脱扣动作电压。

4）当断路器的分闸回路上串联有分压电阻时，c、d 端子间应包含该分压电阻。

5）不能采用电压缓慢增加的方式进行试验，仪器输出电压的持续时间为 100 ～ 350ms。

12．导电回路电阻测量

（1）试验参数。

1）试验电流：不小于 100A，推荐不小于 300A。

2）要求：敞开式断路器的导电回路电阻测量值不大于制造厂规定值的 120%。

（2）试验方法。采用直流压降法测量。

（3）试验过程。

1）检查断路器应在合闸位置，如断路器在分闸位置则应将其合上。

2）将断路器就地汇控柜“远方 / 就地”控制把手设在“就地”位置，并且停止在断路器就地汇控柜上的工作。

3）接线原理图见图 1-20；当断路器断口位置较低时，可让人用分别将两组专用测试线分别从仪器的正负电压、电流极引出，并钳到开关两侧的出线板上。当断路器断口位置较高时，用高空接线钳将回路电阻测试仪的两个正负电流输出端通过电流线分别接到开关两侧的导线或接线板上，并钳紧；用带金属挂钩的绝缘试验杆将回路电阻测试仪的正、负电压输出端通过电压线分别接到开关两侧的接线板上。

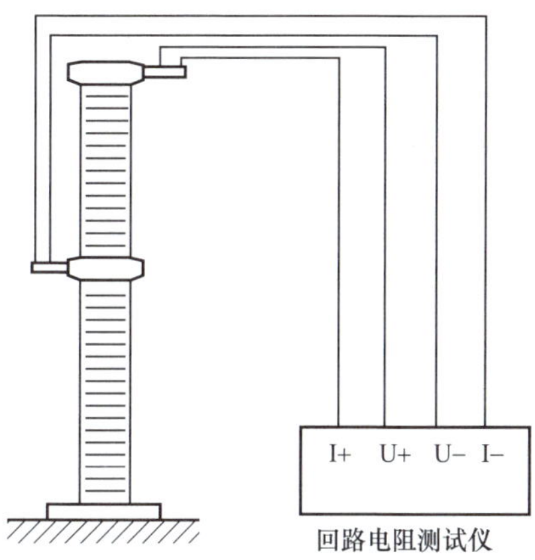

图 1-20　导电回路电阻测量接线图

I+、I-—电流回路接线端；
U+、U-—电压回路接线端

4）选择测量仪器合适的挡位进行测量。

5）记录被测断路器的相别及该相的导电回路电阻值。

6）试验结束后，将断路器恢复到试验前状态。

（4）注意事项。

1）没有特别规定的情况下，电流不小于 100A，推荐不小于 300A。

2）如开关为非单断口断路器，应同时测量每相各断口串联后的总回路电阻值。

3）应将断路器 TA 侧的接地开关拉开，或对 TA 二次回路采取隔离措施，防止试验电流流经 TA 导致保护误动。

4）测量时每侧的电压、电流极性应相同。

5）如厂家未给出规定值，应以交接试验的测量值为管理值。

13. 分合闸线圈直流电阻测量

（1）试验参数。试验结果应符合制造厂规定。

（2）试验方法。采用直流电压、电流法测量。

（3）试验过程。

1）断开断路器控制、辅助回路电源。

2）将断路器就地汇控柜“远方 / 就地”控制把手设在“就地”位置。

3）查阅图纸，找到每个分合闸线圈两端的端子。

4）将万用表分别设置在交、直流电压挡测量每个端子的对地交、直流电压，确认控制、辅助回路电源确被断开。

5）将万用表设置在电阻挡，测量每个合闸线圈两端的端子号间的电阻值，并做记录。

6）重新投入断路器控制及辅助回路电源，将断路器合上后再次断开断路器控制及辅助回路电源（不具备条件直接在分闸线圈两端测量时）。

7）将万用表设置在电阻挡，测量每个分闸线圈两端的端子号间的电阻值，并做记录。

8）将断路器恢复至试验前状态。

（4）注意事项。使用万用表交、直流电压挡分别测量每个端子对地确无交、直流电压，防止人身触电和交直流串电。

14. 交流耐压试验

（1）试验参数。

1）按照《高压交流开关设备和控制设备标准的共用技术要求》（GB/T 11022）要求执行。

2）交流耐压的试验电压为出厂试验电压的 0.8 倍。

（2）试验方法。交流耐压试验方式可为工频交流电压、工频交流串联谐振电压和变频交流串联谐振电压试验等，视产品技术条件、现场情况和试验设备而定。

1）试验电压通常采用高压试验变压器来产生，对于电容量较大的被试品，也可以采用串联谐振回路产生高电压。

2）选用高压试验变压器作为试验设备时，应考虑电压和电流。根据被试品的试验电压选用合适的试验变压器，电流计算公式为

$$I=\omega C_x U \tag{1-2}$$

式中　I—— 试验变压器高压侧应输出的电流，mA；

ω—— 角频率（$2\pi f$）；

C_x—— 被试品电容量，μF；

U—— 试验电压，kV。

相应求出试验所需电源容量 P，即

$$P=\omega C_x U^2\times 10^{-3} \tag{1-3}$$

试验时，按 P 值选择变压器容量。

3）选用串联谐振耐压装置作为试验设备时，当回路处于谐振状态，频率 f、电感 L 及被试品电容 C_x 满足

$$f=\frac{1}{2\pi\sqrt{LC}} \tag{1-4}$$

（3）试验过程。

1）试验现场装设安全遮拦，向外悬挂“止步，高压危险！”的标示牌。

2）装设试验用接地线，应先接接地端，后接导线端；支架构件表面涂油漆的，应先把油漆刮去后再安装接地端。

3）拆除断路器一次引（导）线。

4）按试验设备要求进行现场组装：

a．要保证操作柜与其他高压试验设备有足够的距离。

b．串联谐振耐压装置中的电抗器、电容器高压端电压为试验电压，组装时要保证它们之间及与四周邻近物体的距离。

c．当有设备吊装工作时要注意：①工作负责人向司机交代清楚现场周围邻近的带电部位，确定吊臂和重物的活动范围及回转方向；②起吊作业必须得到指挥人的许可并确保与带电体的安全距离。

5）对整套试验设备进行接线。

a．高压试验变压器耐压试验接线图见图 1-21。

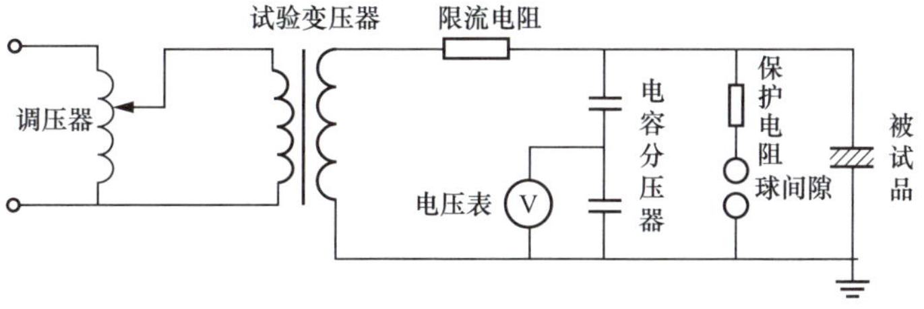

图 1-21　高压试验变压器耐压试验接线图

b. 串联谐振耐压试验接线图见图 1-22。

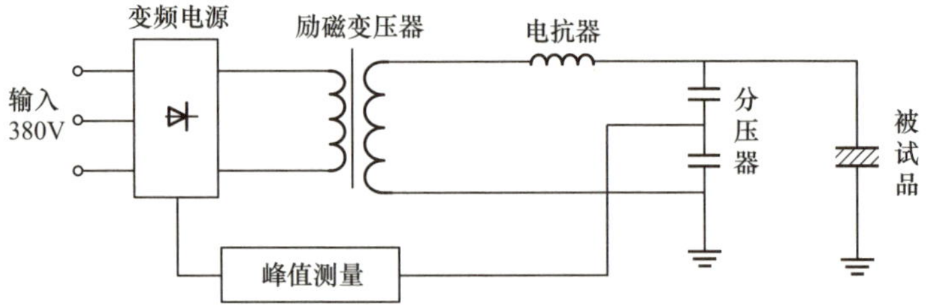

图 1-22　串联谐振耐压试验接线图

6）在检修电源箱验电后引接试验电源。试验电源应使用有明显断开点的双极刀闸，向试验电源送电时，应确认试验用电源刀闸在断开位置，并大声呼唱，取得呼应后，方可送电。

7）核对试验设备接线、试验设备保护定值和表计量程。

8）试验设备"空升"检查：

a. 设备升压要求：升压必须从零（或接近于零）开始，升压速度在 75% 试验电压以前，可以以较快的速率进行升压，自 75% 电压开始应均匀升压，以每秒 2% 试验电压的速率升压，试验后迅速均匀降压到零（或接近于零），然后切断电源。

b. 升压过程中的安全要求：加压前通知有关人员离开被试设备，并取得试验负责人许可，方可加压；加压过程中应有人监护并呼唱；高压试验人员在加压过程中，应精力集中，不得与他人闲聊，随时警戒异常现象发生。

9）将断路器操作合闸位置，将断路器、试验设备近邻的其他设备接地。

10）断路器合闸耐压试验前绝缘电阻测量，将被试断路器一次接绝缘电阻表的 L 端，绝缘电阻表的 E 端接地，G 端悬空（试验过程参考"一次绝缘电阻的测量"）。

11）将试验设备的高压引线连接到被试断路器上，在断路器合闸状态下进行合闸对地交流耐压试验，试验接线图见图 1-23。

12）进行合闸对地耐压试验：

a. 操作人员进行匀速升压，试验过程中如发现异常情况立即停止试验，待弄清情况并消除故障后，经试验负责人同意才能再次升压。

b. 耐压试验后降压至零，断开试验电源，将断路器、试验设备放电并接地。

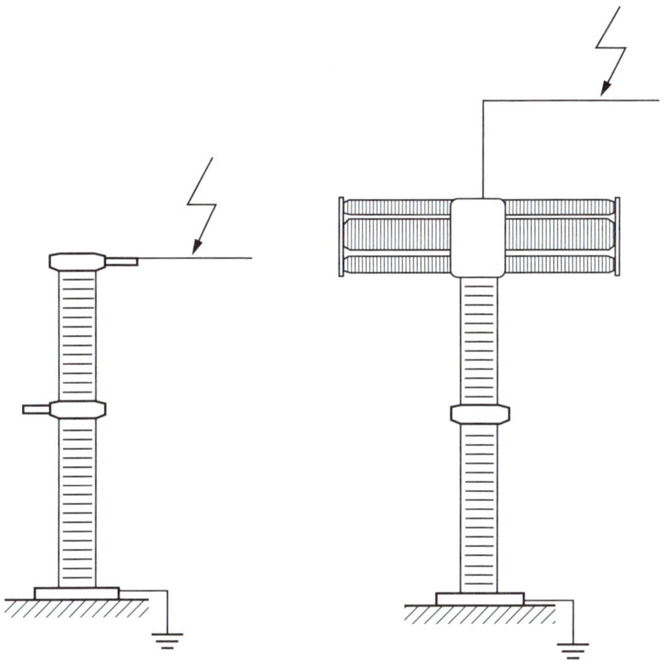

(a)单断口断路器合闸对地耐压　　(b)双断口断路器合闸对地耐压

图 1-23　断路器合闸耐压试验接线图

13）断路器合闸耐压后绝缘电阻测量，拆开试验设备高压引线，测试断路器一次对地绝缘电阻，并与耐压前测试值比较，耐压后绝缘电阻不应降低。

14）将断路器操作合闸位置。

15）断路器耐压前断口间绝缘电阻测量，将被试断路器断口一端接绝缘电阻表的 L 端，另一端接 E 端，绝缘电阻表 G 端悬空（试验过程参考“一次绝缘电阻的测量”）。

16）进行断口间交流耐压试验：

a．双断口断路器：在断路器分闸状态下，对断路器两端轮流加压，试验接线图见图 1-24。

两个断口同时进行断口间耐压试验见图 1-24（a）。在断路器断口中间加高压，两断口另一端同时接地，进行耐压试验；然后断路器中间接地，在两个断口另一端同时加压进行试验。这种方式需要进行两次加压试验。

对一个断口进行试验见图 1-24（b）。将断路器断口中间接地，被试断口另一端加高压，非被试断口的另一端悬空进行试验；接着在断路器断口中间加高压，被试断口另一端接地，非被试断口另一端悬空进行试验。然后按同样方法对另一个断口进行试验，这种方式需要进行四次加压试验。

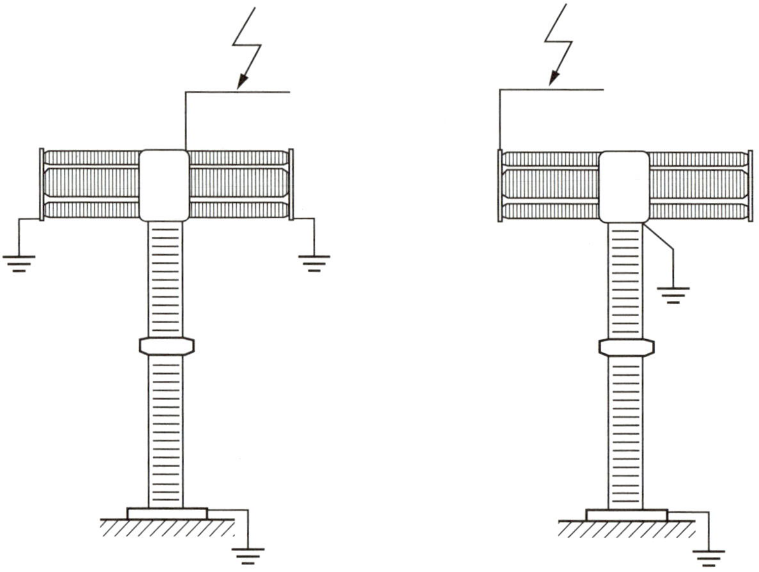

(a)两个断口同时进行试验　(b)单个断口分别进行试验

图 1-24　双断口断路器断口间交流耐压试验接线图

b．单断口断路器：断路器一端接地，另一端加高压，对断路器两端轮流加压试验，见图 1-25。

c．耐压试验后降压至零，断开试验电源，将断路器、试验设备放电并接地。

17）耐压后断口间绝缘电阻测量，拆开试验设备高压引线，测试断路器断口间绝缘电阻，并与耐压前测试值比较，耐压后绝缘电阻不应降低。

18）全部试验完成后，拆除试验接线、设备，并将断路器恢复到试验前状态：

a．先拆除试验电源，然后收拾试验设备，拆除自装的接地短路线、护栏，清理现场。

b．试验负责人向司机交代清楚现场周围临近的带电部位，确定吊臂和重物的活动范围及回转方向。

c．起吊作业必须得到指挥人的许可并确保与带电体的安全距离。

d．试验负责人应对被试断路器进行周密检查，全体工作人员撤离工作地点。

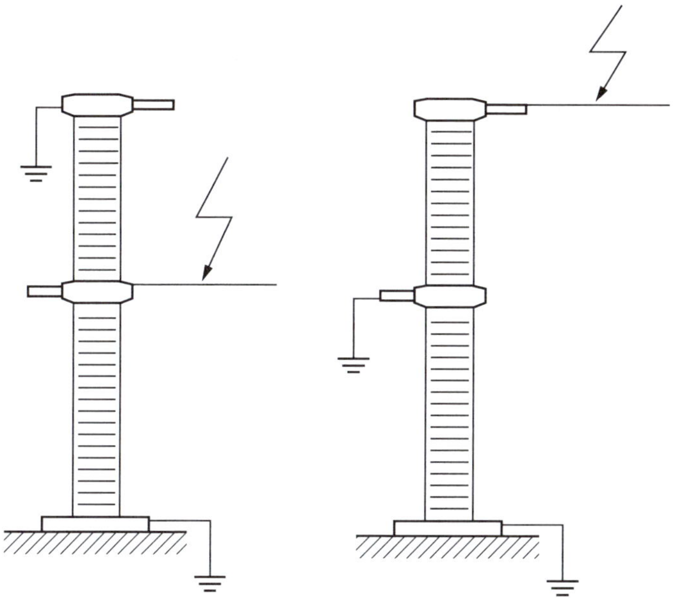

(a)断口下端加压试验　　(b)断口上端加压试验

图 1-25　单断口断路器断口间交流耐压试验接线图

（4）注意事项。

1）对试验仪器设备、安全工器具、个人防护用品进行检查，确保所用仪器设备、安全工器具、个人防护用品经试验并合格有效；试验设备在运输过程中采取防雨、防振、防碰撞等措施。

2）当电力设备的额定电压与实际使用的额定电压不同时，应根据以下原则确定试验电压：

a．当采用额定电压较高的断路器以加强绝缘者，应按照设备的额定电压确定其试验电压。

b．当采用额定电压较高的断路器作为代用者，应按照实际使用的额定确定其试验电压。

3）试验在 SF_6 气体额定压力下进行。

4）对于有断口电容器时，耐压频率应符合产品技术文件规定。

5）断路器试验过程不应发生闪络、击穿现象。

6）耐压试验前后，绝缘电阻不应有明显变化。

1.3.2.2 敞开式真空断路器

1．绝缘电阻测量

（1）试验参数。

1）试验电压：2500V。

2）整体绝缘电阻按制造厂规定或自行规定。

3）断口和有机物制成的提升杆的绝缘电阻不应低于表1-5的数值。

表1-5　　绝缘电阻值　　（MΩ）

试验类别	额定电压	
	<24kV	24～40.5kV
大修后	1000	2500
运行中	300	1000

（2）试验方法。采用直流电压、电流测量法。

（3）试验过程。

1）检查断路器应在分闸位置，如断路器在合闸位置则应将断路器分闸。

2）将断路器就地汇控柜“远方/就地”控制把手设在“就地”位置。

3）拉开断路器两侧接地开关。

4）接线方式见图1-13，兆欧表E端与断口动触头侧连接，L端接到断口静触头上，测量并读取并记录断口间绝缘电阻值，测量完毕应立即进行放电。

5）接线方式见图1-14，先将绝缘电阻表E端接地，L端接到断口动触头侧（该断口的提升杆的高压端），测量并读取绝缘拉杆的绝缘电阻值。测量完毕应立即进行放电。

6）试验结束后，将断路器恢复到试验前状态。

（4）注意事项。

1）使用2500V兆欧表。

2）试验导线较长时，使用 绝缘试验杆将导线与断路器连接，触碰试验导线时，应戴绝缘手套。

2．交流耐压试验

（1）试验参数。试验电压值按DL/T 593规定值的0.8倍。

（2）试验方法。参考敞开式SF_6断路器“交流耐压试验”。

（3）试验过程。参考敞开式 SF_6 断路器“交流耐压试验”。

（4）注意事项。

1）对试验仪器设备、安全工器具、个人防护用品进行检查，确保所用仪器设备、安全工器具、个人防护用品经试验并合格有效；试验设备在运输过程中采取防雨、防振、防碰撞等措施。

2）当电力设备的额定电压与实际使用的额定电压不同时，应根据以下原则确定试验电压：

a．当采用额定电压较高的断路器以加强绝缘者，应按照设备的额定电压确定其试验电压。

b．当采用额定电压较高的断路器作为代用者，应按照实际使用的额定确定其试验电压。

3）更换或干燥后的绝缘提升杆必须进行耐压试验。

4）相间、相对地及断口的耐压值相同。

5）断路器试验过程应不发生闪络、击穿现象。

6）耐压试验前后，绝缘电阻不应有明显变化。

3．辅助回路和控制回路交流耐压试验

（1）试验参数。参考敞开式 SF_6 断路器“辅助回路和控制回路交流耐压试验”。

（2）试验方法。参考敞开式 SF_6 断路器“辅助回路和控制回路交流耐压试验”。

（3）试验过程。参考敞开式 SF_6 断路器“辅助回路和控制回路交流耐压试验”。

（4）注意事项。参考敞开式 SF_6 断路器“辅助回路和控制回路交流耐压试验”。

4．导电回路电阻

（1）试验参数。

1）试验电流：不小于 100A。

2）大修后应符合制造厂规定。

3）运行中根据实际情况规定，建议不大于 1.2 倍出厂值。

（2）试验方法。采用直流压降法测量。

（3）试验过程。参考敞开式 SF_6 断路器“导电回路电阻测量”。

（4）注意事项。

1）没有特别规定的情况下，测试电流应为直流 100A。

2）应将断路器 TA 侧的接地开关拉开，或对 TA 二次回路采取隔离措施，防止试验电流流经 TA 导致保护误动。

3）注意测量时每侧的电压、电流极性应相同。

4）如厂家未给出规定值，应以交接试验的测量值为管理值。

5. 断路器的时间参量和合闸弹跳时间测量

（1）试验参数。

1）分、合闸时间，分、合闸同期性和触头开距应符合制造厂规定。

2）合闸时触头的弹跳时间不应大于 2ms。

（2）试验方法。采用直流电路通、断计时法。

（3）试验过程。参考敞开式 SF_6 断路器“断路器的时间参量测量”。

（4）注意事项。

1）测试断路器的分合闸时间应在额定操作电压下进行。

2）采用外接直流电源时，应防止串入站内运行直流系统。

3）使用本接线方式的前提是开关机械特性测试仪可提供开关操作电源输出。

4）如断路器有两组分闸线圈，则应分组进行分闸时间测量。

6. 合闸接触器和分合闸电磁铁的动作电压测量

（1）试验参数。参考敞开式 SF_6 断路器“分合闸电磁铁的动作电压测量”。

（2）试验方法。使用断路器机械特性测试仪在分合闸电磁铁两端施加操作电压。

（3）试验过程。参考敞开式 SF_6 断路器“分合闸电磁铁的动作电压测量”。

（4）注意事项。参考敞开式 SF_6 断路器“分合闸电磁铁的动作电压测量”。

7. 合闸接触器和分合闸电磁铁线圈的绝缘电阻和直流电阻测量

（1）试验参数。

1）试验电压：500V 或 1000V。

2）绝缘电阻：大修后应不小于 10MΩ，运行中应不小于 2MΩ。

3）直流电阻应符合制造厂规定。

（2）试验方法。采用直流电压、电流测量法。

（3）试验过程。

1）参考敞开式 SF_6 断路器“辅助回路和控制回路绝缘电阻测量”。

2）参考敞开式 SF_6 断路器“分合闸线圈直流电阻测量”。

（4）注意事项。

1）采用 500V 或 1000V 兆欧表。

2）在对合闸接触器和分合闸线圈进行试验时，应将合闸接触器和分合闸线圈两端短接。

3）使用万用表交、直流电压挡分别测量每个端子对地确无交、直流电压，防止人身触电和交直流串电。

1.4　典型缺陷与故障分析处理

1.4.1　高压断路器故障分类

高压断路器从机电热及开合性能出发，主要故障可主要分为拒动和误动、绝缘故障、载流故障、开断关合故障四大类。

（1）断路器拒动是拒分和拒合的统称，是指分闸或合闸信号发出后，断路器未进行相应动作的现象。通常拒分比拒合造成的后果严重，在正常工况下，断路器无法断开回路，会影响系统运行方式；在断路器故障情况下，由于无法断开故障而引起越级调整，扩大事故范围，这不仅会导致更大面积的停电，也可能因短路电流持续时间延长造成设备损坏。

断路器误动是指断路器在没有得到操作指令时发生分闸或合闸动作，或是断路器的动作与要求的操作指令不一致。对于既没有控制保护装置发出动作信号，也没有人为操作的情况下，断路器自行分闸，也称为“偷跳”，“偷跳”是误动的一种特殊现象。断路器的误动也可能造成电网事故或设备损坏，分相操作的断路器发生单相误动还会引起系统非全相运行而造成系统解列和发电机变压器损坏。

（2）断路器绝缘故障主要形式有外绝缘对地闪络击穿，内绝缘对地闪络击穿，相间绝缘闪络击穿，雷电过电压引起闪络基础，绝缘拉杆闪络，灭弧室、均压电容、合闸电阻闪络，断路器内部重击穿等。其中内部绝缘故障、外绝缘和瓷套闪络故障发生次数相对较多。

（3）断路器载流故障分为两大类：①断路器外部接线端子过热故障；②断路器内部触头接触不良造成的触头过热故障。

（4）断路器开断关合故障通常会造成灭弧室烧损，甚至会导致灭弧室瓷套爆炸，波及邻近设备和人员安全。

1.4.2 高压断路器故障原因分析及处理

1.4.2.1 拒动和误动故障原因分析及处理

1. 拒动故障的机械原因

断路器拒动的机械原因主要由生产制造、安装调试、检修等环节引发。据统计，因操动机构及其传动系统机械故障而导致的断路器拒动，占断路器拒动故障的65%以上。具体的故障表现有机构卡涩，部件变形或损坏，分合闸铁芯松动，脱扣失灵，轴销松动、断裂等。其中，机构卡涩是造成拒动的最主要原因，主要体现在三个方面：①由于分（合）闸线圈铁芯配合精度差，或锈蚀原因，造成铁芯运动过程中阻力大，脱扣器无法打开；②机构脱扣器及传动部件（包括轴承）发生机械变形或损坏；③气动机构或液压机构阀体中的阀杆等部件锈蚀。轴销松动、断裂主要是绝缘拉杆与金属接头连接处连板轴销断裂或松脱。

2. 拒动故障的电气原因

据统计，在断路器拒动故障中，因电气控制和辅助回路问题而造成的拒动占拒动故障的30%左右。具体的故障表现有分合闸铁芯卡涩或线圈烧毁、辅助开关故障、二次接线故障、分闸回路电阻烧毁、操作电源故障、闭锁继电器故障等。其中，分合闸线圈烧毁基本上是机械故障引起线圈长时间带电所致；辅助开关及闭锁继电器故障虽表现为二次故障，实际多为接点转换不灵，或没有切换等机械原因引起；二次接线故障基本是由于二次线接触不良、断线或端子松动引起的。

3. 误动故障的二次回路方面原因

二次回路引起误动情况比较复杂，大体可归纳为以下几种情况：

（1）继电保护装置误动或错误整定。

（2）控制箱内部长期湿度过高或是电缆绝缘护套破损造成绝缘不良，使二次绝缘降低，从而引发合闸或分闸回路接线端子之间短路，造成断路器的误动；还有因寄生电容耦合，使合、分闸回路导通引起误动的现象。

（3）由于二次元件制造质量差，二次电缆破损而引起的断路器误动。

（4）直流系统发生两点接地。

（5）断路器操动机构分闸线圈电磁铁的最低动作电压不满足低于30%额

定操作电压不能动作的要求，在外界干扰下易使断路器发生误动。

其中，断路器“偷跳”的情况有所不同，还存在以下特征：①断路器跳闸前测量信号指示正常，无任何故障征兆，系统无短路故障；②跳闸后该断路器回路的电流表、有功表、无功表指示为零，若是单相跳闸会引起非全相保护动作；③跳闸后故障录波器不启动，微机保护无事故波形。

4．误动故障的操动机构原因

操动机构引起误动故障主要由于断路器机构零部件质量及出厂时装配质量差、液压机构阀体清洁度差而导致液压机构分闸一级阀和止回阀密封不良，最终导致断路器强跳或者闭锁。

弹簧操动机构误动的主要原因是弹簧分合闸锁扣调整不当，锁扣复位弹簧的弹簧力发生变化，或是检修时使弹簧的预压缩量不当，从而导致弹簧机构断路器合闸不到位，合闸保持掣子不稳而引起断路器合后即分。

5．拒动和误动故障的处理

高压断路器的拒动故障主要是由操动机构的机械问题和二次回路的电气问题引起的。而不同的操动机构由于结构、原理有所差异，拒动原因又各不相同。下面按机构类型分别介绍断路器拒动故障原因及处理。

（1）配用弹簧操动机构的断路器拒动和误动故障处理。配用弹簧操动机构的断路器拒动和误动故障主要是由控制回路接线松动断线、辅助开关转换不到位、分合闸线圈烧毁、机械传动部件和脱扣器变形移位及绝缘拉杆松脱等原因造成的，常见故障现象、原因分析及处理方法见表 1-6。

表 1-6　　弹簧操动机构常见故障现象、原因分析及处理方法

分类	常见故障现象	原因分析	处理方法
拒动	操动机构未动	电气控制系统不良	检查控制线是否完好，接线端子是否连接紧固可靠，合闸或分闸线圈是否完好，辅助开关接点是否转换到位
		合闸弹簧未储能	检查储能电动机电源是否接通，电动机保护继电器是否动作，电动机工作是否正常
		线圈动作电压低	检查电源电压是否正常，电源控制回路接线端子是否松动，辅助开关是否转换到位，接触良好，是否存在寄生回路分压
		电磁铁行程调整不当，铁芯运动卡涩	检查合闸或分闸电磁铁行程是否合格，铁芯是否变形、锈蚀

续表

分类	常见故障现象	原因分析	处理方法
拒动	合闸或分闸线圈完好，机构合闸或分闸电磁铁未动	SF_6气体压力不足，SF_6气体密度计闭锁节点动作，合闸或分闸回路不通	补气到额定压力，查找泄漏点
	合闸或分闸线圈烧毁	合闸或分闸线圈老化、线圈匝间短路	检查线圈是否导通，更换烧毁的线圈。检查铁芯是否卡涩，脱扣器是否移位变形
	机构脱扣系统未动	电磁铁撞击行程不足，保持擎子锁扣量过大，分闸脱扣器变形	检查电磁铁撞击行程是否合适，保持掣子锁扣量是否正常，脱扣器是否变形
	操动机构正常动作，断路器本体未合闸或分闸	机械传动部件损坏	检查机构轴销是否断裂、脱落，绝缘拉杆接头否松脱
误动	合后即分，无信号分闸	合闸保持掣子锁扣量不稳定	检查电磁铁撞击行程，或检查合闸保持掣子，必要时检查分合弹簧的预压缩量
		二次回路混线，直流接地，保护回路故障	检查二次回路接线，查找并排除直流接地点
		分闸电磁铁动作电压太低	调整电磁铁行程

（2）配用液压操动机构的断路器拒动和误动故障处理。配用液压操动机构的断路器拒、误动故障主要是由液压机构内部阀体渗漏油，阀针变形，控制回路接线松动断线、辅助开关转换不到位、分合闸线圈烧毁及绝缘拉杆松脱等原因造成的，常见故障现象、原因分析及处理方法见表 1-7。

表 1-7　　液压操动机构常见故障现象、原因分析及处理方法

分类	常见故障现象	原因分析	处理方法
拒动	操动机构未动，合闸或分闸线圈完好	电气控制系统不良	检查控制线是否完好，接线端子是否连接紧固可靠，合闸或分闸线圈是否完好，辅助开关接点是否转换到位
		SF_6气体压力不足，SF_6气体密度计闭锁节点动作，合闸或分闸回路不通	补气到额定压力，查找泄漏点
		低油压合闸闭锁	检查油泵，查找阀系统泄漏原因并消除，重新建压
		线圈两端动作电压低	检查电源电压是否正常，电源控制回路接线端子是否松动，辅助开关是否转换到位、接触良好，是否存在寄生回路分压
		合闸或分闸铁芯卡涩，动作不灵活	调整合闸电磁铁行程，检查合闸或分闸线圈铁芯是否锈蚀，阀针是否变形

续表

分类	常见故障现象	原因分析	处理方法
拒动	合闸或分闸线圈烧毁	合闸或分闸线圈老化，线圈匝间短路	检查线圈是否导通，更换烧毁线圈。检查铁芯是否卡涩，脱扣器是否移位变形
	操动机构动作不正常，断路器本体未合闸或分闸	分闸一级阀严重泄漏造成自保持回路无法自保，合闸级阀打不开或打开距离不足	解体检查阀体密封，更换一级阀或二级阀
		合闸一级阀未复位，高压油严重泄漏	检查一级阀
	操动机构正常动作断路器本体未合闸或分闸	机械传动部件损坏	检查机构轴销是否断裂、脱落，绝缘拉杆接头是否松脱
误动	合后即分，无信号分闸	二次回路混线，直流接地，保护回路故障	检查二次回路接线，查找并排除直流接地点
		分闸电磁铁动作电压太低	调整电磁铁行程
		节流孔堵塞，合闸保持腔内无高压油补充。 止回阀或分闸一级阀严重泄漏	检查油路和节流孔使之正常，更换止回阀或一级阀

（3）配用气动－弹簧操动机构的断路器拒动和误动故障处理。配用气动－弹簧机构的断路器拒、误动故障主要是由于空气压缩机系统漏气，管路结冰，控制回路接线松动断线、辅助开关转换不到位、分合闸线圈烧毁以及绝缘拉杆松脱等原因造成的，常见故障现象、原因分析及处理方法见表 1-8。

表 1-8　气动－弹簧操动机构常见故障现象、原因分析及处理方法

分类	常见故障现象	原因分析	处理方法
拒动	操动机构未动，合闸或分闸线圈完好	电气控制系统不良	检查控制线是否完好，接线端子是否连接紧固可靠，合闸或分闸线圈是否完好，辅助开关接点是否转换到位
		SF_6 气体压力不足，SF_6 气体密度计闭锁节点动作，合闸或分闸回路不通	补气到额定压力，查找泄漏点
		线圈两端动作电压低	检查电源电压是否正常，电源控制回路接线端子是否松动，辅助开关是否转换到位、接触良好，是否存在寄生回路分压

续表

分类	常见故障现象	原因分析	处理方法
拒动	操动机构未动，合闸或分闸线圈完好	合闸或分闸铁芯卡涩，动作不灵活	调整合闸电磁铁行程，检查合闸或分闸线圈铁芯是否锈蚀、变形
		低气压闭锁分闸	检查空气压缩机，消除空气系统泄漏，重新建压
		储气罐排水不良，控制阀结冰	检查并清洁排水孔，去除结冰，有必要加装保温措施
	合闸或分闸线圈烧毁	合闸或分闸线圈老化，线圈匝间短路	检查线圈是否导通，更换烧毁线圈。检查铁芯是否卡涩，脱扣器是否移位变形
	操动机构动作不正常，断路器本体未合闸或分闸	分闸一级阀严重泄漏造成自保持回路无法自保，合闸二级阀打不开或打开距离不足	解体检查阀体密封，更换一级阀或二级阀
		合闸一级阀未复位，高压油严重泄漏	检查一级阀
	操动机构正常动作，断路器本体未合闸或分闸	机械传动部件损坏	检查机构轴销是否断裂、脱落，绝缘拉杆接头是否松脱
误动	合后即分，无信号分闸	二次回路混线，直流接地，保护回路故障	检查二次回路接线，查找并排除直流接地点
		分闸电磁铁动作电压太低	调整电磁铁行程
		合闸保持掣子未保持，分闸脱扣器变位	检查油路和节流孔使之正常，更换止回阀或一级阀

1.4.2.2 绝缘故障原因分析及处理

1. 内绝缘故障的原因分析

内部绝缘故障大多发生在罐式断路器内以及绝缘拉杆上，主要原因有以下几种：

（1）断路器的内部金属异物导致的放电故障。异物产生原因包括：①在工厂组装过程中产生；②在现场安装过程中产生；③在断路器运行后，由于操作时触头的磨损而产生。绝大多数的内部绝缘故障都是由磨损造成，多发生在罐式断路器上。

（2）绝缘件沿面发生的闪络故障。此类故障一般是由于断路器在工厂组装或现场检修时对绝缘件表面清理不彻底，绝缘件表面存在污迹，导致绝缘件沿面闪络。

（3）断路器内部存在悬浮电位导致的放电故障。此类故障通常是由于断路器内部零部件紧固不牢靠存在松动情况，松动部位产生局部放电，引起局部绝缘劣化最终导致闪络放电。

（4）绝缘件设计缺陷或工艺不良导致的放电故障。此类故障主要是由于断路器绝缘拉杆的金属接头部位电场设计不均匀或拉杆的制造工艺不良，引起接头部位产生局部放电，或者拉杆内部层间产生局部放电，致使绝缘拉杆绝缘性能下降，最终导致绝缘拉杆击穿放电。

2．外绝缘故障的原因分析

外绝缘故障主要表现为断路器瓷套外绝缘闪络，原因分为以下几种情况：

（1）瓷套的外绝缘爬电比距和外形尺寸不符合标准要求，如瓷套的干弧距离不够，伞形结构不满足要求。

（2）瓷套的制造质量存在缺陷。

（3）所处地区环境污秽状况超出原设计表面污秽耐受水平。

3．绝缘故障的处理

表 1-9 列出了高压断路器常见绝缘故障现象、原因分析及处理方法。

表 1-9　　高压断路器常见绝缘故障现象、原因分析及处理方法

分类	常见故障现象	原因分析	处理方法
内绝缘故障	瓷柱式断路器爆炸	自然因素，如雷击	调查雷击过程，调整避雷防护措施
		灭弧室接触不良过热造成绝缘破坏	检查灭弧室装配，测量接触行程、回路电阻，检查触头对中情况
		瓷套质量原因	分析瓷套爆炸原因，检查同批次瓷套
	罐式断路器内部放电	绝缘支撑台对地放电	对绝缘支撑台做探伤和绝缘试验，加强断路器装配质量
		灭弧室有异物，造成 SF_6 气体击穿	加强断路器装配质量，加强现场安装质量控制
	绝缘拉杆故障	绝缘拉杆有缺陷，断路器本体装配不良有异物	对绝缘拉杆做探伤和绝缘试验，加强断路器装配质量
外绝缘故障	瓷套外闪	自然因素，如雷击	调查雷击过程，调整避雷防护措施
		瓷套防污等级和现场污秽等级不符	检查瓷套干弧距离、防污等级，必要时更换防污秽等级高的套管
	瓷套爆炸	瓷套质量问题，长期运行后瓷套法兰胶装部位劣化	检查瓷套露砂高度、胶装水泥状况、瓷套胶装部位的防水处理

1.4.2.3 载流故障的原因分析及处理

1. 载流故障的原因分析

高压断路器的载流故障与导电回路的回路电阻关系密切，当回路电阻增大超出产品技术要求的允许值时，会引起断路器载流故障的发生。影响载流回路电阻变化的因素主要是接触电阻，如接触表面不平整光滑、接触面氧化严重、接触压力不足、有效接触面积减小等都会使接触电阻增大。在实际运行中，断路器长期通流，导电回路的接触电阻增大引起导体局部温度过高，严重时可能造成邻近绝缘件长期过热，致使绝缘性能下降，进而引发绝缘故障。

造成断路器载流故障的主要原因是外部接线端子表面污秽，接线端子搭接面不足和表面镀层工艺不良，接线端子接头松动及断路器内部触头对中不良、触头弹簧夹紧力不足等。

2. 载流故障的处理

表 1-10 列出了高压断路器常见载流故障现象、原因分析及处理方法。

表 1-10　高压断路器常见载流故障现象、原因分析及处理方法

分类	常见故障现象	原因分析	处理方法
外部	外部接线端子发热	长期暴露在空气中的部件，由于温度、湿度的影响或表面结垢	用红外线测温仪进行检测，若发现触头温度异常升高应跟踪监视。确认原因后对导体接触面进行处理
外部 / 内部	外部接线端子或内部导体发热	加工、安装工艺不好造成导体损伤（如外力作用所引起的部件损伤、接头连接不良、螺栓松动）	对高压断路器所有连接触头进行接触电阻试验对接触电阻（直阻）超过标准的触头都必须进行分解检修，查清原因，进行必要的处理
		机械振动等各种原因所造成的实际接触面减小	
		铜铝材质过渡不良导致电化学腐蚀	
内部	高压断路器内部发热故障	动触头与静触头接触不良，触头对中不良，触头接触行程变化，触头弹簧夹紧力减少或弹簧断裂	利用热像仪对开关内部进行检测，发现异常及时进行处理。或用 X 射线机对开关内部触头位置进行扫描，发现异常及时进行处理

1.4.2.4 开断关合故障原因分析及处理

1. 开断关合故障的原因分析

高压断路器开断关合工况较为复杂，不同类型的断路器发生开断关合故障

的原因也不相同，按照真空断路器和 SF_6 断路器开断故障以及特殊环境下的开断故障进行分类分析：

（1）真空断路器开断故障主要集中在两种情况：①真空断路器在开合电容器组时发生重击穿，导致真空灭弧室爆炸；②由于真空灭弧室真空度下降，而导致的开断故障。

（2）SF_6 断路器开断故障主要集中在两种情况：①由于断路器绝缘拉杆松脱、传动部件断裂，致使断路器分闸操作不到位，严重时导致断路器爆炸；②断路器发生的重击穿或电弧无法熄灭，造成开断失败故障，甚至烧毁灭弧室。

（3）特殊环境下的开断故障：在雷暴天气，断路器在开断过程中遭受重复雷击，导致开断失败。

2. 开断与关合故障的处理

表 1-11 列出了高压断路器常见开断或关合故障现象、原因分析及处理方法。

表 1-11　高压断路器常见开断与关合过程故障现象、原因分析及处理方法

分类	常见故障现象	原因分析	处理方法
关合故障	合闸不到位导致开关故障（电流不平衡，绝缘故障）	连接机构松动或变位，操动机构合闸操作力变化	检查产品接触行程，断路器回路电阻，检查连接机构，检查断路器传动部分阻力是否异常，检查操动机构
关合故障	合闸电阻故障	合闸电阻预接触时间不合格，合闸电阻值不合格	检查合闸电阻阻值，检查合闸电阻行程、合闸电阻提前接入时间
	操动机构正常动作，断路器本体未合闸	断路器传动部件损坏	连接机构轴销脱落，连板断裂，绝缘拉杆接头脱落
	真空灭弧室爆炸	真空灭弧室真空度下降	检查真空度，更换灭弧室
开断故障	断路器开断失败	自然因素，开断过程遭遇雷击	调查雷击过程，重新设置避雷措施
		系统特殊工况，如直流分量大、电流不过零	对系统各种特殊工况进行计算，调整断路器合分操作时间间隔
		灭弧室装配不良，漏装零件	检查灭弧室压气缸装配质量，测量回路电阻，检查触头对中情况（如弹跳问题等）
		并联电容器故障	检查并联电容器是否漏油，测量并联电容器介质损耗和电容量

续表

分类	常见故障现象	原因分析	处理方法
开断故障	断路器开断失败	瓷套爆炸	检查瓷套爆炸碎片，检查瓷套法兰胶装部位，查找瓷套质量问题；更换灭弧室瓷套
	操动机构正常动作断路器本体未动，或分闸不到位	断路器传动部件损坏	检查机构轴销是否脱落、拐臂是否变形断裂，检查绝缘拉杆接头是否松脱
	断口重击穿	开断容性电流能力不足，如真空断路器在开断电容器组时发生重击穿，SF_6 断路器在开断空载线路时发生重击穿	检修并仔细清理灭弧室，烧损严重的更换灭弧室，分析过电压水平
	真空灭弧室爆炸	真空灭弧室真空度下降	检查真空度，更换灭弧室

1.4.3 高压断路器典型故障案例

1. 故障现象

2021 年 6 月 6 日 13 时 21 分，某 500kV 变电站一条 220kV 线路 C 相发生高阻接地故障，202 开关跳闸，重合于故障后，202 开关机械故障，C 相未分开。对其他两相进行检查，发现 A 相铸件支架也有裂纹，B 相情况良好。

2. 故障原因

厂家未能落实对合闸保持掣子处轴销孔壁厚检查要求，导致轴销孔加工后出现壁厚不均匀（偏心）现象，同时轴承设计裕度偏低，合闸操作时轴承损坏，造成机架开裂、合闸保持掣子转动主轴弯曲，最终导致扣接销轴与分闸掣子未正常脱扣。

3. 整改建议

（1）根据《高压交流断路器》（GB/T 1984—2014）要求开展替代机构的机械特性比对。

（2）隐患批次设备需开展机构整机更换整改，后续采用替代机构整改的设备须严格落实对合闸保持掣子处轴销孔壁厚检查要求。

（3）机构整改应采用并列独立双分线圈结构。

章后导练

1. 直流场区域高压断路器分类及作用？

2. 高压断路器基本结构？

3. 压气式 SF_6 断路器、自能式 SF_6 断路器、双动原理断路器灭弧室结构特点时什么？

4. 常见 3 类操动机构特点及动作原理？

5. 高压断路器机械特性测试步骤及注意事项？

6. 弹簧操动机构常见拒动和误动故障现象、原因分析及处理方法？

章前导读

导读

隔离开关是变电电气开关设备之一，当电路中没有负荷电流时，可以将电路系统分、合，制造断点，形成隔离区。电气隔离开关的操作部分主要由电气部分和机械部分构成。其机械结构往复动作，操作和磨损大，所以，在变电站的检修工作中占很大一部分。

本章首先介绍了隔离开关的定义、与断路器的区别及其在电力系统中的位置及作用，深入阐述了隔离开关的结构原理，梳理隔离开关的现场维护与试验工作，总结了隔离开关典型故障类型及处理方法，最后分享了不同类型隔离开关典型故障案例。

重难点

本章的重点在隔离开关的结构原理、一次传动部分、一次导电回路部分的工作原理，如何根据故障表象，快速定位故障位置。为保障设备安全稳定运行，掌握隔离开关设备的维护是十分必要的。

本章的难点在于隔离开关发生故障后，特别是一次传动部分故障，动作过程中力矩增加，导致分合闸不到位，导电部分因接触不好导致设备发热，如何快速定位故障位置，并进行可靠调整，掌握各个故障定位和调整方法有一定难度。

重难点	包括内容	具体内容
重点	现场维护检修	1. 隔离开关的结构原理 2. 隔离／接地开关维护 3. 隔离开关的故障分析 4. 隔离开关的运维评估
难点	故障处理	隔离开关的一次部分故障及调整

第2章 高压隔离开关

2.1 在电力系统中的位置及作用

2.1.1 隔离开关定义

隔离开关（俗称刀闸），一般指的是高压隔离开关，即额定电压在 1kV 及其以上的隔离开关，通常简称为隔离开关。隔离开关是高压开关电器中使用最多的一种电器，工作原理及结构比较简单，工作可靠性要求高，对变电站、发电厂的设计、建立和安全运行的影响均较大。隔离开关的主要特点是无灭弧能力，只能在没有负荷电流的情况下分合电路。隔离开关用于各级电压，用作改变电路连接或使线路或设备与电源隔离，它没有断流能力，只能先用其他设备将线路断开后再操作。一般带有防止开关带负荷时误操作的联锁装置，有时需要销子来防止在大的故障的磁力作用下断开开关。

2.1.2 隔离开关和断路器的区别

高压断路器和低压断路器是一种电气保护装置，它的种类非常多，都有灭弧装置。隔离开关是一种高压开关电器，主要用于高压电路中，它是一种没有灭弧装置的开关设备，主要用来断开无负荷电流的电路，隔离电源，在分闸状态时有明显的断开点，以保证其他电气设备的安全检修，在合闸状态时能可靠地通过正常负荷电流及短路故障电流。因此，隔离开关只能在电路已被断路器断开的情况下才能进行操作，严禁带负荷操作，以免造成严重的设备和人身事故。只有电压互感器、避雷器、励磁电流不超过 2A 的空载变压器、电流不超过 5A 的空载线路，才能用隔离开关进行直接操作。电力应用中大多用断路器投、切负荷（故障）电流，用隔离开关形成明显断开点。

2.1.3 隔离开关在系统中的位置及功能

1. 交流隔离开关

隔离开关（刀闸）：原理结构简单，无灭弧能力，无断流能力，用于改变电路连接或使线路、设备与电源隔离，一般带有防止开关带负荷时误操作的联锁装置，一般与断路器与隔离开关组成一个设备间隔，如图 2-1±800kV 特高压直流工程 3/2 接线交流隔离开关和接地开关典型布置图。

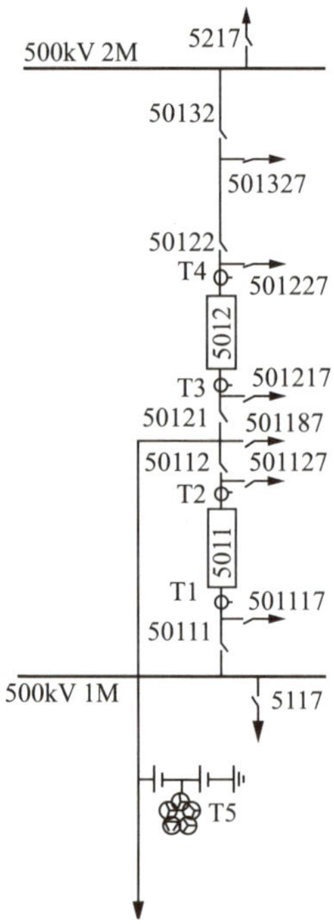

图 2-1 ±800kV 特高压直流工程 3/2 接线交流隔离开关和接地开关典型布置图

注：50132、50122、50121、50112、50111 为隔离开关，501327、501227、501217、501127、501117、501167 为接地开关。

2. 直流隔离开关

±800kV 特高压直流工程直流隔离开关和接地开关典型布置图见图 2-2。

换流站每一组直流滤波器的高压侧和低压侧都装设有接地开关和隔离开关，用于直流滤波器在故障和检修时的隔离。直流滤波器隔离开关具有带电投切的能力，电动操作。

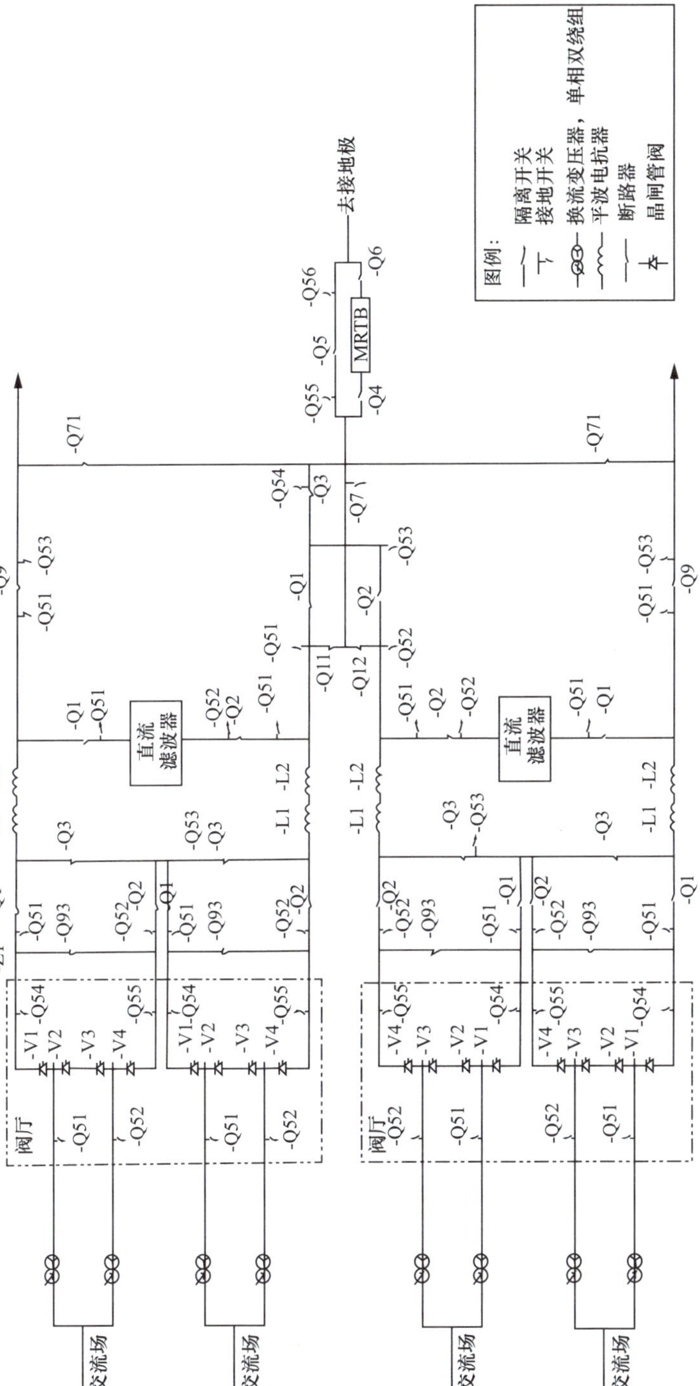

图 2-2　±800kV 特高压直流工程直流隔离开关和接地开关典型布置图

注：Q1-Q7、Q71 为隔离开关；Q51-Q56 为接地开关。

其他直流侧隔离开关，根据电气主接线和电气设备运行及检修的要求，换流站直流侧装设了多种功能各异的隔离开关，分别为旁路隔离开关、中性母线隔离开关、阀厅内接地开关、高压线路隔离开关、金属返回开关接地开关、接地极引线隔离开关。

为实现设备的安全检修，在直流极母线以及直流中性母线上还配置了如下隔离开关和接地开关：

（1）极母线上设置隔离开关，并在两侧配有接地开关，可以为检修站内直流系统一极或直流线路进行隔离及接地；

（2）对旁路断路器配有 3 台旁路隔离开关，共同组成旁路开关回路，以实现对任一阀组进行隔离以及对旁路断路器的检修接地；

（3）在中性母线侧配有检修隔离开关，同时在两极中性母线与金属回路（包括临时接地回路）之间的每极中性母线侧配有一台带接地刀的隔离开关；

（4）直流滤波器两侧配有隔离开关，并在滤波器侧带接地刀。其高压侧隔离开关应具有在正常运行工况下带电投切而不影响系统运行的能力；

（5）在阀组两侧均设置接地开关，便于阀组检修。

2.1.4 运维规定

1. 一般规定

（1）隔离开关应满足装设地点的运行工况，在正常运行和检修或发生短路情况下应满足安全要求。

（2）隔离开关和接地开关所有部件和箱体上，尤其是传动连接部件和运动部位不得有积水出现。

（3）隔离开关应有完整的铭牌、规范的运行编号和名称，相序标志明显，分合指示、旋转方向指示清晰正确，其金属支架、底座应可靠接地。

2. 导电部分

（1）隔离开关导电回路长期工作温度不宜超过 80℃。

（2）隔离开关在合闸位置时，触头应接触良好，合闸角度应符合产品技术要求。

（3）隔离开关在分闸位置时，触头间的距离或打开角度应符合产品技术要求。

3．绝缘子

（1）绝缘子爬电比距应满足所处地区的污秽等级，不满足污秽等级要求的应采取防污闪措施。

（2）定期检查隔离开关绝缘子金属法兰与瓷件的胶装部位防水密封胶的完好性，必要时联系检修人员处理。

（3）未涂防污闪涂料的瓷质绝缘子应坚持“逢停必扫”，已涂防污闪涂料的绝缘子应监督涂料有效期限，在其失效前复涂。

4．操动机构和传动部分

（1）隔离开关与其所配装的接地开关间有可靠的机械闭锁，机械闭锁应有足够的强度，电动操作回路的电气联锁功能应满足要求。

（2）接地开关可动部件与其底座之间的铜质软连接的截面积应不小于 $50mm^2$。

（3）隔离开关电动操动机构操作电压应在额定电压的 85%～110% 之间。

（4）隔离开关辅助接点应切换可靠，操动机构、测控、保护、监控系统的分合闸位置指示应与实际位置一致。

（5）同一间隔内的多台隔离开关的电机电源，在端子箱内应分别设置独立的开断设备。

（6）操动机构箱内交直流空开不得混用，且与上级空开满足级差配置的要求。

（7）电动操动机构的隔离开关手动操作时，应断开其控制电源和电机电源。

（8）电动操作时，隔离开关分合到位后电动机应自动停止。

（9）接地开关的传动连杆及导电臂 (管) 上应按规定设置接地标识。

5．其他

（1）机构箱应设置可自动投切的驱潮加热装置，定期检查驱潮加热装置运行正常、投退正确。

（2）应结合设备停电对机构箱二次设备进行清扫。

6．紧急停运规定

发现下列情况，应立即向值班调控人员申请停运处理：

（1）线夹有裂纹、接头处导线断股散股严重。

（2）导电回路严重发热达到危急缺陷，且无法倒换运行方式或转移负荷。

（3）绝缘子严重破损且伴有放电声或严重电晕。

（4）绝缘子发生严重放电、闪络现象。

（5）绝缘子有裂纹。

（6）其他根据现场实际认为应紧急停运的情况。

7. 隔离开关操作原则

（1）禁止用隔离开关拉合带负荷设备或带负荷线路。

（2）禁止用隔离开关拉开、合上空载主变压器。

（3）隔离开关操作前，必须投入相应断路器控制电源、保护电源。

（4）手动操作隔离开关时，必须戴绝缘手套，雨天室外操作应使用带防雨罩的绝缘棒、穿绝缘靴，接地网电阻不符合要求的，晴天也应穿绝缘靴。

（5）对于敞开式隔离开关的倒闸操作，应尽量采用电动操作，并远离隔离开关，操作过程中应严格监视隔离开关动作情况，如发现卡滞应停止操作并进行处理，严禁强行操作。

2.2 设备结构原理

2.2.1 隔离开关分类

（1）500kV 等级隔离开关：单柱单臂垂直伸缩式、双柱水平伸缩式、三柱水平伸缩组合式。

（2）220kV 等级隔离开关：单柱单臂垂直伸缩式、双柱水平伸缩式、双柱水平旋转式、三柱水平旋转式。

（3）110kV 等级隔离开关：单柱垂直伸缩式隔离开关、双柱水平旋转式隔离开关。

（4）35kV 等级隔离开关：双柱水平旋转式隔离开关。

2.2.2 隔离开关运行技术参数

与对于不同类型的隔离开关，其运行参数有所不同：

（1）机械寿命。隔离开关和接地开关 M2 不小于 10000 次，空载时，当不对隔离开关进行机械维护或者人为调整时，开关的循环操作次数最少 3000 次。

（2）使用寿命。敞开式隔离开关的使用寿命应不小于 40 年，本体大修周期不小于 18 年，操动机构大修周期不小于 18 年。本体大修周期是设备需要退出运行并进行本体解体的检修工作，工作时需要使用仪器仪表或其他工具进行。

（3）隔离开关额定母线转换电流开合能力。实际工作时需要将负荷在不同的母线系统之间转换，此时开关能够开合的最大安全电流值，就是母线转换电流的开关开合能力。当额定母线电压确定时，母线转换时开关开何处产生的最大的母线转换电流就是额定母线转换电流，要求规定额定电流的 80% 等于额定母线转换电流，但无论额定电流有多大，额定母线转换电流必须小于 1.6kA。

（4）接地开关开合感应电流能力。接地开关开合的时候会产生感应电流，由多部分构成，来源主要有电磁耦合和静电耦合容性电流，最大电流就是额定感应电流，最高工频电压可以作为额定感应电压，开关工作在此电压下时产生额定感应电流。

2.2.3　隔离开关的工作原理

隔离开关组成图见图 2-3。隔离开关一般由操动机构箱、产品底座、绝缘子、导电部分四部分组成，其中导电部分可分为三相联动式、单相操作式，三相联动式隔离开关在同一水平面上的三极隔离开关可用水平连杆、接头将各极隔离开关连接起来，组成三相联动，用一台操动机构进行分合闸操作，操动机构安装在 A 相（或其他极）下方，隔离开关操作轴与机构转轴用钢管、接头等连接后即可操作。单相操作式隔离开关每相均包含一台操动机构，三相分别独立，通过电气统一发命令实现同时分合闸。

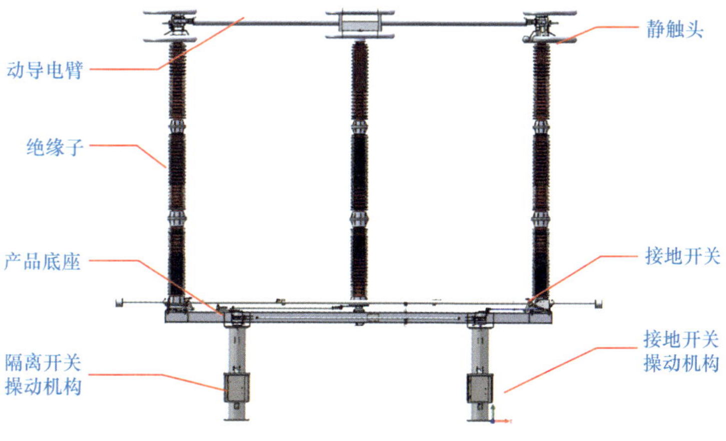

图 2-3　隔离开关组成图

隔离开关各单极都由基座、支柱绝缘子、触刀等部分组成，两支柱绝缘子相互平行地安装在基座两端的轴上，且与基座垂直。主导电部分分别安装在两支柱绝缘子上方，随支柱绝缘子做约90°转动。中间触头为转入式结构，分合闸时通过自身运动清扫触头与触指接触处的灰尘与污秽（自清除能力），提高运行中的接触可靠性。

隔离开关操动机构箱结构图及内部图见图2-4和图2-5，采用双级蜗轮蜗杆减速箱，由交流（或直流）电动机驱动，通过电动机正反转带动机构输出轴正反转，实现隔离开关分合闸操作。通过控制接触器实现电动机的正反转运动，电机的停止通过行程开关切断接触器电源。

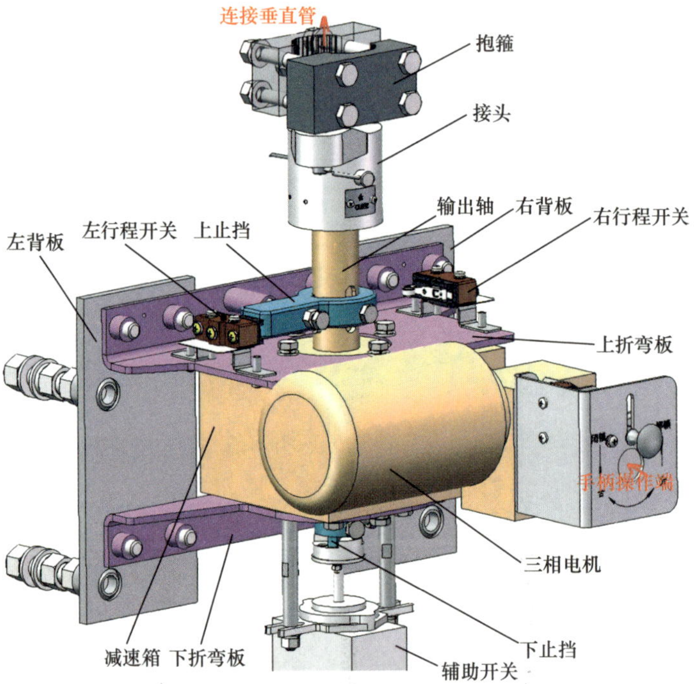

图2-4　隔离开关操动机构箱结构图

隔离开关操动机构箱一般由减速箱、分合闸控制回路、电机回路、加热回路中的二次元件、机构箱箱体、防潮密封胶条、防雨罩等防御防潮装置组成。其中电机回路包含电机电源空开、过热继电器、电机、分合闸接触器节点、相序保护器组成，分合闸控制回路包含分合闸及停止按钮、控制电源空开、分合闸接触器、行程开关、外部联锁节点等组成，加热回路主要由温湿度控制器、加热器、加热空开组成。常见隔离开关二次控制回路图见图2-6。

图 2-5　隔离开关操动机构箱内部图

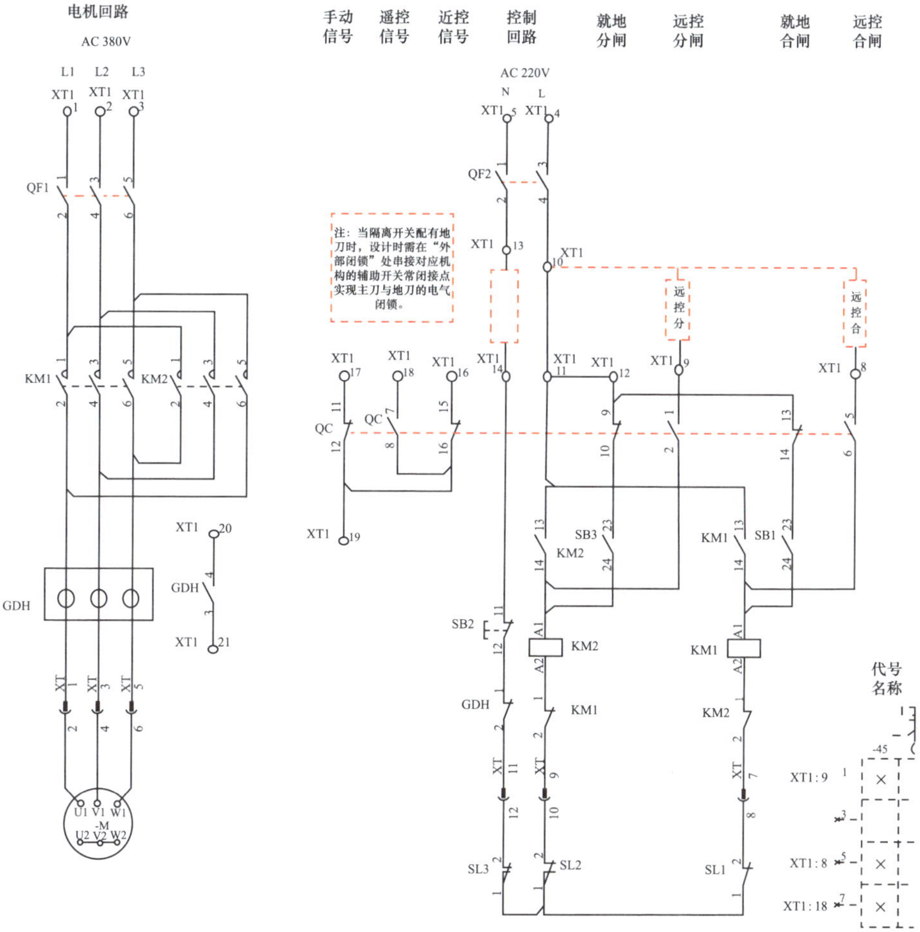

图 2-6　常见隔离开关二次控制回路图

2.3 现场维护与试验

2.3.1 现场维护检修

2.3.1.1 隔离开关B修

1. 绝缘子检查

（1）法兰固定螺栓应无锈蚀、断裂、变形。

（2）清洁绝缘子。

2. 接地开关检修

（1）检查触头及触指应无过热或烧损，烧损深度应不大于0.5mm。

（2）触指弹簧应无锈蚀、变形、断裂，触指压紧力应符合厂家要求。

（3）清洁动、静触头，必要时应进行打磨，涂抹中性凡士林或符合厂家要求的导电膏。

（4）检查导电臂应无变形、严重锈蚀或腐蚀情况。

（5）按力矩要求拿力矩扳手对各螺栓进行紧固。

（6）软连接应无断裂、损伤现象，如有损坏须更换软连接，更换时导电接触面须打磨光滑平整，连接螺栓按力矩要求进行紧固。

（7）对折叠式隔离开关，应检查并确认隔离开关主拐臂过死点；检查平衡弹簧的张力应合适；确认分合闸到位、夹钳位置接触良好。

3. 底座及传动部件检修

（1）底座及传动部位应无裂纹、锈蚀，轴承座及其他传动部件应转动灵活，无卡滞。

（2）拐臂、轴承座及可见轴类零部件应无变形、锈蚀。

（3）拉杆及连接头应无损伤、锈蚀、变形，螺纹应无锈蚀、滑扣。

（4）各相间轴承转动应在同一水平面。

（5）可见齿轮应无锈蚀，丝扣完整，无严重磨损；齿条应平直，无变形、断齿。

（6）各传动部件锁销应齐全，无变形、脱落，中间齿轮箱应无渗漏油、润滑良好。

（7）对锈蚀部位进行除锈刷漆处理。

（8）对螺栓存在松动或锈蚀的，应进行紧固或更换处理。

（9）对各运动部位使用润滑脂进行润滑，润滑脂宜采用性能良好的二硫化钼锂基润滑脂。

4．机构箱检修

（1）电器元件：

1）对各电器元件（继电器、接触器等）进行功能检查，更换损坏失效电气元件。

2）二次接线紧固检查。

3）加热器（驱潮装置）功能应正常，加热板阻值应符合厂家要求。

4）驱动电机阻值应符合厂家要求，电机壳应无裂纹、锈蚀。

5）转换开关、辅助开关动作应正确，无卡滞，触点无锈蚀，用万用表测量每对接点通断情况应正常。

6）检查电机回路、控制回路、照明回路、驱潮回路，功能应正常。

（2）机械元件：

1）变速箱壳体应无变形、裂纹，可见轴承及轴类应灵活、无卡滞；蜗轮、蜗杆应动作平稳、灵活，无卡滞；检查涡轮、蜗杆的啮合情况，确认没有倒转现象。

2）机械限位装置应无裂纹、变形。

3）垂直连杆抱箍紧固螺栓应无松动，抱箍铸件应无裂纹；操作时垂直连杆应无打滑现象。

4）机构转动应灵活，无卡滞。

5）各连接、固定螺栓（钉）应无松动。

6）对机构箱进行清洁；对各转动部分进行润滑，润滑脂宜采用性能良好的二硫化钼锂基润滑脂；存在锈蚀的应进行除锈处理，对机构箱密封进行检查。

5．闭锁检查

进行操作，检查主刀闸与相应接地开关的机械闭锁以及电气闭锁情况。

6．基础支架检查

（1）对支架、螺栓等存在松动或锈蚀的，应进行紧固或更换处理。

（2）如基础有裂纹或发生沉降须对产生后果进行评估，并做相应处理。

7. 导电回路检修

（1）检查触头及触指应无过热或烧损，烧损深度应不大于 0.5mm。

（2）触指弹簧应无锈蚀、变形、断裂，触指压紧力应符合厂家要求。

（3）清洁动、静触头，必要时应进行打磨，涂抹中性凡士林或符合厂家要求的导电膏。

（4）检查导电臂应无变形、严重锈蚀或腐蚀情况。

（5）按力矩要求拿力矩扳手对各螺栓进行紧固。

（6）软连接应无断裂、损伤现象，如有损坏需更换软连接，更换时导电接触面须打磨光滑平整，连接螺栓按力矩要求进行紧固。

（7）对折叠式隔离开关，应检查并确认隔离开关主拐臂过死点；检查平衡弹簧的张力应合适；确认分合闸到位、夹钳位置接触良好。

2.3.1.2 隔离开关 A 修

1. 绝缘子大修

（1）检查绝缘子应有无较大裂纹或破损，如有则应更换。

（2）检查瓷绝缘子与法兰的浇装情况，如有脱块应及时修补，瓷件松动或法兰有较大裂纹应更换。

（3）绝缘子爬距应符合污秽等级要求，否则应更换。

（4）运行超过 18 年的普通瓷绝缘子建议更换成采用干法成形的高强瓷。

2. 接地开关大修

（1）检查接地刀杆应无变形，变形应校正。

（2）拆卸检查动、静触头和其他接触面的磨损和烧蚀情况。镀银层接触面用清洗剂清除污垢，非镀层接触面用砂纸清除氧化层。

（3）拆卸检查触指弹簧的变形、锈蚀或弹力下降情况，如存在异常均应予更换。

3. 底座及传动部件大修

（1）检查所有转动轴和轴套，变形应校正，并用砂纸清除锈蚀，涂黄油。

（2）检查接地软连接应无折断，如有断裂应更换，对接触面用砂纸除去氧化层。

（3）检查抱箍或夹件应无开裂，如有裂纹应更换。

（4）检查各传动连杆应无变形、损伤、断裂，焊接处应无裂纹，存在异常的应更换。

（5）更换易损件及易老化件，如圆柱销、开口销、限位销钉、复合轴套等。

（6）对各运动部位使用润滑脂进行润滑，润滑脂宜采用性能良好的二硫化钼锂基润滑脂。

4．操动机构大修

对齿轮、涡轮、蜗杆等机械部件进行检查、清洁、打磨、润滑并复装。

5．导电回路大修

（1）拆卸并检查动、静触头和其他所有导电接触面的过热、烧损、磨损情况，用百洁布和酒精进行清洁。如有轻微烧损或氧化，可用砂纸打磨修复，如有严重烧损应更换。涂抹中性凡士林或符合厂家要求的导电膏。

（2）拆卸检查触指弹簧的变形、锈蚀或弹力下降情况，如存在异常均应予更换；触指弹簧带绝缘套的应更换绝缘套。

（3）检查均压环表面应无裂纹、烧伤、损伤现象，严重的应及时更换。

（4）检查引弧角烧蚀情况，如有严重烧蚀应更换。

（5）拆卸检查复位弹簧、夹紧弹簧、平衡弹簧的锈蚀、弹性情况，锈蚀轻微的应刷除铁锈，涂黄油防锈；若变形严重者应更换。

（6）拆卸检查齿轮箱的损伤和开裂变形情况，如有开裂或变形严重应更换。

（7）检查软连接应完好，检查导电带的接触面应无过热、烧伤、折断现象，如有烧伤、严重过热或断裂应更换，对接触面用砂纸除去氧化层。

（8）检查接线夹应无变形、开裂。与导线接触面有无烧损或氧化，如有则用细砂纸修理，严重者则应更换。检查接线座内部导电带有无折断、氧化、烧损，如有折断痕迹，当及时更换。

（9）更换易损件及易老化件，如圆柱销、开口销、限位销钉、复合轴套、橡胶防雨罩等。

（10）螺栓及各可见连接件应无锈蚀、松动、脱落，各连接螺栓规格及力矩符合厂家要求。

2.3.2　现场试验

1．交流耐压试验

参考 SF_6 断路器交流耐压试验。

2．二次回路的绝缘电阻

电阻不应低于 2MΩ，参考辅助回路和控制回路绝缘电阻测量。

3．二次回路交流耐压试验

参考辅助回路和控制回路交流耐压试验。

4．操动机构的动作电压试验

（1）试验参数。试验电压为额定电压的 80%～110%。

（2）试验方法。采用外接电源法进行试验。

（3）试验过程。

1）断开隔离 / 接地开关的控制电源，使用低电压动作特性仪器，在控制回路两端接入 80% 额定电压，并依此增加 5% 额定电压，直至 110% 额定电压。

2）在不同电压下分别分合隔离 / 接地开关，检查隔离 / 接地开关是否分合到位，后台信号与机构分合闸标示是否正常。

（4）注意事项。试验时，应注意加压时端子是否正确，防止交流电串入站内运行直流系统。

5．隔离 / 接地开关操动机构的动作情况

（1）试验参数。操作电压应符合产品技术文件规定。

（2）试验方法。测量方法应符合制造厂规定。

（3）试验过程。

1）在额定电压下分别分合隔离 / 接地开关 5 次，检查隔离 / 接地开关后台分合信号是否正常，机构分合闸标示是否正常。

2）手动分合隔离 / 接地开关 1 次，手动操动机构操作时应灵活，无卡涩。

6．导电回路电阻测量

（1）试验参数。隔离开关的导电回路电阻测量值不大于制造厂规定值。

（2）试验方法。采用直流压降法测量，电流不小于 100A（建议 300A）。

（3）试验过程。

1）分别将两组专用测试线分别从仪器的正负电压、电流极引出，并钳到隔离开关两侧的出线板上。

2）选择测量仪器合适的挡位进行测量。

3）记录被测隔离开关导电回路电阻值。

4）试验结束后，将设备恢复到试验前状态。

（4）注意事项。

1）电流应不小于 100A。

2）注意测量时每侧的电压、电流极性应相同。

3）如厂家未给出规定值，应以交接试验的测量值为管理值。

7. 触头夹紧程度测试

（1）试验参数。测量位置应符合产品技术文件规定。

（2）试验方法。测量方法应符合制造厂规定。

（3）试验过程。

1）在额定电压下分别分合隔离 / 接地开关 5 次，检查隔离 / 接地开关后台分合信号是否正常，机构分合闸标示是否正常。

2）用夹紧力测试仪测试并记录隔离开关合闸后动静触头之间夹紧力值，并与厂家标准对比，如达不到要求，则对动静触头位置进行调整。

2.4　典型缺陷与故障分析处理

2.4.1　隔离开关故障分类

隔离开关是变电站使用最广泛的电气设备之一，可以对电路系统进行无负荷分合操作，形成隔离断开点。动作完成主要由电气控制部分和机械传动部分共同完成，但是由于设备长期暴露在户外环境中，机构锈蚀及磨损较大，在变电站日常检修维护工作中占了很大比例。

变电站隔离开关设备大部分是户外敞开式结构，工作环境恶劣，所以容易引起机械传动部分的各个零部件润滑不畅、锈蚀卡阻、磨损严重等问题，长此以往，会导致电闸分合不到位，动静触头接触不完全，引起发热现象，带来安全隐患严重时会引起电力事故，后果严重。

此外，电气动作部件的运动是否灵敏、传动是否流畅以及交直流供电及时与否等问题，都会对隔离开关的正常工作带来阻挠，给运行和维护带来极大不便，否则，将无法保证系统的安全性和稳定性。

隔离开关的常见故障有四个方面：①拒分合故障；②控制回路故障；③发热故障；④锈蚀故障。隔离开关故障形式如图 2-7 所示。

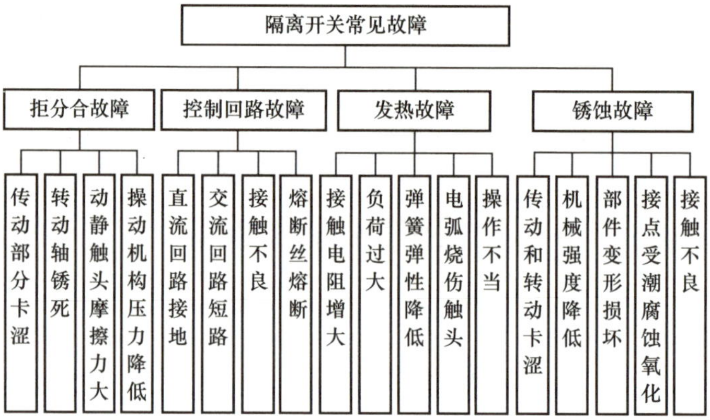

图 2-7　隔离开关故障形式

2.4.1.1　发热故障

隔离开关动静触头在环境温湿度、工作应力、材料变形、材料特质影响下，接线板接触面脏污、接触压力不够、隔离开关合闸不到位等，都会导致导电系统接触电阻变大，引起发热等，进而导致工作失效。

当隔离开关工作电流达到 60% 的额定电流时，就会开始发热，当达到 70% 时，触头明显过热，进而可以得知触头电阻值超标。

隔离开关发热故障的原因分析：

（1）触头结构设计不合理。目前经常使用的触头为线接触或者点接触方式，易因接触面过小导致散热不良。若采用面接触方式，散热效果会有所改善，但通过大电流时会引起电弧现象，灼烧触头表面。所以，触头结构仍以线接触和点接触为主。

（2）触头安装调试不当。如果触头安装调试不合格，就会导致触头偏离正常位置、接触位置不够、接触不充分等，导致接触电阻变大，发热严重。

（3）左、右主导电杆的触头松动。触头部分是由紧固螺栓固定，如果螺栓松动引起触头接触不完全，引起接触电阻增加，进而导致发热严重。

（4）动静触头部分涂抹导电物质的影响。触头表面导电物质如果涂抹不当，会引起触头接触电阻过大，早期使用凡士林作为触头外表面涂抹物质，但是当温度高于 70℃时，凡士林就会液化，触头之间出现间隙，杂质就会进入触头间隙之间，导致接触电阻变大，引起发热。

（5）机械动作引起触头磨损。触头的经常开合会导致机械部分磨损严重，长时间使用后就会引起触头的接触不充分，触头表面的镀银层厚度一般在 25μm 左右，镀银层经过长期使用会被剥离铜基表面，导致触头铜件部分暴露在空气之中，铜在空气中被氧化后会导致触头接触不良引起触头的接触电阻增大，发热严重。

2.4.1.2　锈蚀故障

隔离开关触头长期户外运行，极易受到环境因素影响，在温湿度影响下容易发生锈蚀。触头锈蚀会对隔离开关的安全工作带来极大影响：①触头外观锈蚀，降低材料强度；②触头锈蚀部分导致接触面变小，触头材料也会发生变化，进而导致更严重的接触不良，导致发热等情况；③触头锈蚀后导致电气性能降低，触头间隙会引起接触不良，材料暴露空气中发生氧化，引起触头温度升高，加快材料氧化速度，如此恶性循环，继而会导致触头无法正常工作，带来安全隐患，严重者会引起电力事故。

触头锈蚀的影响因素包括：

（1）环境温度和湿度影响。暴露在空气中的金属会与氧气发生化学反应，引起金属腐蚀。当环境湿度过大时，金属就容易发生电化学反应，加快腐蚀速度。环境温度越高，湿度越大，电化学腐蚀速度就越快，但是当湿度低于某一特定值时，再高的温度也不会引起严重的腐蚀。

（2）环境污染物的影响。周围环境空气中的强酸性物质，如二氧化硫、硫化氢等，会结合金属表面的水，形成强酸性电解质，引起电化学反应，腐蚀金属表面。

（3）触头材质的影响。触头材质大多选用铜或者铜合金，当铜暴露在空气中时，极易发生氧化，生成导电性和导热性都很差的氧化铜；此外，当湿度较大时，会形成铜绿（碱式碳酸铜），在酸性环境中容易形成硫酸铜。经过对比分析发现黄铜耐腐性能优于其他铜材料，纯铜容易氧化，锡铜容易腐蚀。

（4）触头材料加工工艺的影响。在触头铸、锻制造过程中，工艺控制不严格会引起触头制作的形状不合适，材料分布不均匀等，都会引起触头接触时，电极电位分布不均匀，加速触头腐蚀。

（5）触头中金属合金元素的影响。高压开关触头部分，多采用铜合金金属制造，合金中含有的其他金属元素，在遇到环境中的酸碱性物质时，容易形成电化学腐蚀，对触头造成损坏。

（6）其他影响因素。不同地区的环境因素不尽相同，触头的表面处理在不同地区也会显示出不同的效果。如触头表面镀层的均匀程度、厚度、光滑度都会影响触头性能，而且在长时间的使用过程中，表面镀层也极易被损坏，内部铜金属暴露后仍旧会被腐蚀。

2.4.1.3 分合闸不到位

（1）异物阻碍。位于室外的高压隔离开关装置经常受到异物干扰，如鸟巢等，阻碍机械部件动作，引起开关的分合闸不到位。

（2）转动部位润滑剂老化。安装在室外的隔离开关装置，某些零部件容易老化变质，混杂一些杂志后引起机械结构运动不畅。

（3）辅助开关、限位开关调整不当。辅助装置变形失效，运动不到位，导致操作信号无法准确按时送达，引起分合闸失误；限位开关位置不合适后会引起分合闸不到位。

（4）隔离开关分合闸机械定位装置调整不当。分合闸的机械定位装置如果调整不合适，会造成分合闸不到位。

（5）各销、轴、轴承润滑不良甚至锈蚀。这些部件的锈蚀会引起分、合闸阻力增大和触头行程不到位。

（6）连杆弯曲变形。开关装置长时间的运行会导致连杆等机械装置的变形，使动作过程阻力增大，引起行程变小，运动不到位，进而导致分合闸不到位。

（7）触头夹紧弹簧、重力平衡弹簧等工件锈蚀。户外工作环境容易导致触头夹紧弹簧、重力平衡弹簧等工件锈蚀，进而引起触头动作的传动机构阻力增加，引起分合闸不到位。

（8）齿轮啮合不良。长时间的运行会受到振动、磨损、锈蚀等多种因素影响，引起固定螺栓松动，导致齿轮啮合不良，引起机械传动机构运动不到位引起分合闸不到位。

2.4.1.4 控制回路故障

（1）电源故障、接触器机械结构锈蚀卡涩、辅助装置故障、部分零部件老化、转动装置变形等问题，都会引起电动分合闸操作时，隔离开关不动作。

（2）隔离开关未分闸到位。接地刀闸与隔离开关之间存在机械互锁装置，如果接地刀闸未分闸到位，机械闭锁板也会引起隔离开关无法合闸。

（3）机构箱及传动系统卡涩。机构箱中的各种机械传动部件、轴承等零部件锈蚀，导致分合闸阻力增大，阻力过大时将会造成隔离开关分合闸。

（4）机械闭锁装置位置错误、变形。机械闭锁装置变形失效，导致隔离开关分合闸不动作。

（5）隔离开关分合闸时三相不同步。隔离开关装置的导电管内设有平衡弹簧，平衡分合闸时各个触头的受力不均匀。若某一相或者两相的平衡弹簧因为锈蚀或者其他原因失效，则会引起三相不同步；此外，若某一项的触头间隙过大，动作阻力过大，齿轮啮合不良，也会引起该相和其他两相不同步，导致三相不同步。

2.4.2　常见故障处理方法研究

2.4.2.1　绝缘子断裂

1. 现象

（1）绝缘子断裂引起保护动作跳闸时：保护动作，相应断路器在分位。

（2）绝缘子断裂引起小电流接地系统单相接地时：接地故障相母线电压降低，其他两相母线电压升高。

（3）现场检查发现绝缘子断裂。

2. 处理原则

（1）绝缘子断裂引起保护动作跳闸。

（2）检查监控系统断路器跳闸情况及光字、告警等信息。

（3）结合保护装置动作情况，核对跳闸断路器的实际位置，确定故障区域，查找故障点。

（4）绝缘子断裂引起小电流接地系统单相接地。

（5）依据监控系统母线电压显示和试拉结果，确定接地故障相别及故障范围。

（6）对故障范围内设备进行详细检查，查找故障点。查找时室内不准接近故障点 4m 以内，室外不准接近故障点 8m 以内，进入上述范围人员应穿绝缘靴，接触设备的外壳和构架时，应戴绝缘手套。

（7）找出故障点后，对故障间隔及关联设备进行全面检查，重点检查故障绝缘子相邻设备有无受损，引线有无受力拉伤、损坏的现象。

（8）汇报值班调控人员一、二次设备检查结果。

（9）若相邻设备受损，无法继续安全运行时，应立即向值班调控人员申请停运。

（10）对故障点进行隔离，按照值班调控人员指令将无故障设备恢复运行。

2.4.2.2 拒分、拒合

1．现象

远方或就地操作隔离开关时，隔离开关不动作。

2．处理原则

（1）隔离开关拒分或拒合时不得强行操作，应核对操作设备、操作顺序是否正确，与之相关回路的断路器、隔离开关及接地开关的实际位置是否符合操作程序。

（2）运维人员应从电气和机械两方面进行检查。

1）电气方面：①隔离开关遥控压板是否投入，测控装置有无异常、遥控命令是否发出，“远方 / 就地”切换把手位置是否正确；②检查接触器是否励磁；③若接触器励磁，应立即断开控制电源和电机电源，检查电机回路电源是否正常，接触器接点是否损坏或接触不良；④若接触器未励磁，应检查控制回路是否完好；⑤若接触器短时励磁无法自保持，应检查控制回路的自保持部分；⑥若空开跳闸或热继电器动作，应检查控制回路或电机回路有无短路接地，电气元件是否烧损，热继电器性能是否正常。

2）机械方面：①检查操动机构位置指示是否与隔离开关实际位置一致；②检查绝缘子、机械联锁、传动连杆、导电臂（管）是否存在断裂、脱落、松动、变形等异常问题；③操动机构蜗轮、蜗杆是否断裂、卡滞。

（3）若电气回路有问题，无法及时处理，应断开控制电源和电机电源，手动进行操作。

（4）手动操作时，若卡滞、无法操作到位或观察到绝缘子晃动等异常现象时，应停止操作，汇报值班调控人员并联系检修人员处理。

2.4.2.3 合闸不到位

1．现象

隔离开关合闸操作后，现场检查发现隔离开关合闸不到位。

2．处理原则

应从电气和机械两方面进行初步检查：

（1）电气方面：

1）检查接触器是否励磁、限位开关是否提前切换，机构是否动作到位；

2）若接触器励磁，应立即断开控制电源和电机电源，检查电机回路电源是否正常，接触器接点是否损坏或接触不良，电机是否损坏；

3）若接触器未励磁，应检查控制回路是否完好；

4）若空开跳闸或热继电器动作，应检查控制回路或电机回路有无短路接地，电气元件是否烧损，热继电器性能是否正常。

（2）机械方面：

1）检查驱动拐臂、机械联锁装置是否已达到限位位置。

2）检查触头部位是否有异物（覆冰），绝缘子、机械联锁、传动连杆、导电臂（管）是否存在断裂、脱落、松动、变形等异常问题。

3）若电气回路有问题，无法及时处理，应断开控制电源和电机电源，手动进行操作。

4）手动操作时，若卡滞、无法操作到位或观察到绝缘子晃动等异常现象时，应停止操作，汇报值班调控人员并联系检修人员处理。

2.4.2.4　导电回路异常发热

1．现象

（1）红外测温时发现隔离开关导电回路异常发热。

（2）冰雪天气时，隔离开关导电回路有冰雪立即融化现象。

2．处理原则

（1）导电回路温差达到一般缺陷时，应对发热部位增加测温次数，进行缺陷跟踪。

（2）发热部分最高温度或相对温差达到严重缺陷时应增加测温次数并加强监视，向值班调控人员申请倒换运行方式或转移负荷。

（3）发热部分最高温度或相对温差达到危急缺陷且无法倒换运行方式或转移负荷时，应立即向值班调控人员申请停运。

在常见设备接触面发热处理过程中，推荐接头发热处理十步法：

第一步，逐个制定接头工艺控制表。逐个接头明确直阻控制值、力矩要求值，其中，预试断引前必须做好断引点的位置记录，检修过程中按表格要求记录检测值，并签字确认，留档备查。

第二步，逐人开展专项技能培训并考试上岗。运维单位负责对承担接头检查和处理工作的具体作业人员进行培训，明确关键工艺控制点，并在地面上模拟装配合格后方可上岗。

第三步，初测直阻。直阻控制值目前无明确标准，根据运行经验，对各区域的接头直阻按以下经验值控制，对超过控制值的接头进行解体检查处理。

交流区域，测量范围为从 GIS 出线套管至换流变网侧套管，接头直阻按 20μΩ 控制，且三相偏差不超过 10μΩ。

阀厅区域，测量范围为从换流变阀侧套管至直流穿墙套管，接头直阻按 10μΩ 控制。

直流场区域，测量范围为从直流穿墙套管至直流线路 / 接地极线路，接头电阻按 15μΩ 控制，同位置接头直阻横向对比差值不超过 5μΩ。

第四步，用规定力矩检查紧固。用规定的力矩对每个接头力矩进行逐一检查，对不满足要求的接头重新紧固并用记号笔画线标记。检查螺栓的防松动措施是否完好。

第五步，精细处理接触面。拆卸接头，检查接触面是否平整、有无毛刺变形；导电膏是否干硬；镀层是否完好无氧化。接头有无镀银层的处理工艺必须区别对待。对于无镀银层接头，首先用 800 目细砂纸去除导电膏残留及接触面上的毛刺，然后用无水酒精或丙酮清洁两侧接触面上的污渍；对于有镀银层的接头，若无发黑现象则只需用无水酒精或丙酮擦拭干净，若有发黑现象可用 800 目砂纸轻轻打磨，后用无水酒精或丙酮清洁两侧接触面上的污渍；用刀口尺和塞尺，测量接触面的平面度是否达到图纸技术要求，如不达标，用细砂纸包裹好的木块重新打磨，重新测量。

第六步，均匀薄涂导电膏。利用针管对导电膏用量进行控制，并将导电膏涂抹均匀。用不锈钢尺由里到外刮去多余部分，使两侧接触面上存留的导电膏均匀平整。再用百洁布擦拭保证涂抹均匀，使接线板表面形成一薄层导电膏。必须选用滴点温度不低于 190℃、蒸发度不大于 5%、适用温度范围不小于 -40～150℃的导电膏，不得选用凡士林作为接头接触面的介质。

第七步，均衡牢固复装。涂抹导电膏的接头应在 5min 内完成连接。复装时应更换新的螺栓、弹垫，并注意铜铝接头是否安装有过渡片。用力矩扳手按要求的拧紧力矩上紧螺栓，紧固螺栓时应先对角预紧、再拧紧，保证接线板受力均衡，并用记号笔做标记。

第八步，复测直流电阻。检测复装后的接头直阻，应小于控制值，如不符合要求，重复以上工序。

第九步，80% 力矩复验。用力矩扳手按 80% 的要求力矩复验力矩；检验合格后，用另一种颜色的记号笔标记，两种标记线不可重合。

第十步，反复发热缺陷的处理。对于反复多次出现发热的接头，必须深入分析发热原因。排除安装工艺或导电膏质量原因导致的发热情况应进一步核算该处接头的载流密度，载流密度不应大于《导体和电器选择设计技术规定》（DL/T 5222—2021）中的要求。

2.4.2.5　绝缘子有破损或裂纹

1. 现象

隔离开关绝缘子有破损或裂纹。

2. 处理原则

（1）若绝缘子有破损，应联系检修人员到现场进行分析，加强监视，并增加红外测温次数。

（2）若绝缘子严重破损且伴有放电声或严重电晕，立即向值班调控人员申请停运。

（3）若绝缘子有裂纹，该隔离开关禁止操作，立即向值班调控人员申请停运。

2.4.2.6　隔离开关位置信号不正确

1. 现象

（1）监控系统、保护装置显示的隔离开关位置和隔离开关实际位置不一致。

（2）保护装置发出相关告警信号。

2. 处理原则

（1）现场确认隔离开关实际位置。

（2）检查隔离开关辅助开关切换是否到位、辅助接点是否接触良好。如现场无法处理，应立即汇报值班调控人员并联系检修人员处理。

（3）对于双母线接线方式，应将母差保护相应隔离开关位置强制对位至正确位置。对于 3/2 接线方式，若隔离开关的位置影响到短引线保护的正确投入，应强制投入短引线保护。

隔离开关故障类型及处理见表 2-1。

表 2-1　　隔离开关故障类型及处理

故障类型	可能引起的原因	判断标准和检查方法	处理
电动机构不动作	电源缺相	电机有“嗡嗡”声但不动作	消除缺相
	电动机损坏	电源正确，但电机不动作	更换电机
	行程开关损坏	用万用表检查线路	更换行程开关
	电机保护器损坏（AC 380V 电机）	用导线将保护器 GDH 上的 1 和 2 两端子短接，如电机恢复正常，则为保护器损坏：如电机不转为其他原因	更换保护器
	电机保护器损坏（直流电机）	将保护器 GDH 的 A1 和 A2、1 和 2 短接，电机动作，则为保护器损坏：如电机不转为其他原因	更换保护器
远控不动	远方 / 就地开关在就地位置	检查信号，是否有控制信号断线信号	切换至远方
远控近控均不动作	分合闸回路有元器件损坏、接线松脱	测量电动机构分合闸回路	查出故障元件，更换电器元件：查出松脱的接线，重新插接
	电气闭锁出现故障	检查电气闭锁回路	排除故障
电动机构输出角度变化	机械定位损坏	通过手摇进行目视检查	更换定位件
	行程开关损坏或断电过早	通过手摇进行目视检查	更换行程开关或调整其切换时间
分、合闸过程突然中断	电源接触不良，接触器主触点因沾有灰尘而接触不良，引起短时缺相，三相不平衡使电机电流超出动作值，接触器不吸合等	分合闸过程中有停止现象	（1）检查电流及电机回路接线； （2）简单清理接触器触点灰尘或更换接触器

2.4.3　隔离开关典型故障案例

1. 案例 1

（1）故障现象。某发电厂 2012 年 10 月 1 台 GW22B-363 在运行中触头温度升高至 400℃，有拉弧现象，并有熔化物掉落。

（2）故障原因。经停电检查，触指压力只有 15N（要求大于 800N）。分析认为故障原因为安装调试期间触指压力调节螺栓未调整到位。

（3）处理方法。

1）对烧蚀触指进行整体更换。

2）对触指压力调节螺栓未调整到位。

3）测量触指压力到标准范围。

2. 案例 2

（1）故障现象。2023 年 1 月 11 日 5 时 30 分，A 换流站合上 500kV 第三串联络 5032 断路器对某出线充电时，现场检查发现 500kV 某高抗 5031DK1 隔离开关 B 相动静触头连接处有放电现象故障情况见图 2-8。经现场检查，发现以下情况：

1）5031DK1 隔离开关 B 相本体下方有金属融化碎屑。

2）隔离开关 B 相静触头喇叭口水平向下倾斜 30°。（正常情况合闸到位后水平，见图 2-9）。

3）隔离开关动触头红色合闸标识未进入喇叭口范围内。

4）隔离开关分合闸指示指向合闸，机构箱内合闸微动开关已动作，合闸行程正常。

5）隔离开关上下导电臂水平 180°。

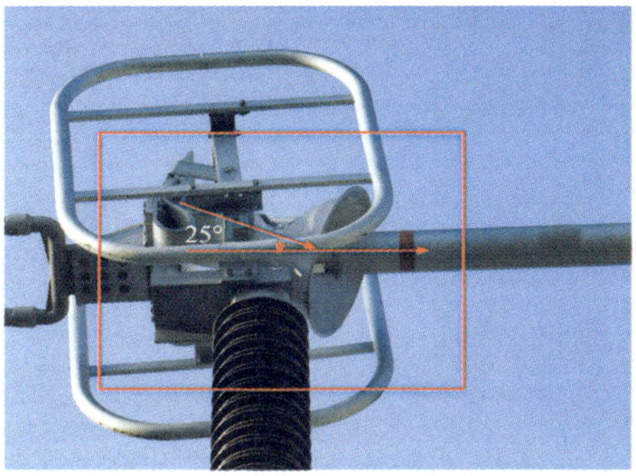

图 2-8 故障情况

图 2-9 正常合闸情况

（2）故障原因。隔离开关传动上导电杆运动位置偏移，导致合闸时动静触头中心未能对准，动触头未能插入静触头，未能形成有效的导电回路，当线路带电时，动静触头之间便开始放电，产生的电弧向上飘起，将动触头及静触头喇叭口烧蚀。

（3）处理方法。

1）对烧蚀触指进行整体更换。

2）对触指压力调节螺栓未调整到位。

3．案例3

（1）故障现象。2023年1月6日，A换流站在检修试操作合上5711隔离开关过程中，A相不动作，现场检查5711隔离开关接触器吸合，电机发出嗡鸣声，且现场汇控箱内发现大量蚂蚁虫子尸体及粪便。

（2）故障原因。虫子、动物进入接触器内部造成接触器卡涩，接触器通电吸合后有一相未接触到位导致电机缺相运行，负载电流急剧升高导致热继电器动作，分合闸回路断开。

（3）处理方法。

1）对合闸接触器进行更换。

2）现场进行分合闸操作后，开展功能信号检查。

4．案例4

（1）故障现象。2024年1月5日，A换流站站年度检修在操作合上极Ⅰ旁路08100隔离开关时，发现命令正常下发，但08100合闸到一半后停止，现场检查机构箱有一股烧焦气味。

（2）故障原因。该隔离开关长期未操作，减速箱内润滑脂固化，减速箱阻力增大，电机输出电流过大，且热继电器热敏端子老化，未能及时动作切断电机回路，限流电阻过热导致损坏。

（3）处理方法。

1）对损坏的限流电阻及热继电器进行更换。

2）对减速箱内老化的润滑脂进行更滑，更换后进行手动、电动操作，在电动操作中对电机的输出电流进行监测，确认达到正常范围。

5．案例5

（1）故障现象。2023年1月5日，A换流站巡视发现直流场08200隔离开关北侧支柱绝缘子气体压力到达红色告警值区域，对比历史数据，压力下降较快，且呈递增趋势。

（2）故障原因。该型支柱绝缘子为充气型支柱绝缘子，内部充满高压氮气，一方面能保持支柱绝缘子的刚性，另外一方面能保持正压防止绝缘子内部受潮，影响绝缘子绝缘性能。经现场检查发现，支柱绝缘子中间法兰盘靠下第二圈伞裙存在漏点，导致绝缘子漏气。

（3）处理方法。

1）将隔离开关本体拆除，对绝缘子进行整体更换，更换完成后对导电部分进行回装。

2）更换后注入的混合气体至绝对压力表 2.6bar、微水 110μL/L，重新安装隔离开关静触头后调整隔离开关两侧同期，测量隔离开关回路电阻 115μΩ，满足要求。

章后导练

1. 引起隔离开关接触部分发热的原因有哪些？
2. 隔离开关操作闭锁装置有哪些？
3. 隔离开关机械联锁有哪些功能？
4. 隔离开关在电网中有哪些作用？

章前导读

导读

GIS是气体绝缘金属封闭开关设备的简称，是一种集断路器、隔离开关、接地开关、电压互感器、电流互感器、避雷器、母线等于一体的高压电气设备。它的主要作用是在电力系统中进行接通和断开电路的操作，同时具有保护和控制功能。由于采用了气体绝缘和金属封闭的结构，GIS具有绝缘性能优良，可靠性高，维护工作量小，体积小，占地面积少的特点。本章从气体绝缘金属开关设备的作用、设备结构、维护与试验、故障处理以及故障检测技术五个方面介绍GIS相关内容。

重难点

本章的重点在于介绍GIS的现场维护检修，由于GIS包含设备众多，不同设备维护方式与重点均不相同，维护方式均有所差别。为保障设备安全稳定运行，掌握GIS设备的维护是十分必要的。

本章的难点在于GIS设备的试验，体现在GIS包含设备众多，不同设备试验内容有所差别，掌握各个试验的试验方法、试验过程以及试验注意事项有一定难度。

重难点	包括内容	具体内容
重点	现场维护检修	1. 断路器维护 2. 隔离／接地开关维护 3. 电流互感器及电压互感器维护 4. GIS其他部件维护 5. 避雷器维护 6. 支架及基础维护 7. 设备解体检修
难点	现场试验	试验项目及标准

第 3 章　气体绝缘金属封闭开关设备

3.1　在电力系统中的位置及作用

3.1.1　气体绝缘金属封闭开关设备定义

目前我国高压开关电器设备主要有三大类：①常规敞开式开关设备（Air Insulated Switchgear，AIS），是指利用空气绝缘的常规配电装置，由单一功能的独立单元组成，单元之间采用架空线联结，空气绝缘，占地面积大，带电部分外露较多，设备性能受环境影响较大；②气体绝缘金属封闭开关设备（Gas-insulated Metal-enclosed Switchgear，GIS），是指至少有一部分采用高于大气压的气体作为绝缘介质的金属封闭开关设备和控制设备；③介于已广泛采用的敞开式开关设备（AIS）和封闭式开关设备（GIS）之间，并综合了 AIS 和 GIS 开关设备优势的一种新型的复合式气体绝缘金属封闭开关设备（Hybrid Gas-insulated Metal-enclosed Switchgear，HGIS），是指以罐式断路器为基础的至少部分采用高于大气压的气体作为绝缘介质的金属封闭组合电器。通常将 GIS 和 HGIS 统称为气体绝缘金属封闭开关设备，为本章讲述的重点。

3.1.2　GIS 与 HGIS 的位置及作用

GIS 将一座变电站中除变压器以外的一次设备，包括断路器、隔离开关、接地开关、快速接地开关、电压互感器、电流互感器、避雷器、母线、电缆终端、进出线套管等，经优化设计，有机地组合成一个整体，利用 SF_6 气体为绝缘介质，进行封装。

HGIS 的结构与 GIS 基本相同，将断路器、隔离开关、接地开关、电流互感器以及进出线隔离开关、接地开关，快速接地开关、出线套管等组合成一整体密封设备单元，利用 SF_6 气体为绝缘介质，进行封装。与 GIS 相比，HGIS

的母线不装于气室内，因此扩建相对方便、灵活，对于进出线侧避雷器、电压互感器等可灵活布置。

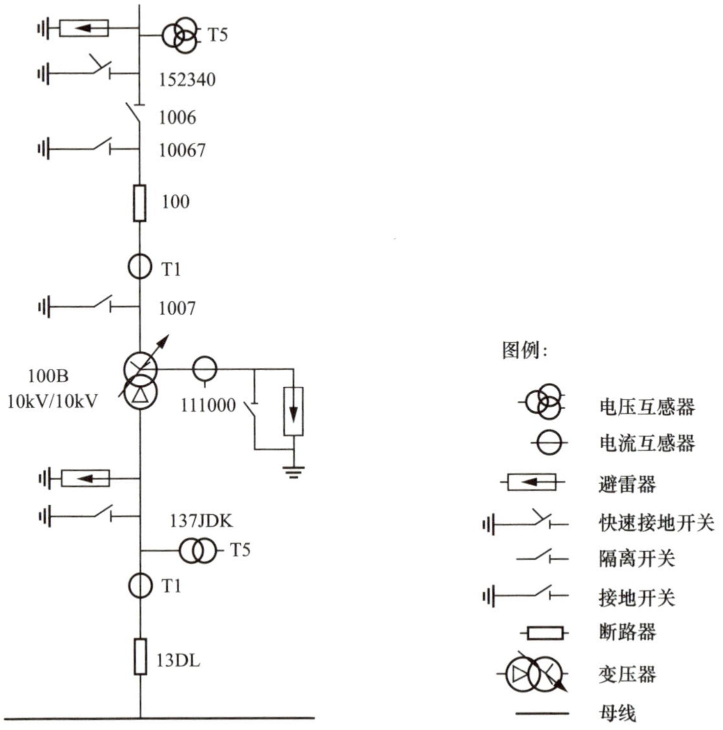

图 3-1　GIS 和 HGIS 位置图

图 3-1 为某站点 GIS 接线图，当母线未安装在气体绝缘金属封闭气室内，采用敞开式布置方式时，可视为 HGIS 位置图。GIS、HGIS 在电力系统中起电力传输和分配的作用，主要应用于输电、变电和配电环节。利用空气绝缘的常规配电装置（AIS）相比，GIS、HGIS 具有以下特点：

（1）小型化。因采用绝缘性能卓越的气体作为绝缘和灭弧介质，所以能够大幅度缩小变电站的容积，实现小型化，缩减占地面积。

（2）可靠性高。由于带电部分全部密封于惰性气体 SF_6 中，完全隔离盐雾、积尘、积雪等外部影响，大大提高了可靠性。此外还具有优良的抗地震性能。

（3）安全性好。带电部分密封于接地的金属壳体内，人员没有一次设备触电的危险；SF_6 气体为不燃性气体，所以无火灾危险。

（4）杜绝对外部的不利影响。因带电部分以金属壳体封闭，对电磁和静电实现屏蔽，不会发生噪声和无线电干扰等问题。

（5）安装周期短。由于实现小型化，可在工厂内进行整机装配和试验合格后，以单元或整个间隔运达现场，因此可以缩短现场安装工期，又提高可靠性。

（6）维护方便，检修周期长。因结构布置合理，灭弧系统先进，大大提高产品的使用寿命，因此检修周期长，维护工作量小，而且由于小型化，可以布置离地面近，维护方便。

3.2 设 备 结 构

GIS 结构图见图 3-2。

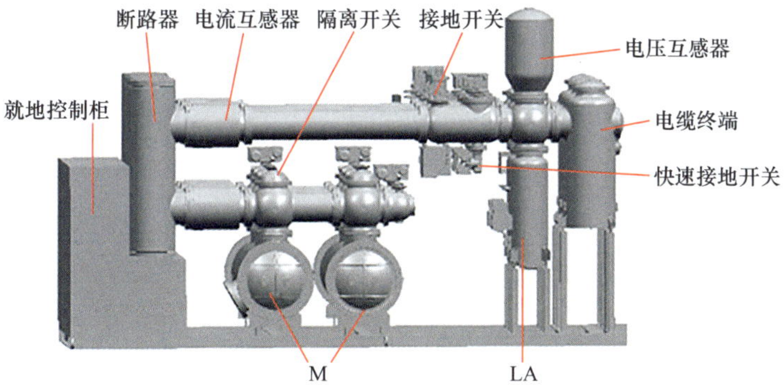

图 3-2　GIS 结构图

断路器具有开断、关合、承载运行线路的正常电流的能力，能在规定时间内，承载、关合、开断故障电流。断路器灭弧室见图 3-3。

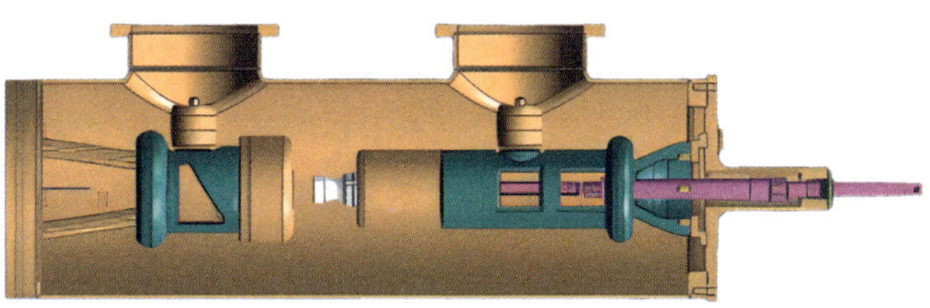

图 3-3　断路器灭弧室

隔离开关通过操作隔离开关，实现隔离电源、倒闸操作、切断或联通小电流电路。

接地开关、快速接地开关通过操作接地开关使主回路接地。接地开关用于检修时安全接地的作用；快速接地开关（FES）主要用于关合短路电流，消除线路故障。

电流互感器利用电磁感应原理，在线路正常运行、过载运行或故障运行时测量电流，同时将继电保护装置与高压电路进行隔离，使大电流变换为小电流，给继电保护装置提供电流参数。

电压互感器利用电磁感应原理，在线路正常运行、过载运行或故障运行时测量电压，同时将继电保护装置与高压电路进行隔离，使高电压变换为低电压，给继电保护装置提供电压参数。

避雷器能释放雷电，同时兼能释放电力系统操作过电压，保护电气设备免受瞬时过电压危害，又能截断续流，不致引起系统接地短路的电气装置。

母线用于承载运行电流，需进行模块化设计，采用标准接口，用于满足不同接线方式，同时设有伸缩节或波纹管调节装置，伸缩节的主要功能有：①调节母线水平方向的安装误差；②方便拆除共箱母线，当母线出现质量问题或需检修时，可以通过拆除该处最近的伸缩节来检修故障部位，达到最大限度缩小检修范围的目的。波纹管的主要功能有：①吸收 GIS 的水平和垂直方向的安装误差；②吸收地基误差；③吸收筒体的热胀冷缩。

就地控制柜具有：①操作功能，本间隔内所有断路器、隔离开关、接地开关控制回路均接至汇控柜，在汇控柜上操作；②监视功能，通过分合闸指示灯，监视断路器、隔离开关、接地开关实际位置；③联锁功能，实现本间隔内各元器件电气防误。

电缆终端用于将电缆与 GIS 电缆终端连接，使电缆与 GIS 连接。电缆出线间隔见图 3-4。

进出线套管：在套管上方接入架空线路，使架空线与 GIS 连接。套管出线间隔见图 3-5。

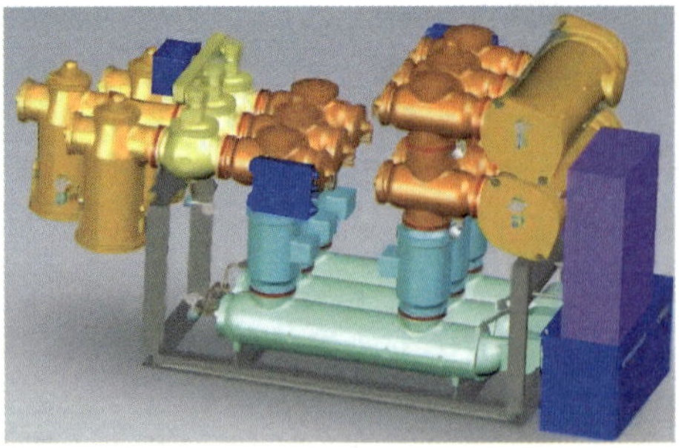

图 3-4　电缆出线间隔

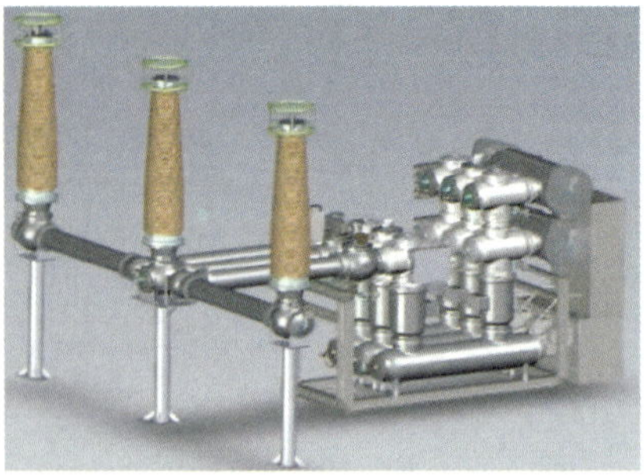

图 3-5　套管出线间隔

为了保证 GIS 的安全运行，GIS 的所有外壳都要通过专门的接地排引入接地网。筒体连接处两个法兰面之间有导流排相连，保障每个壳体可靠接地，快速接地开关和避雷器都须设置专门的接地排接地。

3.3　现场维护与试验

3.3.1　现场维护检修

GIS（HGIS）中断路器的维护检修内容与 1.3 节内容相同，隔离 / 接地开关的维护检修内容与 2.3 节内容相同，本节不再赘述，仅对 GIS（HGIS）中特殊部分的维护检修内容进行说明。

1．GIS 部件检修维护

（1）引线检查。引线应连接可靠，自然下垂，三相松弛度应一致，无断股、散股现象。

（2）套管检查。

1）瓷套表面应无严重污垢沉积、破损伤痕，根据需要开展套管外表面清洁工作。

2）法兰处应无裂纹、闪络痕迹。

3）接线板固定螺栓应无锈蚀、松动，无过热现象。

（3）外壳检查。

1）检查 GIS 外壳表面应无生锈、腐蚀、变形、松动等异常，油漆应完整、清洁，补漆前应彻底除锈并刷防锈漆。

2）目测 GIS（HGIS）壳体螺栓紧固标识线应无移位，螺栓应紧固。

3）外壳接地应良好。

4）运行过程 GIS 应无异响、异味等现象。

5）伸缩节应无生锈、腐蚀、变形、松动等异常。

（4）红外检测。

1）用红外热成像仪进行红外检测，按 DL/T 664 执行。户外安装 GIS 要求在夜间进行测量。

2）外壳、套管出线及汇流排接头表面温度应无异常。

3）重点测量母线、分支母线、合闸位置的隔离开关等部位。

4）如发现同一站点、同一间隔、同一功能位置的三相共箱罐体表面或三相分箱相间罐体表面存在2K以上温差时应引起重视，并采用外因排除、X光透视、带电局部放电测试、气体组分分析、空负载红外对比测试、回路电阻测试等手段对异常部位进行综合分析判断。对于经综合分析判断确定存在问题的GIS设备应进行解体检查确认，进一步确定问题原因并及时处理。

5）对红外检测数据进行横向、纵向比较，判断是否存在发热发展的趋势。

（5）SF_6气体的监测。

1）GIS设备各气室压力应符合铭牌要求，压力指示应正常，在温度曲线合格范围内。并与上次记录的气室压力值进行比对，以提前发现SF_6是否存在泄漏。

2）巡视防爆膜。对装有防爆膜的GIS设备，主要是母线电压互感器，在每天巡视时，人员不得在防爆膜附近停留，以防防爆膜突然动作，释放出的气体对人身造成伤害。

（6）电流互感器及电压互感器二次端子紧固。

1）二次接线盒表面应无严重锈蚀和涂层脱落。

2）二次接线盒应密封良好，无水迹。

3）外置式电流互感器应密封良好，无水迹。

4）检查并紧固电压互感器及电流互感器接线端子盒内的二次接线端子。

（7）避雷器检查。检查避雷器动作次数、泄漏电流，泄漏电流应符合厂家要求。

（8）支架及基础检查。

1）构架应接地良好、紧固，无松动、锈蚀。

2）基础应无裂纹、沉降。

3）支架所有螺栓应无松动、锈蚀。

2. 设备解体检修

（1）断路器气室停电解体大修。

1）对灭弧室进行解体检修：

a. 对弧触指进行清洁打磨，弧触头磨损量超过制造厂规定时应予更换。

b. 清洁主触头并检查镀银层完好，触指压紧弹簧应无疲劳、松脱、断裂等现象。

c. 压气缸检查应正常。

d．喷口应无破损、堵塞等现象。

2）绝缘件检查：

a．检查绝缘拉杆、盆式绝缘子、支持绝缘台等外表应无破损、变形，清洁绝缘件表面。

b．绝缘拉杆两头金属固定件应无松脱、磨损、锈蚀现象，绝缘电阻应符合厂家技术要求。

c．必要时进行干燥处理或更换。

3）更换密封圈：

a．清理密封面，更换 O 型密封圈及操动杆处直动轴密封。

b．法兰对接紧固螺栓应全部更换。

4）更换吸附剂：

a．检查吸附剂罩应无破损、变形，安装应牢固。

b．更换经高温烘焙后或真空包装的全新吸附剂。

5）更换不符合厂家要求的部件。

（2）其他气室大修。

1）对导体、开关装置的动静触头进行检查和清洁，检查螺栓力矩，更换不符合厂家要求的部件。

2）对盆式绝缘子、绝缘拉杆等绝缘件进行检查和清洁，更换不符合厂家要求的部件。

3）更换吸附剂和防爆膜，更换新的 O 型密封圈和全部法兰螺栓，按规定力矩紧固螺栓。

（3）液压机构大修。

1）控制阀、供排油阀、信号缸、工作缸的检查：阀内各金属接口应密封良好，球阀、锥阀密封面应无划伤，各复位弹簧应无疲劳、断裂、锈蚀，更换新的密封垫。

2）油泵检查：逆止阀、密封垫、柱塞、偏转轮、高压管接口等应密封良好，无异响、异常温升，更换新的密封垫。

3）电机检查：电机绝缘、碳刷、轴承、联轴器等应无磨损、工作正常。

4）氮气缸检查：罐体应无锈蚀、渗漏，管接头密封情况应良好，漏氮报警装置应完好，更换新的密封圈，活塞缸、活塞密封应良好，应无划痕、锈蚀，更换新的氮气。

5）油缓冲器检查：油缓冲器弹簧应无疲劳、断裂、锈蚀，必要时进行更换，更换新的密封圈，活塞缸、活塞密封应良好，无划痕、锈蚀，更换新的液压油。

6）检查液压机构分、合闸阀的阀针脱机装置应无松动或变形，防止由于阀针松动或变形造成断路器拒动。

7）对所有转动轴、销等进行更换。

8）更换液压油。

9）必要时更换新的相应零部件或整体机构。

（4）气动机构大修。

1）检查压缩机曲轴应无变形、断裂。

2）电机检查：电机绝缘、碳刷、轴承、联轴器等应无磨损，工作正常。

3）曲轴箱密封应完好无渗漏。

4）活塞缸、活塞密封情况应无划痕、锈蚀。

5）逆止阀、安全阀密封情况应良好。

6）空气滤清器应清洁无损坏。

7）缓冲器检查：合闸缓冲器和分闸缓冲器的外部、缓冲器下方固定区域应无漏油痕迹，缓冲器应无松动、锈蚀现象，弹簧应无疲断裂、锈蚀，活塞缸、活塞密封圈应密封良好。

8）传动皮带（齿轮）应无老化、变形、损坏。

9）储气罐罐体应无锈蚀、渗漏，排水阀应密封良好，气罐进出逆止阀、截止阀、管接头密封情况应良好，储气罐内壁应无锈蚀，防爆片应完好无锈蚀。

10）更换新的压缩机机油。

11）检查气动机构分合闸阀的阀针脱机装置应无松动或变形，防止由于阀针松动或变形造成断路器拒动。

12）对所有转动轴、销等进行更换。

13）必要时更换新的相应零部件或整体机构。

（5）弹簧机构大修。

1）分合闸弹簧检查：分合闸弹簧应无损伤、变形；对分合闸弹簧进行力学性能试验，应无疲劳，力学性能应符合要求。

2）分合闸滚子检查：分合闸滚子转动时应无卡涩和偏心现象，与掣子接触面表面应平整光滑，无裂痕、锈蚀及凹凸现象。

3）电机检查：电机绝缘、碳刷、轴承等应无磨损，工作正常。

4）减速齿轮检查：减速齿轮无卡阻、损坏、锈蚀现象，润滑应良好。

5）缓冲器检查：合闸缓冲器和分闸缓冲器的外部、缓冲器下方固定区域应无漏油痕迹，缓冲器应无松动、锈蚀现象，弹簧应无疲断裂、锈蚀，活塞缸、活塞密封圈应密封良好。

6）对所有转动轴、销等进行更换。

7）必要时更换新的相应零部件或整体机构。

（6）更换电器元件。更换 GIS（HGIS）断路器、隔离开关、接地刀闸的机构箱、汇控箱内继电器、接触器、加热器等低压电气元件。

（7）隔离 / 接地开关外传动机构大修。拆卸传动连杆，清洁打磨，更换所有的轴、销、轴承等易损件。

（8）隔离 / 接地开关操动机构大修。拆卸齿轮、涡轮、蜗杆等机械部件，进行检查、清洁、打磨、润滑并复装。

3.3.2　现场试验

GIS（HGIS）现场试验中断路器部分包括 SF_6 气体泄漏试验，辅助回路和控制回路绝缘电阻测量，辅助回路和控制回路交流耐压试验，断路器的速度特性试验，断路器的时间参量测量，分合闸电磁铁的动作电压测量，导电回路电阻测量，分合闸线圈直流电阻测量，交流耐压试验，SF_6 气体密度继电器（包括整定值）检验，压力表校验（或调整），机构操作压力（气压、液压）整定值校验，液（气）压操作机构的泄漏试验，油（气）泵补压及零起打压的运转时间，闭锁、防跳跃及防止非全相合闸等辅助控制装置的动作性能，触头磨损量测量等项目与第一章中内容相同，本章不再赘述，仅对特殊部分进行说明。

3.3.2.1　SF_6 气体湿度试验、现场分解产物测试

GIS（HGIS）包含断路器灭弧室气室及其他气室，对两类气室测试标准有不同要求，具体要求见表 3-1 和表 3-2。

表 3-1　SF_6 气体湿度要求　（μL/L）

气室类型	大修后	运行中
灭弧室气室	≤150	≤300
其他气室	≤250	≤1000

表 3-2　　现场分解产物要求　　（μL/L）

气室类型	SO_2	H_2S	CO	CF_4
灭弧室气室	≤3	≤2	≤300	≤400
其他气室	≤1	≤1	≤300	≤400

3.3.2.2　断路器的速度特性、断路器的时间参量、导电回路电阻

GIS（HGIS）不同于敞开式断路器，由于导体封闭于金属壳体内部，不能直接从外露导体处施加和获取试验所需的量，需通过断路器或隔离开关两侧的接地开关与外部试验仪器连接，从而开展测试。

以图 3-6 所示 GIS 测试示意图为例，开展 2137 开关的速度特性、时间参量和导电回路电阻测试时，需要配合合上两侧 2137B0、2137C0 接地开关，同时拆开一侧接地开关接地扁铁。

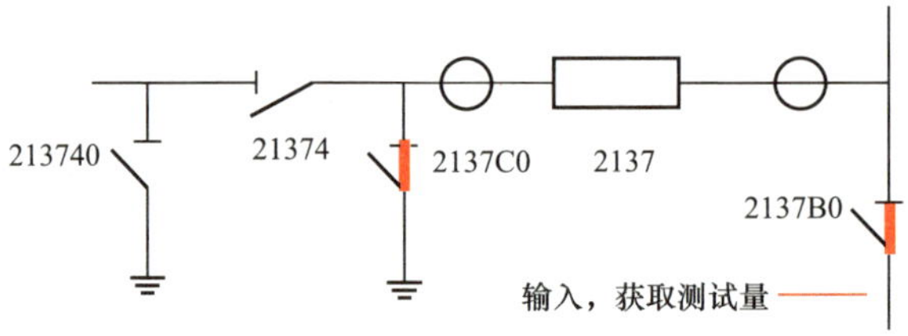

图 3-6　GIS 测试示意图

3.3.2.3　运行中局部放电测试

1．试验方法

采用超声波局部放电测试。

2．试验过程

（1）将超声传感器连接到仪器本体。

（2）检查试验回路接线，检查其工作状态是否正常，如果正常则准备开始试验。

（3）背景噪声测试：在传感器上均匀涂抹专用耦合剂，并置于金属支架上测量背景噪声，背景噪声有效值和峰值数值小且稳定无波动，除背景噪声信号外，无明显异常放电信号。

（4）对超声波传感器探测点位置进行选取。

（5）在超声传感器与测试点间均匀涂抹专用耦合剂开展测试。

3．注意事项

（1）测点位置选取时，应在支柱绝缘子、盆式绝缘子等处设置测试点。

（2）宜保持每次测试点的位置一致，以便进行比较分析。

（3）气室内壁有绝缘支撑点的位置为超声波检测最佳位置，可根据气室内部结构优先选支撑点位置。

（4）在传感器与测点部位间应均匀涂抹专用耦合剂并适当施加压力，以尽可能减小检测信号的衰减。

（5）例行试验时，超声波信号稳定后测试时间应不少于 15s；诊断性试验时，超声波信号稳定后测试时间应不少于 30s。

3.3.2.4　GIS 电流互感器绕组的绝缘电阻

1．试验参数

（1）试验电压：2500V。

（2）绝缘电阻值应符合产品技术文件规定。

2．试验方法

采用直流电压、电流测量法。

3．试验过程

（1）用万用表测量电流互感器各个绕组接线端子的对地无交、直流电压。

（2）测量绕组对地绝缘电阻：除被测绕组外，电流互感器二次侧其他绕组应短接可靠接地。先将绝缘电阻表 E 端接地，再将 L 端接到加压端子，测量绕组对地绝缘电阻，读取绝缘电阻值，测量完毕应对被加压绕组进行放电。

（3）测量绕组间绝缘电阻：除被测绕组外，电流互感器二次侧其他绕组应短接可靠接地。先将兆欧表 E 端接绕组 B，再将 L 端接到绕组 A，测量绕组 A 与绕组 B 之间绝缘电阻，读取绝缘电阻值，测量完毕应对被加压绕组进行放电。

（4）记录被加压端子对应绕组编号及其对地绝缘电阻值。

（5）更换被试的加压端子并重复步骤（3）和（4），直至所有的绕组的对地绝缘电阻值、绕组间绝缘电阻值都已被测量。

（6）试验结束后，将电流互感器恢复到试验前状态。

4．注意事项

试验时，应注意加压时端子是否正确，防止交流电串入站内运行直流系统。

3.3.2.5 GIS 电流互感器极性检查

1．试验参数

电流互感器极性应符合产品技术文件规定。

2．试验方法

采用感应法。

3．试验过程

（1）使用干电池串联后在一次侧加入电流（P1 流入 P2）。

（2）在电流互感器二次侧使用指针式电流表测量，指针式电流表正端接在二次绕组的 K1，负端接 K2。

（3）若回路导通指针式电流表正偏，断开后指针式电流表负偏，则 P1、K1 同名端，电流互感器减极性；若指针摆动方向与之相反，则 P1、K2 同名端，电流互感器加极性。

4．注意事项

多绕组电流互感器，应将每一个绕组分别测试，不得有遗漏。

3.3.2.6 GIS 电流互感器交流耐压

1．试验参数

（1）按照《高压交流开关设备和控制设备标准的共用技术要求》（GB/T 11022）执行。

（2）试验电压为出厂试验电压的 0.8 倍。

（3）二次绕组之间及对地的工频耐压试验电压为 2kV，可用 2500V 兆欧表代替。

2．试验方法

（1）一次绕组交流耐压试验参考 1.3 节中“交流耐压试验”。

（2）二次绕组之间及对地的工频耐压试验参考 3.3.2.4 的“GIS 电流互感器绕组的绝缘电阻”。

3．试验过程

（1）一次绕组耐压试验参考 1.3 节中“交流耐压试验”。

（2）二次绕组之间及对地的工频耐压试验参考 3.3.2.4“GIS 电流互感器绕组的绝缘电阻”。

4．注意事项

（1）在进行一次绕组交流耐压试验时，二次绕组需要短路并接地。

（2）试验过程不应发生闪络、击穿现象。

（3）耐压试验前后，绝缘电阻不应有明显变化。

3.3.2.7　GIS 电流互感器各分接头的变比试验

1．试验方法

采用电流法。

2．试验过程

（1）在电流互感器一次侧用交流电流表测量加在一次绕组的电流 I_1，用另一块交流电流表测量二次绕组电流 I_2。

（2）计算 I_1/I_2 的值，判断与铭牌上该绕组的额定电流比（I_{1n}/I_{2n}）是否相符。

（3）测量后，将被试品短路放电并接地。

3．注意事项

（1）对于计量计费用绕组应测量比值差和相位差。

（2）在改变变比分接头运行后，须开展变比试验。

（3）多绕组电流互感器，应将每一个绕组分别测试，不得有遗漏。

（4）变比试验结果与铭牌标志相符合。

（5）比值差和相位差与制造厂试验值比较应无明显变化，并符合等级规定。

3.3.2.8　GIS 电流互感器励磁特性曲线

1．试验参数

通入电流或电压最大值以厂家规定为准。

2．试验方法

采用电压、电流测量法。

3．试验过程

（1）拆除电流互感器一次侧引线，使一次侧开路，将电流互感器二次绕组接线与电流互感器接地线拆除。

（2）利用 TA 伏安特性测试仪在电流互感器二次侧加电压，并且测量电流，从 0 开始将试验电流逐渐增加至额定电流，当电压稍微增加，电流就明显增大时，说明铁芯饱和，可停止试验。打印 TA 励磁特性曲线。

（3）多绕组电流互感器应将每一个绕组分别测试，不得有遗漏。

（4）恢复电流互感器二次绕组接线、电流互感器接地线与一次引线。

4．注意事项

（1）多抽头电流互感器可在使用抽头或最大抽头测量。

（2）测得特性曲线与出厂特性曲线相比，应无明显差别。

3.3.2.9 GIS 电压互感器绕组的绝缘电阻

1．试验参数

（1）试验电压：2500V。

（2）一次绕组对二次及地绕组电阻：≥1000MΩ。

（3）二次绕组间及对地：≥1000MΩ。

（4）绝缘电阻值不应低于出厂值或初始值的 70%。

2．试验方法

采用直流电压、电流测量法。

3．试验过程

（1）用万用表测量电压互感器各个绕组接线端子的对地无交、直流电压。

（2）测量一次绕组对二次及地绝缘电阻：拆除一次绕组高压端子和接地端子，一次绕组短接，二次绕组端子短接并接地。将兆欧表 E 端接地，再将 L 端接到一次绕组接线端子，测量一次绕组对二次及地绝缘电阻，读取绝缘电阻值，测量完毕应对被加压绕组进行放电。

（3）测量二次绕组间及对地绝缘电阻：拆除一次绕组高压端子和接地端子，一次绕组短接并接地，拆开二次绕组。将电压互感器二次绕组 B 可靠接地，先将兆欧表 E 端接地，再将 L 端接到绕组 A，测量绕组 A 与绕组 B 及地之间绝缘电阻，读取绝缘电阻值，测量完毕应对被加压绕组进行放电。

（4）记录被加压端子对应绕组编号及其对地绝缘电阻值。

（5）更换被试的加压端子并重复步骤（3）和（4），直至所有所需绝缘电阻值都已被测量。

（6）试验结束后，将电压互感器恢复到试验前状态。

4．注意事项

上述步骤为电磁式电压互感器试验方法。若测量电容式电压互感器绝缘电阻时，需要将中间变压器一次绕组末端以及中压电容的低压端解开，将二次绕组端子外部接线全部拆开，再按照上述试验过程进行接线，开始试验。

3.3.2.10 GIS 电压互感器交流耐压

1．试验参数

（1）按照 GB/T 11022 执行。

（2）试验电压为出厂试验电压的 0.8 倍。

（3）二次绕组之间及对地的工频耐压试验电压为 2kV，可用 2500V 绝缘电阻表代替。

2．试验方法

（1）一次绕组耐压试验参考 1.3 节中“交流耐压试验”。

（2）二次绕组之间及对地的交流工频耐压试验参考本章节“GIS 电流互感器绕组的绝缘电阻”。

3．试验过程

（1）一次绕组耐压试验参考 1.3 节中“交流耐压试验”。

（2）二次绕组之间及对地的工频耐压试验参考 3.3.2.4“GIS 电流互感器绕组的绝缘电阻”。

4．注意事项

（1）在进行一次绕组交流耐压试验时，二次绕组需要短路并接地。

（2）用倍频感应耐压试验时，应考虑互感器的容升电压。

（3）试验过程不应发生闪络、击穿现象。

（4）耐压试验前后，绝缘电阻不应有明显变化。

3.3.2.11　GIS 电压互感器空载电流和励磁特性

1．试验参数

通入电流或电压最大值以厂家规定为准。

2．试验方法

采用电压、电流测量法。

3．试验过程

（1）拆除电压互感器一次侧引线，使一次侧开路，将电压互感器二次绕组接线与电压互感器接地线拆除。

（2）利用 TV 伏安特性测试仪在电压互感器二次侧加电压，并且测量电流，从 0 开始将试验电流逐渐增加，当低压侧通以额定电压时，得到其空载电流及空载损耗。当电压稍微增加，电流就明显增大时，说明铁芯饱和，可停止试验。打印 TV 励磁特性曲线。

（3）多绕组电压互感器，应将每一个绕组分别测试，不得有遗漏。

（4）恢复电压互感器二次绕组接线、电压互感器接地线与一次引线。

4．注意事项

（1）在额定电压下，空载电流与出厂值比较应无明显差别。

（2）测得特性曲线与出厂特性曲线相比，应无明显差别。

（3）在下列试验电压下，空载电流不应大于最大允许电流：中性点非有效接地系统 $1.9U_n/\sqrt{3}$；中性点接地系统 $1.5U_n/\sqrt{3}$。

3.3.2.12 GIS 电压互感器极性

1．试验方法

采用感应法。

2．试验过程

（1）试验接线图如图 3-7 所示，使用干电池串联在一次侧。

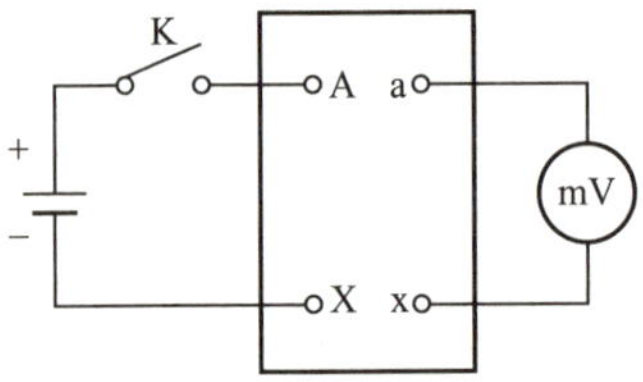

图 3-7 GIS 电压互感器极性试验接线图

（2）在电压互感器二次侧串入指针式电压表测量。

（3）若 K 合上，回路导通指针式电压表正偏，随即回到零值，K 断开后指针式电压表负偏，再回到零值，则 A.a 同名端，电压互感器减极性；若指针摆动方向与之相反，则 X.x 同名端，电压互感器加极性。

3．注意事项

多绕组电流互感器应将每一个绕组分别测试，不得有遗漏。电压互感器极性应符合产品技术文件规定。

3.3.2.13 GIS 电压互感器电压比

1．试验方法

采用单相双电压表法。

2．试验过程

（1）在电压互感器一次侧用交流电压表测量加在一次绕组的电压 U_1，用另两块交流电压表测量待检测二次绕组电压 U_2、U_3。

（2）计算 U_1/U_2、U_1/U_3 的值，判断与铭牌上该绕组的额定电压比（U_{1n}/U_{2n}、U_{1n}/U_{3n}）是否相符。

（3）测量后，将被试品短路放电并接地。

3．注意事项

（1）对于计量计费用绕组应测量比值差和相位差。

（2）应将每一个绕组分别测试，不得有遗漏。

（3）变比试验结果应与铭牌标志相符合。

3.3.2.14　GIS 电压互感器绕组直流电阻

1. 试验方法

采用单臂电桥法、双臂电桥法。

2. 试验过程

（1）对电压互感器一次绕组，宜采用单臂电桥进行测量。

（2）对于电压互感器的二次绕组宜采用双臂电桥进行测量。

3. 注意事项

（1）连接导线的截面积应足够大，且导线尽量短。

（2）测量直流电阻时，其他非被测绕组均应短路接地。

（3）直流电阻试验值与初始值或出厂值比较，应无明显差别。

3.3.2.15　GIS 用金属氧化物避雷器运行电压的交流泄漏电流

1. 试验方法

采用在线测试法。

2. 试验过程

在避雷器计数器两端并接避雷器测试仪，读取全电流、阻性电流数据。

3. 注意事项

（1）当阻性电流增加 50% 时应分析原因，加强监测、缩短检测周期；当阻性电流增加 1 倍时必须停电检查。

（2）采用带电测量方式，测量时应记录运行电压。

（3）带有全电流在线检测装置的避雷器计数器不能替代本项目试验，应定期记录读数，发现异常时应及时进行阻性电流测试。

（4）测量值与初始值比较，不应有明显变化。

3.3.2.16　GIS 用金属氧化物避雷器检查放电计数器动作情况

1. 试验参数

试验电压、电流保证避雷器计算器动作。

2. 试验方法

采用激励法。

3. 试验过程

（1）将避雷器计数器的两端与测试仪器的输出端口相连接，黑色端与地端相接，红色端与上端相接，接线应尽量短且牢固。

（2）调整输出电压，按下测试键，此时测试仪器会自动进行避雷器计数器的测试。测试过程中，应注意观察计数器的动作和泄漏电流是否正常。

4．注意事项

应开展3～5次测试，避雷器计算器均应正常动作。

3.3.2.17 GIS隔离/接地开关操动机构的动作电压试验

1．试验参数

试验电压为额定电压的80%～110%。

2．试验方法

采用外接电源法。

3．试验过程

（1）断开隔离/接地开关的控制电源，使用低电压动作特性仪器，在控制回路两端接入80%额定电压，并依此增加5%额定电压，直至110%额定电压。

（2）在不同电压下分别分合隔离/接地开关，检查隔离/接地开关是否分合到位，后台信号与机构分合闸标示是否正常。

4．注意事项

试验时，应注意加压时端子是否正确，防止交流电串入站内运行直流系统。

3.3.2.18 GIS隔离/接地开关操动机构的动作情况

1．试验参数

操作电压应符合产品技术文件规定。

2．试验方法

测量方法应符合制造厂规定。

3．试验过程

（1）在额定电压下分别分合隔离/接地开关5次，检查隔离/接地开关后台分合信号是否正常，机构分合闸标示是否正常。

（2）手动分合隔离/接地开关1次，手动操动机构操作时灵活，无卡涩。

3.4 典型缺陷与故障分析处理

3.4.1 GIS故障分类

GIS封闭式开关设备在电力系统中起至关重要的作用，由于其特殊的工作环境和使用条件，常常会出现各种故障，常见的故障类型包括GIS机构拒动和误动、GIS 发热、GIS 漏气、GIS 放电、GIS 锈蚀等故障类型。

GIS 机构拒动和误动、GIS 发热这两类故障的处理方法参考第 1、2 章此处不再赘述，仅对 GIS 漏气、GIS 锈蚀、GIS 放电这三类故障进行说明。

3.4.2　GIS 故障原因分析及处理

3.4.2.1　GIS 漏气

GIS 漏气是 GIS 最常见的一种故障类型，导致该故障的原因可能有以下几点：① GIS 设备在运输、安装或使用过程中，可能会受到外部的撞击或挤压，使密封部位形变，从而导致设备的破裂和漏气；②材料老化；③由于 GIS 设备通常安装在户外，由于环境因素（如温度变化、湿度等），设备的材料可能会因为老化而变得脆弱，从而导致设备的漏气。

GIS 漏气的处理方法包括：

（1）对漏气气室进行检漏，通常采用包扎法或泡沫检漏法。

（2）确认漏气点，根据漏点的不同类型可采取更换部件、封堵等不同类型的处理方式。

1）更换部件处理方法为：

a．用回收装置回收漏气气室内的 SF_6 气体，后对该气室抽真空至 133Pa，再用工具顶开气室的充气接头逆止阀阀针，让气室与外部大气的压力平衡，确保检修作业的安全。

b．对漏气部件进行更换，对内部其他导电元件进行了清洁干燥。

c．对接密封面进行清理：①根据现场情况用锉刀、400 号砂纸、无尘纸按圆周方向对密封面进行打磨抛光；②用吸尘器对圆周孔、密封面吸尘 3 次；③用蘸有酒精的无尘纸进行 3 次认真擦拭、清理；④要求密封面完好、无尖角毛刺、无划伤。

d．密封圈装配：将新的密封圈涂抹少量硅脂装入密封槽内，清除周边多余的硅脂，特别关注密封圈内侧多余硅脂，认真清除。

e．回装及水分处理：检修气室封闭后，接好真空泵，对检修气室抽真空达到真空度 133Pa 以下，静置 4h，再继续抽真空 1h 以上，两次所抽真空度相差不大于 10Pa。检修气室充新 SF_6 气体至额定压力。

f．检修气室气密性检测试验：充气 24h 后，每个密封部位包扎后历时 5h，测得的 SF_6 气体含量（体积分数）不大于 15μL/L。

2）封堵处理方法为：

a．根据现场情况用锉刀、砂纸、无尘纸对露点表面进行打磨抛光。

b．使用专用封堵胶对漏点表面进行涂敷。

c．在漏点表面涂敷的专用封堵胶表干后再次用专用封堵胶对漏点表面进行涂敷，反复涂敷5层。

d．检修气室气密性检测试验：涂敷完毕24h后，对封堵部位每个密封部位包扎，历时5h，测得的SF_6气体含量（体积分数）不大于15μL/L。

3.4.2.2 GIS锈蚀

GIS设备锈蚀的原因有很多，包括环境因素、设计制造因素和使用维护因素。环境中的湿度、温度和盐分等都会影响设备的锈蚀情况，如果环境湿度较大，设备表面容易形成水膜，从而加速锈蚀过程。设计制造方面也会影响设备的防锈性能，例如，如果设备表面没有进行有效的防腐处理，或者涂层质量不合格，都会导致设备易受腐蚀。使用维护也是影响设备锈蚀的一个重要因素，如果设备长期处于潮湿或污染的环境中，或者没有得到及时的清洗和保养，也会加速设备的锈蚀过程。

GIS锈蚀的处理方法包括：

（1）若GIS外壳锈蚀，需要对锈蚀部分打磨，将锈蚀部分清理后进行防腐处理。

（2）若GIS内部导体锈蚀，将导致回路电阻增高，需要进行更换，步骤为：

1）用回收装置回收气室内的SF_6气体，后对该气室抽真空至133Pa，再用工具顶开气室的充气接头逆止阀阀针，让气室与外部大气的压力平衡，确保检修作业的安全。

2）对锈蚀导体进行更换，对内部其他导电元件进行了清洁干燥，重新安装检测合格后进行密封。

3）对接密封面进行清理：

a．根据现场情况用锉刀、400号砂纸、无尘纸按圆周方向对密封面进行打磨抛光。

b．用吸尘器对圆周孔、密封面吸尘3次。

c．用蘸有酒精的无尘纸进行3次认真擦拭、清理。

d．要求密封面完好、无尖角毛刺、无划伤。

4）密封圈装配：将新的密封圈涂抹少量硅脂装入密封槽内，清除周边多余的硅脂，特别关注密封圈内侧多余硅脂，认真清除。

5）回装及水分处理：检修气室封闭后，接好真空泵，对检修气室抽真空达到真空度 133Pa 以下，静置 4h，再继续抽真空 1h 以上，两次所抽真空度相差不大于 10Pa。检修气室充新 SF_6 气体至额定压力。

6）检修气室气密性检测试验：充气 24h 后，每个密封部位包扎后历时 5h，测得的 SF_6 气体含量（体积分数）不大于 15μL/L。

3.4.2.3　GIS 放电

GIS 设备内部放电原因主要有以下几点：①设备内部可能存在微小的尘埃或杂质，这些物质在电场力的作用下可能产生尖端放电；②设备的绝缘材料在长期运行过程中可能发生老化，导致其绝缘性能下降，从而引发内部局部放电；③设备的安装和检修过程中如果操作不当，也可能引入外部污染物，导致放电现象的发生。

GIS 放电的处理方法：

（1）用回收装置回收故障气室内的 SF_6 气体，后对该气室抽真空至 133Pa，再用工具顶开气室的充气接头逆止阀阀针，让气室与外部大气的压力平衡，确保检修作业的安全。

（2）对故障盆式绝缘子、导体进行更换，对同一气室内其他导电元件进行了清洁干燥，并且检查故障间隔气室盆式绝缘子与导体是否完好，对故障设备及附件进行更换。

（3）对接密封面进行清理：

1）根据现场情况用锉刀、400 号砂纸、无尘纸按圆周方向对密封面进行打磨抛光。

2）用吸尘器对圆周孔、密封面吸尘 3 次。

3）用蘸有酒精的无尘纸进行 3 次认真擦拭、清理。

4）要求密封面完好、无尖角毛刺、无划伤。

（4）密封圈装配：将新的密封圈涂抹少量硅脂装入密封槽内，清除周边多余的硅脂，特别关注密封圈内侧多余硅脂，认真清除。

（5）回装及水分处理：检修气室封闭后，接好真空泵，对检修气室抽真空达到真空度 133Pa 以下，静置 4h，再继续抽真空 1h 以上，两次所抽真空度相差不大于 10Pa。检修气室充新 SF_6 气体至额定压力。

（6）检修气室气密性检测试验：充气 24h 后，每个密封部位包扎后历时

5h，测得的 SF_6 气体含量（体积分数）不大于 15μL/L。

3.4.3　GIS 典型故障案例

3.4.3.1　气管漏气

1. 故障现象

发现气管存在漏气现象。

2. 故障原因

气管漏气原因主要为接头焊接质量不高，留有砂眼，在运输过程中容易振动，使缺陷暴露出来。

3. 处置方法

当 GIS 设备出现 SF_6 压力低缺陷时，现场采用泡沫检漏法确定出渗漏点，见图 3-8。

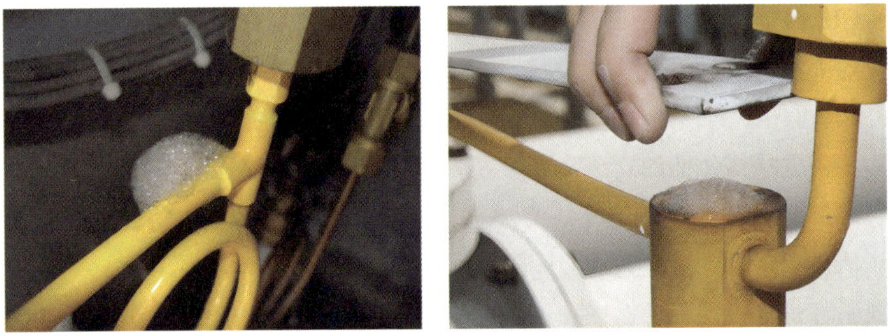

图 3-8　气泡法对气管检漏

漏气为气管焊接位置存在砂眼，因该位置气管直径较小，若采用封堵或者焊接的方法处理故障的难度较大、耗时较长，且设备后期运行的稳定性较差。综合考虑上述因素，最终采用更换漏气气管的方式消除故障。

3.4.3.2　法兰漏气

1. 故障现象

发现法兰存在漏气情况。

2. 故障原因

气室法兰处漏气原因主要有胶圈老化。漏气原因主要分为螺栓连接不紧或法兰面存在凸起异物与密封垫圈损伤。

3. 处置方法

螺栓连接不紧导致法兰处漏气处理方法如下：

（1）对漏气气室进行检漏，通常采用包扎法或泡沫检漏法。

（2）确认漏气点后初步采用对法兰面进行紧固，并涂抹玻璃胶，补气至额定气压后进一步观察运行情况。

法兰面存在凸起异物或者密封垫圈损坏导致法兰处漏气处理方法如下：

（1）用回收装置回收气室内的 SF_6 气体，后对该气室抽真空至 133Pa，再用工具顶开气室的充气接头逆止阀阀针，让气室与外部大气的压力平衡，确保检修作业的安全（见图 3-9）。

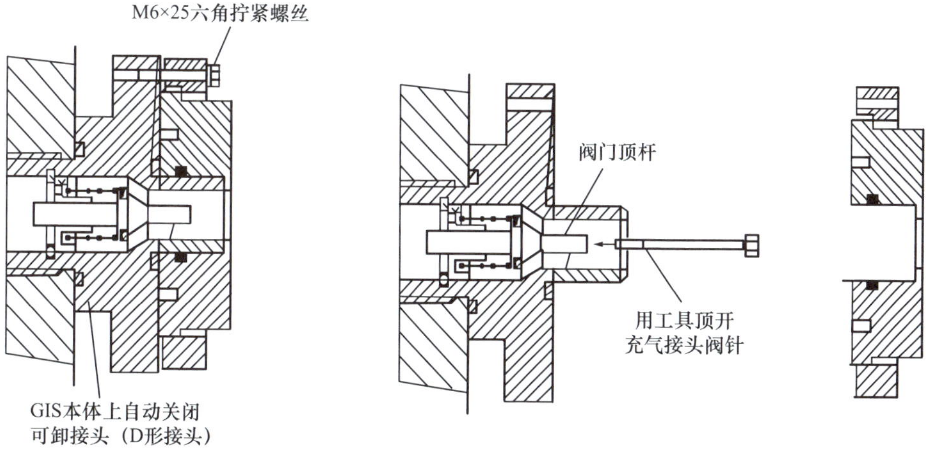

图 3-9　GIS 气室充气接头剖面图

（2）对接密封面进行清理：

1）根据现场情况用锉刀、400 号砂纸、无尘纸按圆周方向对密封面进行打磨抛光。

2）用吸尘器对圆周孔、密封面吸尘 3 次。

3）用蘸有酒精的无尘纸进行 3 次认真擦拭、清理。

4）要求密封面完好、无尖角毛刺、无划伤。

（3）密封圈装配：将新的密封圈涂抹少量硅脂装入密封槽内，清除周边多余的硅脂，特别关注密封圈内侧多余硅脂，认真清除。

（4）回装及水分处理：检修气室封闭后，接好真空泵，对检修气室抽真空达到真空度 133Pa 以下，静置 4h，再继续抽真空 1h 以上，两次所抽真空度相差不大于 10Pa。检修气室充新 SF_6 气体至额定压力。

（5）检修气室气密性检测试验：充气 24h 后，每个密封部位包扎后历时 5h，测得的 SF_6 气体含量（体积分数）不大于 15μL/L。

3.4.3.3 GIS 回路电阻超标处理

1．故障现象

2009 年 3 月，A 站停电检修过程中发现 220kV GIS 出线间隔 22034 刀闸回路电阻：A 相 113μΩ、B 相 65μΩ、C 相 70μΩ，超过管理值 19μΩ 的要求，同时带套管一段回阻：A 相 326μΩ、B 相 122μΩ、C 相 292μΩ，大大超过管理值 71μΩ。

2．故障原因

现场对 GIS 进行解体检查，发现回阻超标原因为设备到现场后一段时间未安装，导致内部导电触头氧化。

3．处置方法

（1）用回收装置回收气室内的 SF_6 气体，后对该气室抽真空至 133Pa，再用工具顶开气室的充气接头逆止阀阀针，让气室与外部大气的压力平衡，确保检修作业的安全。

（2）对触头进行了更换，对内部其他导电元件进行了清洁干燥，重新安装后检测合格，见图 3-10。

(a) GIS 隔离刀闸内部导电触头

(b) 全新触头结构

图 3-10　GIS 内部导体处理情况

（3）对接密封面进行清理：

1）根据现场情况用锉刀、400 号砂纸、无尘纸按圆周方向对密封面进行打磨抛光。

2）用吸尘器对圆周孔、密封面吸尘 3 次。

3）用蘸有酒精的无尘纸进行 3 次认真擦拭、清理。

4）要求密封面完好、无尖角毛刺、无划伤。

（4）密封圈装配：将新的密封圈涂抹少量硅脂装入密封槽内，清除周边多余的硅脂，特别关注密封圈内侧多余硅脂，认真清除。

（5）回装及水分处理：检修气室封闭后，接好真空泵，对检修气室抽真空达到真空度 133Pa 以下，静置 4h，再继续抽真空 1h 以上，两次所抽真空度相差不大于 10Pa。检修气室充新 SF_6 气体至额定压力。

（6）检修气室气密性检测试验：充气 24h 后，每个密封部位包扎后历时 5h，测得的 SF_6 气体含量（体积分数）不大于 15μL/L。

3.4.3.4　GIS 内部异物放电处理

1．故障现象

某站 500kV 地刀发生气室内部故障，罐体内有明显闪络痕迹，对应间隔失压。

2．故障原因

综合现场解体检查、设备运维溯源及基建作业核查情况，初步判断本次故障原因为地刀触头由于关合烧蚀及动静触头对中偏移磨损产生粉尘异物，并掉落聚集于下方盆式绝缘子上。由于该气室充气口距离盆子较近，受充气流动影响，粉尘异物从低场强区域移动到高场强区域，最终导致盆式绝缘子闪络，见图 3-11。

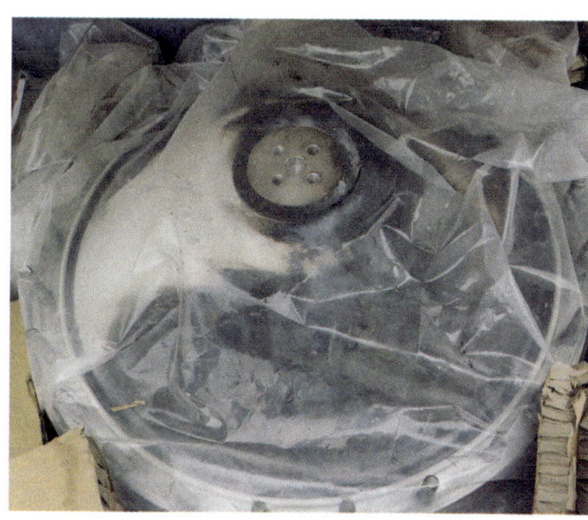

图 3-11　故障盆式绝缘子

3．处置方法

对故障盆式绝缘子进行更换，并且检查故障间隔气室盆式绝缘子是否完好、检查故障间隔气室内设备是否状态良好、检查相邻气室盆式绝缘子是否完好。对故障设备及附件进行更换。

（1）用回收装置回收气室内的 SF_6 气体，后对该气室抽真空至 133Pa，再用工具顶开气室的充气接头逆止阀阀针，让气室与外部大气的压力平衡，确保检修作业的安全。

（2）对故障盆式绝缘子进行更换，对同一气室内其他导电元件进行了清洁干燥，并且检查故障间隔气室盆式绝缘子是否完好，对故障设备及附件进行更换。

（3）对接密封面进行清理：

1）根据现场情况用锉刀、400 号砂纸、无尘纸按圆周方向对密封面进行打磨抛光。

2）用吸尘器对圆周孔、密封面吸尘 3 次。

3）用蘸有酒精的无尘纸进行 3 次认真擦拭、清理。

4）要求密封面完好、无尖角毛刺、无划伤。

（4）密封圈装配：将新的密封圈涂抹少量硅脂装入密封槽内，清除周边多余的硅脂，特别关注密封圈内侧多余硅脂，认真清除。

（5）回装及水分处理：检修气室封闭后，接好真空泵，对检修气室抽真空达到真空度 133Pa 以下，静置 4h，再继续抽真空 1h 以上，两次所抽真空度相差不大于 10Pa。检修气室充新 SF_6 气体至额定压力。

（6）检修气室气密性检测试验：充气 24h 后，每个密封部位包扎后历时 5h，测得的 SF_6 气体含量（体积分数）不大于 15μL/L。

（7）为排除站内同型号设备可能存在的隐患，现将同型号设备三相气室开盖检查。打开三气室盖板进行内部检查，根据检查情况更换设备附件，对开盖气室抽真空、充气、静置。

（8）故障设备进行耐压试验，装设在线局放观测装置，开展局放在线检测工作。

3.5 故障检测技术

3.5.1 探伤检测技术 -X 射线探伤

X 射线探伤技术对 500kV 及以下盆式绝缘子表面或屏蔽罩内 10mm 以上金属异物，以及组部件脱落、缺失或配合不良检测有效；对壳体金属异物无效；对绝缘件内部缺陷检测困难。

X 射线探伤技术检测原理为向运行 GIS 设备发射强度均匀的 X 射线，由于缺陷部位与基体材料对射线衰减特性不同，通过检测透视后 X 射线强度，即可判断被测设备表面或内部是否存在缺陷、缺陷类型与性质等。

X 射线探伤技术可以实现 GIS 设备内部结构成像，但检测自动化程度不高、检测分辨率较低和检测装置较笨重，尚未见因开展 X 射线探伤而诱发放电的现场案例。

3.5.2　GIS 设备振动检测技术

GIS 设备振动检测技术目前在 GIS 设备振动信号特征、振动信号处理等方面积累了较丰富的应用经验。

GIS 设备振动检测技术检测原理为 GIS 设备内部发生松动等异常时，金属外壳振动信号会发生明显变化，利用位移传感器、速度传感器和超声传感器可以对不同类型振动进行检测。

GIS 设备振动检测技术振动信号不易受变电站内变压器运行噪声、线路电晕噪声等影响，信噪比较高，但传感器带宽、线性度、信噪比以及灵敏度等关键性能有待提升。

3.5.3　GIS 设备声学成像检测技术

目前声学成像技术在 GIS 设备状态检测中逐渐得到应用，针对机械振动异响、高压端电晕放电异响两种 GIS 设备典型异响检测效果较好。

GIS 设备声学成像检测技术检测原理为测量一定空间中声波到达各传感器的信号幅值和相位差，依据相控阵原理反推声源位置和幅值，并以图像方式显示声源的空间分布。

GIS 设备声学成像检测技术检测效率高、检测结果直观，但声学传感器频响范围较窄、灵敏度较低，同时定位精度有待提升。

章后导练

1. GIS 设备的防爆片有何检查要求？
2. 电压互感器二次短路有什么现象及危害？为什么？
3. 电流互感器二次开路后有什么现象及危害？为什么？
4. 二次线整体绝缘的摇测项目有哪些？应注意哪些事项？
5. 兆欧表有 L、E、G 三个接线柱，试验时该如何接线？
6. GIS 设备出现漏气缺陷的处理方法？

章前导读

导读

气体绝缘金属输电线路（Gas-Insulated Transmission Lines，GIL）是一种内部填充绝缘气体的高压大电流输电设备。本章首先介绍了气体绝缘金属输电线路位置及作用，重点阐述了气体绝缘金属输电线路结构原理，梳理了气体绝缘金属输电线路现场维护与试验工作，总结了气体绝缘金属输电线路典型故障及处理方法，最后分享了气体绝缘金属输电线路典型故障案例。

重难点

本章的重点介绍气体绝缘金属输电线路典型结构设计，含直线单元、转角单元、隔离单元、补偿单元、可拆卸单元。总结了气体绝缘金属输电线路常见故障类型、故障处理方法及故障监测技术。

本章的难点在于正确把握气体绝缘金属输电线路现场维护与试验，具体体现在高压断路器现场维护检修项目、检修质量标准、现场试验项目、现场试验步骤及标准。

项目	包括内容	具体内容
重点	典型结构	1. 直线单元 2. 转角单元 3. 隔离单元 4. 补偿单元 5. 可拆卸单元
	常见故障及处理方法	1. GIL 常见故障 2. GIL 故障处理
难点	现场维护与试验	1. 检修项目及标准 2. 试验项目及标准
	故障监测	1. 基于暂态电压监测的故障定位方法 2. 基于温度监测的故障定位方法 3. 基于局部放电信号的故障定位方法 4. 基于振动信号的故障定位方法

第 4 章　气体绝缘金属输电线路

4.1　在电力系统中的位置及作用

4.1.1　气体绝缘金属输电线路定义

气体绝缘金属输电线路是一种内部填充绝缘气体的高压大电流输电设备，其结构和性能类似于气体绝缘组合电器的母线，是 20 世纪 60、70 年代因水电站和地下设施等特殊环境使用而发展的输电技术。

4.1.2　气体绝缘金属输电线路在电力系统中的位置

面对输电容量不断增大，环境和城乡景观要求不断提升的社会需求，GIL 被视为电力电缆和架空线路在特定条件下效果良好的替代方案，其有应用场合的多样性和对场合的适应性等优点。典型的应用场合有：

（1）高电压等级的电力变压器与高压断路器的连接。

（2）位于地下的发电站高电压电力变压器与地面的架空输电线路的连接。

（3）GIL 与架空输电线路、母线、变压器之间的连接。

（4）与 GIS 的连接。

（5）在海拔高、落差大、跨度大的地理环境中的输电。

（6）换流站阀厅与户外直流设备出线连接的超（特）高压直流穿墙套管。

气体绝缘金属输电线路在电力系统中的典型位置（GIL 与架空母线连接）见图 4-1。

图 4-1　气体绝缘金属输电线路在电力系统中的典型位置
（GIL 与架空母线连接）

4.1.3　气体绝缘金属输电线路作用

GIL 采用金属封闭的刚性结构，使用了管道密封绝缘，不易受恶劣环境因素的影响。同时，GIL 能够高效利用空间资源，实现高压、超高压、大容量电能直接进入都市区的地下变电所等负荷中心。GIL 输电网络与传统高压输电线路相比，具有经济寿命长、传输损耗低等显著优点，同时在线路敷设过程中具有良好的技术经济指标，该方式是高效、安全的传输方式。GIL 对环境电磁影响极小，壳外磁场对工作人员和其他设备产生的影响基本可忽略不计。

4.2　设备结构原理

GIL 设备基本组成结构包括三支柱绝缘子、铝合金外壳、铝合金导体、绝缘气体和双密封圈法兰等。绝缘子之间的间隔由内部输电线路的最大许可凹陷形变程度和设备制造商的极限可操作长度决定，与传输的电压等级无关，长度一般不超过 10m。绝缘子需要有固定装置，因此需要在每两段 GIL 线路之间安装一对法兰盘。在每段母线的两端各有一个绝缘子，导体经由绝缘子固定连接到一起。GIL 线路中主要有两种类型的绝缘子，分别为隔离绝缘子和支柱绝缘子，均固定在铝合金外管的内部。隔离绝缘子有盆式或圆锥形两种形状，主要用于隔离绝缘气体和支撑输电导体；支柱绝缘子只起支撑作用。在绝缘子的旁边一般会使用微粒陷阱结构，这是为了削弱自由金属微粒的影响。

GIL 设备采用标准化模块单元设计，主要由直线单元、隔离单元、转角单元、补偿单元及可拆卸单元组成。其中，直线单元主要用于 GIL 设备中的直线连接，长度一般为 8～18m。隔离单元用于实现充气室分隔，使得 GIL 设备可以进行分段调试和维护。转角单元用于 GIL 设备中转角较大的部位，可采用铸铝或焊接方式生产，可以实现 90°～180° 的角度变化。补偿单元主要作用是补偿机壳热胀冷缩引起的外部尺寸变化，以防因外部尺寸变化而引起线路故障，可拆卸单元用于对 GIL 进行分段拆解。

4.2.1　直线单元

不同的厂家标准直线单元的长度不同，考虑运输等因素影响，目前已投运的、常用的直线单元长度为 12、9、6m 等规格。标准直线单元由壳体、支柱绝缘子、导电杆和电连接等组成。壳体一般采用螺旋焊管或法兰连接结构，导体采用整根焊接方式，这样减少了插头数量，降低了导体接触不良缺陷的发生概率，支柱绝缘子采用固定绝缘子和滑动绝缘子配合使用的方式。直线单元结构见图 4-2。

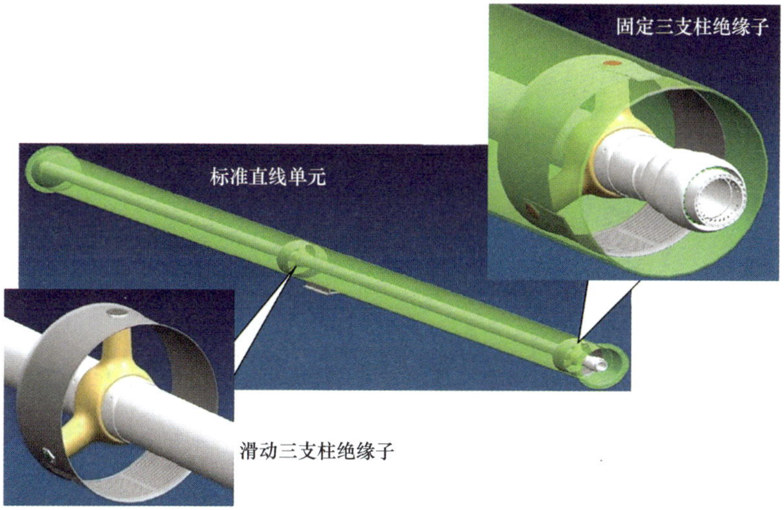

图 4-2　直线单元结构

支柱绝缘子的主要作用是对导体进行支撑。形式上有单支柱绝缘子和多支柱绝缘子。单支柱绝缘子和双支柱绝缘子一般均采用固定式安装，绝缘子的两端分别固定于中心导体和机壳。单支柱绝缘子可安装于中心导体下方对其进行支撑，也可安装于中心导体上方对其进行提拉。双支柱绝缘子的两个支柱成定角度（如 120°）对中心导体进行支撑，与单支柱绝缘子相比，双支柱绝缘子对导体提供支撑的强度得到提升，GIL 机壳和导体的同心度进一步得到保证。三支柱绝缘子与外壳连接有固定式和滑动式两种方式。与固定式相比，滑动式连接通过在绝缘子与机壳接触的部位安装尼龙滚珠，减小其移动阻力以有效补偿安装过程的误差，并在 GIL 运行过程中提供热膨胀或机械应变补偿。一般同时使用两种方式，具体的使用方法与导体和机壳连接方式有关。目前应用最广泛的是三支柱绝缘。

标准直线单元端头的三支柱绝缘子的整体结构如图 4-3 所示，从内到外的部件是：铝环、绝缘子、螺孔、粒子隔离器、固定焊板、固定螺母和绝缘胶垫。铝环（预留有与导体焊接固定用熔焊孔）、绝缘子和内置的螺孔为整体浇注（称为绝缘件），粒子隔离器和固定焊板通过固定螺母紧固在整体浇注的绝缘件上的螺孔内，主要用于支撑、固定标准单元导体。通过固定焊板与外壳内壁、固定螺母与固定焊板、焊板与粒子隔离器之间的焊接来实现与外壳的等电位连接，此外为了防止将导体推入管母筒内时划伤内壁，固定螺母预留的圆孔内还设置了绝缘胶垫，见图 4-4 和图 4-5。

位于 GIL 标准直线单元中间的三支柱绝缘子结构，基本与端头的结构相同，不同的地方主要在于：

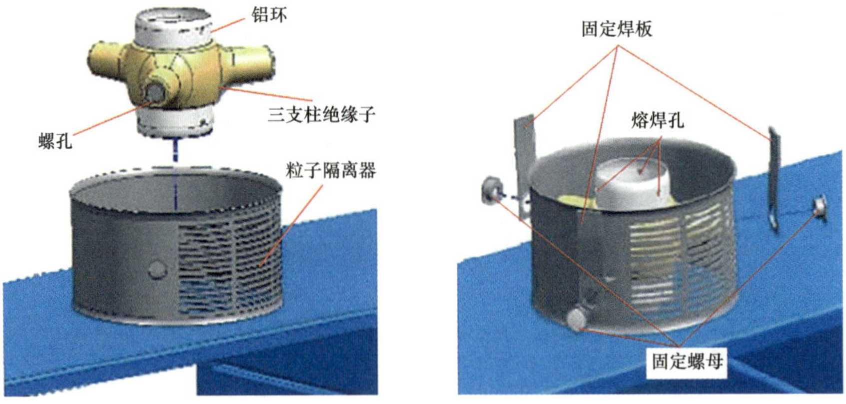

图 4-3　标准直线单元端头的三支柱绝缘子的整体结构

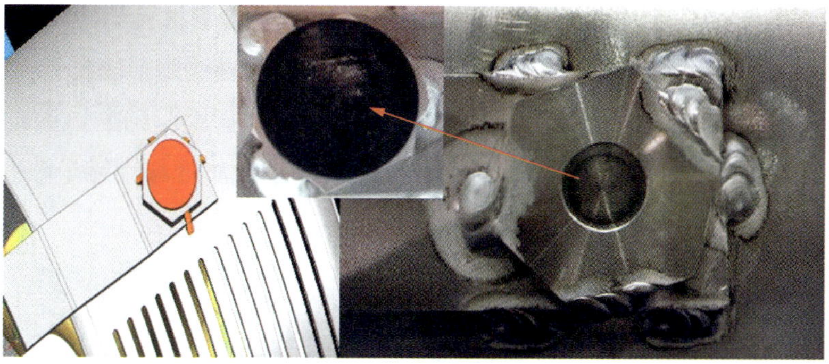

图 4-4　固定螺母与焊板、焊板与粒子隔离器的焊接

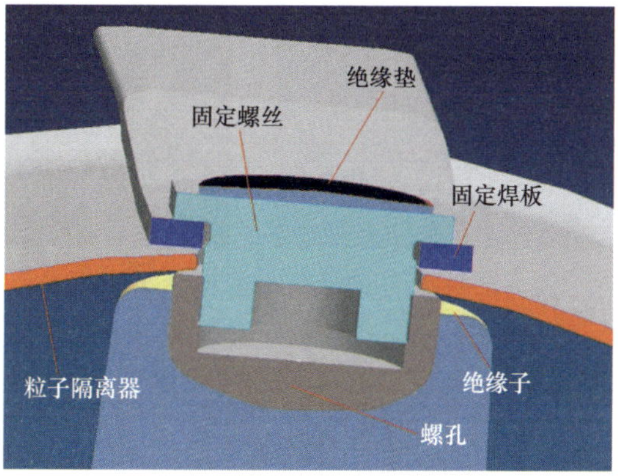

图 4-5　端头三支柱绝缘子各部位连接

（1）取消了端头的固定焊板，在固定螺母预留的圆孔内设置了如图 4-6 所示的绝缘胶垫。固定螺母与粒子隔离器通过焊点实现等电位，而固定螺母与管母内壁等电位是通过以下方式实现：在绝缘胶垫内部设置 3 个弹簧，外部设置触点，触点通过绝缘垫两个小孔引出，与外壳内壁通过弹簧压紧连接，中间弹簧则起压紧绝缘垫作用。

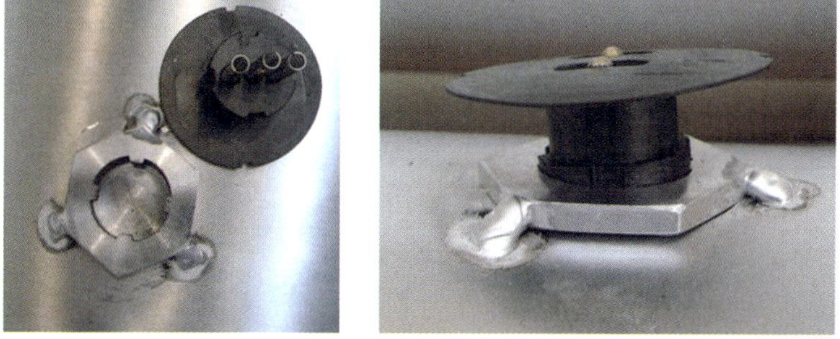

图 4-6　接地触点的安装

（2）剩下的两个固定螺母的圆孔内安装了环氧树脂材料的滚轮，整体装配时通过滚轮，可使导体在外壳内壁滑动。中间三支柱绝缘子装配见图 4-7。

每个三支柱绝缘子都装有粒子隔离器，其主要作用是形成一个低电位区域，在电场的作用下，设备中可能存在的活动微粒杂质迁移到粒子隔离器处，不会在管母内部漂移而导致局部放电。

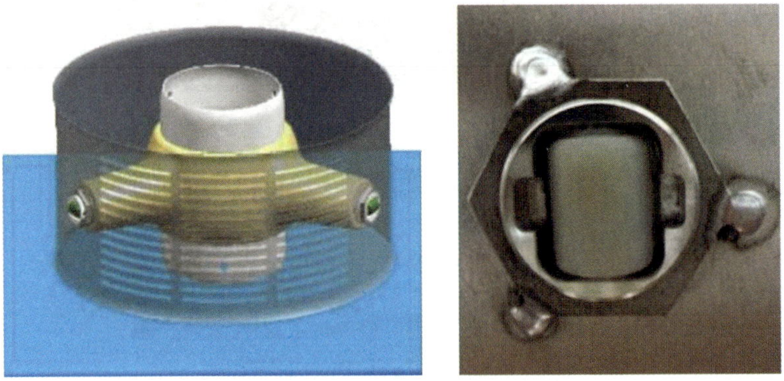

图 4-7　中间三支柱绝缘子装配

4.2.2　转角单元

GIL 为了适应各种复杂地形，在设计管线的布置走向时不完全是直线布置，也需要各种角度的弯角，转弯结构设计的弯角角度为 90°～180°。根据现场地形选择合适的转弯结构设计，使 GIL 管线布置更具有灵活性。

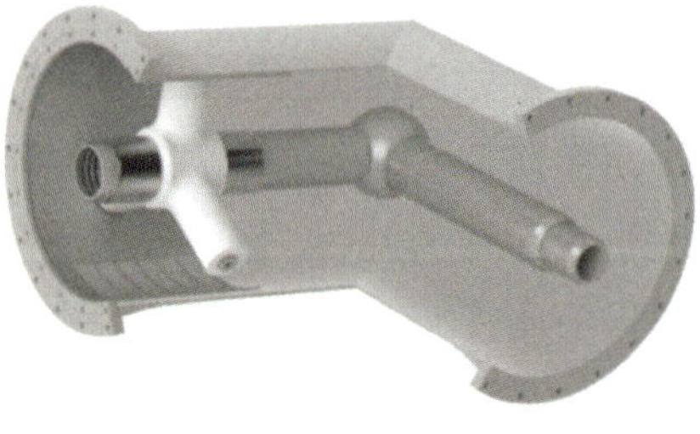

图 4-8　转角单元结构

GIL 设备采用转角单元来应对 GIL 设备复杂的工况。转角单元主要由转角壳体及转角导电杆组成，转角壳体根据制造工艺可以分为铸造壳体及焊接壳体，转角导电杆采用统一的铸造转角导体，并根据工程实际需求进行加工。目前转角单元可以实现 90°～180° 范围内的角度变化。转角单元结构见图 4-8。

4.2.3　隔离单元

根据现场耐压试验需求，GIL 设备中间位置设置隔离单元，用于实现分段绝缘试验。分段耐压时隔离单元处于隔离状态，实现 GIL 设备分段开展现场交接绝缘试验，降低对实验设备容量的要求。在现场交接绝缘试验后，隔离单元处于连接状态，恢复主导电回路，隔离单元结构如图 4-9 所示。

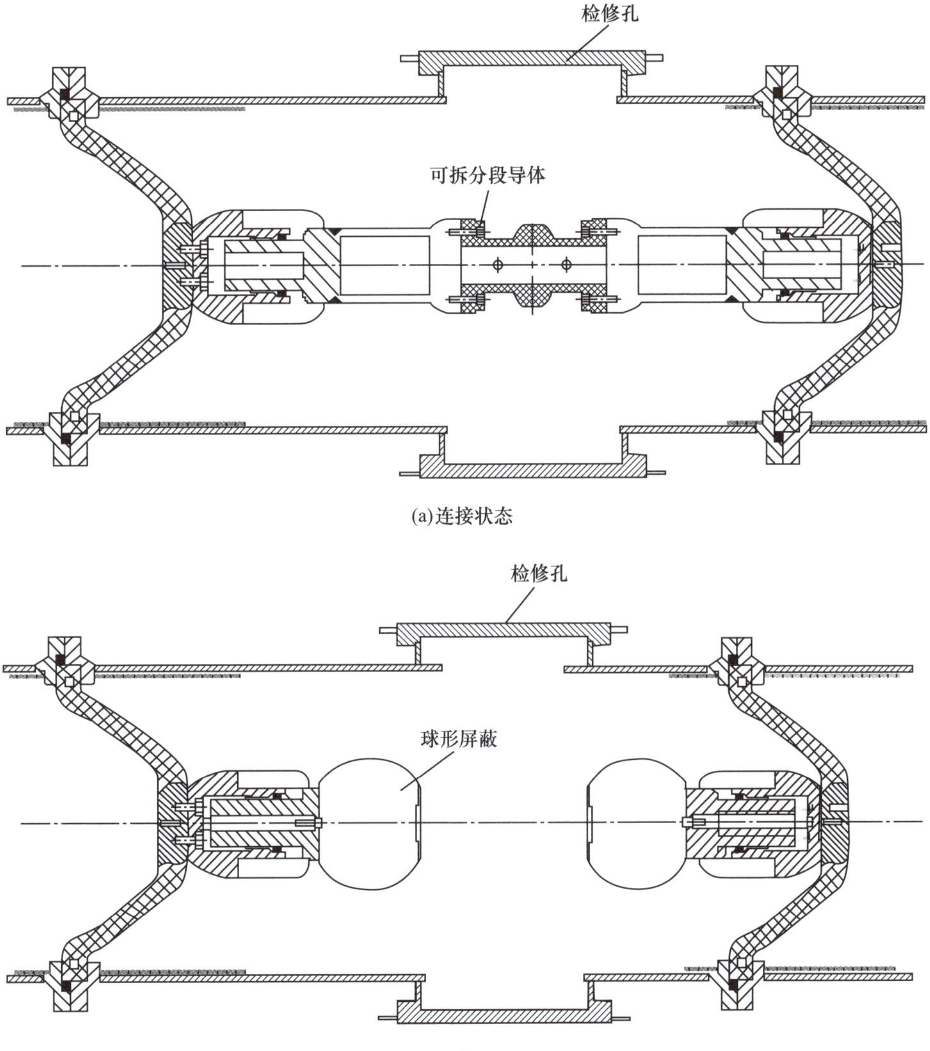

图 4-9　隔离单元结构

4.2.4　补偿单元

GIL 的外壳和导体均为铝合金等金属材质，刚性较大。较长 GIL 固定安装于支架上，当温度发生变化时，因金属管线的线膨胀系数大于地面基础的线膨胀系数，GIL 金属管线必将产生更大的变形量。这种变形量如果不能被吸收或补偿，巨大的变形应力将使管线损坏或支架变形，从而使 GIL 产品失效。因此，GIL 设计必须要考虑 GIL 的伸缩调节和热膨胀补偿问题。

伸缩节按结构形式可分为波纹管、并联补偿器等。

4.2.4.1 波纹管

由波纹管、端部法兰及相关结构件组成，可实现轴向、角向、槿向（径向）三个方向的自由伸缩。既可作为安装伸缩节，又可作为温补伸缩节，其结构示意图如图 4-10 所示。

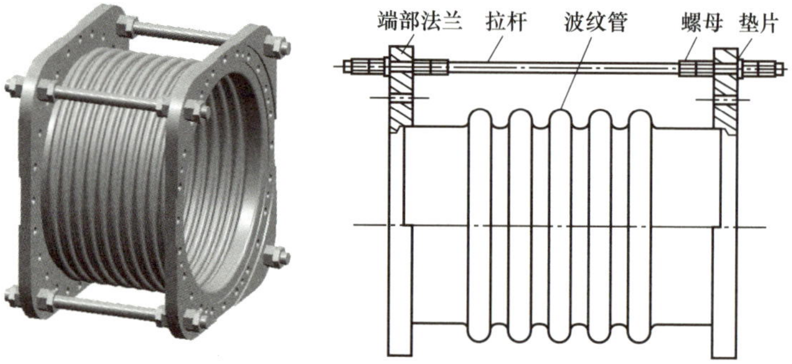

图 4-10 波纹管结构

4.2.4.2 并联补偿器

并联补偿器由中间管所连接的两个波纹管及拉杆、端板、球面垫圈等结构件组成，可根据需要补偿轴向或横向位移并能承受波纹管压力的伸缩节，并联补偿器结构如图 4-11 所示。

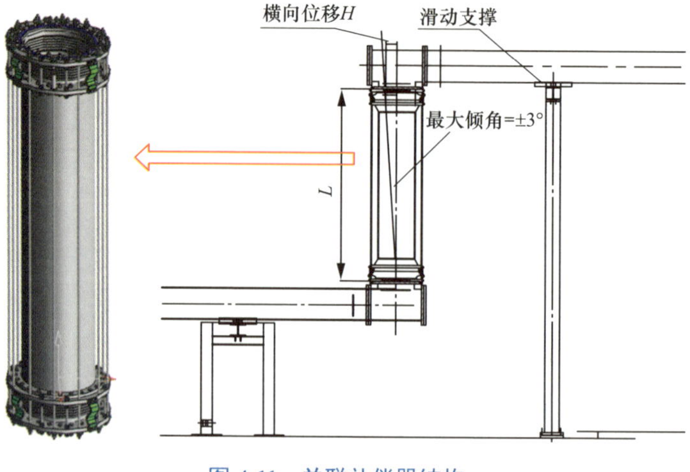

图 4-11 并联补偿器结构

4.2.5　可拆卸单元

可拆卸单元由波纹管、可拆导体及短筒体组成。工程设计中，通常在每个气室设置可拆卸单元，也可根据实际情况在合适位置设置可拆卸单元，便于对 GIL 设备进行分段拆解。可拆单元结构如图 4-12 所示。

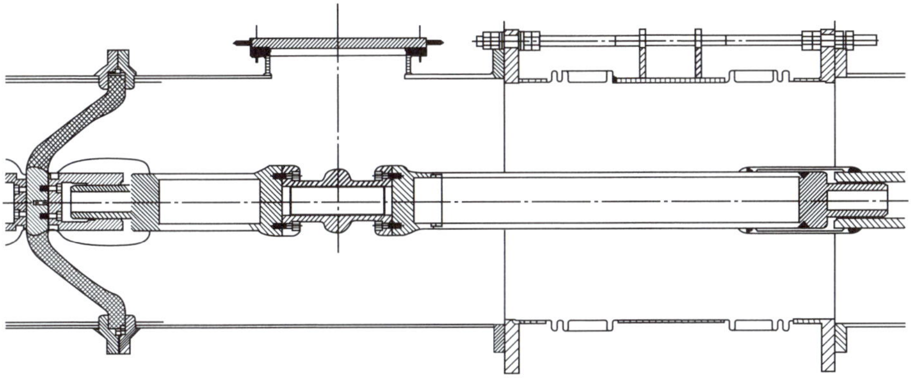

图 4-12　可拆卸单元结构

4.3　现场维护与试验

4.3.1　现场维护检修

4.3.1.1　GIL 维护

1．设备外观检查

（1）产品外观应良好，户外产品表面应无污渍。

（2）产品外表应无锈蚀。

2．螺栓检查

目测螺栓紧固标识线应无移位，螺栓应紧固。

3．出线套管检查

（1）检查引线应连接可靠，自然下垂，三相松弛度一致，无断股、散股现象；当变电站出现地质沉降，应进行重点检查。

（2）套管表面应清洁，无积灰，无破损。

4．SF_6 气体压力检查

（1）SF_6 密度计表盘应清洁，显示清晰可见。

（2）户外防雨罩应无开裂、锈蚀。

（3）检查压力情况是否在正常范围内，并与上一次记录进行比对分析，提前发现是否存在泄漏情况并及时上报处理，做好记录。

5．红外测温

用红外成像仪检测，检查外壳、套管出线及汇流排接头表面温度应无异常，做好数据记录。

（1）以线夹和接头为中心的热像：热点温度＞110℃或相对温差$\delta \geq 95\%$且热点温度＞80℃，为紧急类缺陷。

（2）以线夹和接头为中心的热像：80℃≤热点温度≤110℃或相对温差$\delta \geq 80\%$但热点温度未达到紧急缺陷温度值，为重大类缺陷。

（3）以线夹和接头为中心的热像：相对温差$\delta \geq 35\%$但热点温度未达重大缺陷温度值，为一般类缺陷。

（4）三相共箱罐体表面或三相分箱相间罐体表面存在2K以上温差，为重大类缺陷。

（5）同一站点、同一间隔、同一功能位置的三相共箱壳体表面或三相分箱相间壳体表面存在2K以上温差时应引起重视，并采用外因排除、X光透视、带电局部放电测试、气体组分分析、空负载红外对比测试、回路电阻测试等手段对异常部位进行综合分析判断。

4.3.1.2 GIL检修

1．外露金属部件检查

各部件应无锈蚀、变形，螺栓应紧固、油漆应完好，如有锈蚀，应进行修复或补漆，补漆前应彻底除锈并刷防锈漆。

2．螺栓检查

（1）各紧固螺栓、螺钉及螺母应紧固。

（2）检查所有的螺钉，各部分螺钉应牢固、不松动。

（3）检查所有做过标记的紧固螺钉，螺钉的紧固标记应无错位。

3．接地线检查

（1）接地线应无松动。

（2）接地线固定螺钉应紧固良好。

（3）接地线应无锈蚀。

4．二次线缆检查

二次线缆固定应良好，接头接线应无松动，电缆保护软管应无锈蚀。

5．伸缩节状态检查

对伸缩节状态进行检查，法兰连接应良好，螺杆紧固和间隙应符合要求。

6．SF_6 气体密度继电器检查

（1）检查 SF_6 气体密度继电器外观及压力值。

（2）关闭 SF_6 密度计与 GIL 本体连接阀门，调节 SF_6 密度计压力至告警值，核对告警继电器动作情况及信号上传情况。

（3）恢复 SF_6 密度计与 GIL 本体连接阀门，检查告警继电器及信号复归情况，并进行检漏。

4.3.2　现场试验

4.3.2.1　SF_6 气体泄漏试验

1．试验要求

（1）定性检测：应无明显漏点。

（2）定量检测：每个密封部位包扎后历时 5h，测得的 SF_6 气体含量（体积分数）不大于 15μL/L。

2．试验方法

采用定性检测和定量检测法。

3．试验过程

（1）检查 SF_6 气压值是否正常。

（2）检查 GIL 外观是否有明显的破损、漏气现象。

（3）定性检测：使用定性检漏仪按灵敏度要求调挡，对各个密封面进行缓慢匀速巡检（或使用肥皂泡法），重点部位多次复检。

（4）定量检测：对检测到的漏点可采用局部包扎法检漏。

1）将每个密封部位用透明塑料薄膜进行均匀包扎密封好，其下部应预留足够的空间以利于 SF_6 气体的沉淀。

2）历时 5h，测得的 SF_6 气体含量（体积分数）不大于 15μL/L，则认为该气室漏气率合格。

4．注意事项

确认密封面包扎严密，不漏气。包扎法检测和定性检漏仪检测前应先吹净设备周围的 SF_6 气体。包扎前用检漏仪对环境底数进行确认。

4.3.2.2 SF_6 气体湿度测试

1．试验要求

SF_6 气体湿度测试要求见表 4-1。

表 4-1 SF_6 气体湿度测试要求 （μL/L）

气体湿度	交接值	运行值
体积比（20℃）	≤250	≤1000

2．试验方法

采用冷镜测量法或阻容测量法。

3．试验过程

（1）将仪器与待检设备经设备检测口、连接管路、接口相连接，并将仪器电源接通。

（2）接通气路，用六氟化硫气体短时间的吹扫和干燥连接管路与接口。

（3）开机检测，待仪器读数稳定后读取结果，同时记录检测时的环境温度和空气相对湿度。

对于可在压力状态下检测的水分仪，检测时注意调节相应的阀门，以得到准确的压力和测试数据。可参考图 4-13 推荐接线图。

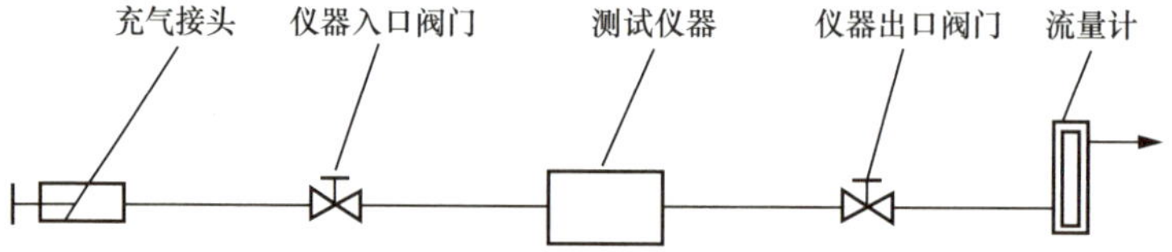

图 4-13 SF_6 气体的湿度试验接线图

1）常压下测量：阀门 4 全开，用阀门 2 调节流量。

2）压力下测量：阀门 2 全开，用阀门 4 调节流量。

（4）恢复控制阀门为测试前状态，检查气体压力正常，接口无泄漏。

4．注意事项

（1）使用不锈钢、铜、聚四氟乙烯材质的连接管路与接口。

（2）用于测量的管路要尽量缩短，并保证各接头的密封性，接头内不得有油污。

（3）连接检测口与 SF_6 气体湿度仪气路前，仔细检查检测口类型，是否需要关闭检测口上的控制阀门后才能与仪器相连接。

（4）室内测量时，如测量气体直接向大气排放，应在排气口加长管子，注意不要影响测量室压力。

（5）新充气静置 24h 后测量。

4.3.2.3　现场分解产物测试

1．试验要求

现场分解产物测试要求见表 4-2。

表 4-2　现场分解产物测试要求　（μL/L）

气体组分	SO_2（注意值）	H_2S（注意值）	CO（注意值）	CF_4（注意值）
体积比	≤1	≤1	≤300	≤400

2．试验方法

采用气谱色谱测量法或电子传感器测量法。

3．试验过程

（1）将仪器与待检设备经设备检测口、连接管路、接口相连接，并将仪器电源接通。

（2）接通气路，用六氟化硫气体短时间的吹扫和干燥连接管路与接口。

（3）开机检测，待仪器读数稳定后读取结果（或根据色谱检测结果手动识别计算），同时记录检测时的环境温度和空气相对湿度，对于可在压力状态下检测的组分仪，检测时注意调节相应的阀门，以得到准确的压力和测试数据。可参考图 4-13 推荐方法及有关仪器说明。

（4）恢复控制阀门为测试前状态，检查气体压力正常，接口无泄漏。

4．注意事项

（1）使用不锈钢、铜、聚四氟乙烯材质的连接管路与接口。

（2）用于测量的管路要尽量缩短，并保证各接头的密封性，接头内不得有油污。

（3）连接检测口与 SF_6 气体湿度仪气路前，仔细检查检测口类型，是否需要关闭检测口上的控制阀门后才能与仪器相连接。

（4）室内测量时，如测量气体直接向大气排放，应在排气口加长管子，注意不要影响测量室压力。

4.3.2.4　导电回路电阻测量

1．试验要求

GIL 的导电回路电阻测量值不大于制造厂规定值的 120%。

2．试验方法

采用直流压降法测量，电流不小于 100A（建议 300A）。

3．试验过程

（1）分别将两组专用测试线分别从仪器的正负电压、电流极引出，并钳到 GIL 两侧的出线板上。

（2）选择测量仪器合适的挡位进行测量。

（3）记录被测 GIL 导电回路电阻值。

（4）试验结束后，将设备恢复到试验前状态。

4．注意事项

（1）电流不小于 100A（建议 300A）。

（2）注意测量时每侧的电压、电流极性应相同。

（3）如厂家未给出规定值，应以交接试验的测量值为管理值。

4.3.2.5　带电局部放电测试

1．试验要求

无明显局部放电信号。

2．试验方法

采用超声波局放测试。

3．试验过程

（1）将超声传感器连接到仪器本体。

（2）检查试验回路接线，检查其工作状态是否正常，如果正常则准备开始试验。

（3）背景噪声测试：在传感器上均匀涂抹专用耦合剂，并置于金属支架上测量背景噪声，背景噪声有效值和峰值很小且稳定。

（4）在超声传感器与测试点间均匀涂抹专用耦合剂开展测试。

4．注意事项

（1）测点位置选取时，在支柱绝缘子、盆式绝缘子等处设置测试点。

（2）宜保持每次测试点的位置一致，以便于进行比较分析。

（3）气室内壁有绝缘支撑点的位置为超声波检测最佳位置，可根据气室内部结构优先选支撑点位置。

（4）在传感器与测点部位间应均匀涂抹专用耦合剂并适当施加压力，以尽可能减小检测信号的衰减。

（5）测试时间例行试验时，超声波信号稳定后测试时间不少于 15s。诊断性试验时，超声波信号稳定后测试时间不少于 30s。

4.3.2.6　SF_6 气体密度继电器（包括整定值）检验

1．试验要求

满足《压力式六氟化硫气体密度控制器》（JJG 1073）要求。

2．试验方法

使用 SF_6 密度继电器校验仪开展试验。

3．试验过程

（1）使用密度继电器校验仪进行表计校验。

（2）将被检密度继电器安装在压力检测装置上，旋转调节阀至设定压力，调节完成后旋紧调节阀，观察标准压力表与被检测密度继电器压力值。

（3）六氟化硫气体压力降低报警压力的检测。将测量线连接在密度继电器触点 1、2 上，缓慢旋转压力调节阀，使压力缓慢降低，仔细观察万用表指示的状态。当表针向右偏转或灯亮时，说明触点 1 与 2 已经闭合，此时应立即关闭充、放气阀。这时读取的密度继电器与标准压力表气体压力值，即为压力降低报警压力。

（4）六氟化硫气体压力降低闭锁压力的检测，将测量线连接到密度继电器触点 3、4 上，再次缓缓调节压力调节阀，随着压力的降低，仔细观察万用表指针或指示灯的状态。当表针向右偏转或灯亮时，说明触点3与4已经闭合，此时应立即关闭调节阀。这时读的取标准压力表及密度继电器气体压力值，即为压力降低时的闭锁压力。

（5）六氟化硫气体压力降低闭锁解除压力的检测。检测前，密度继电器触点 3、4 及充、放气阀均为闭合状态。将测量线连接到密度继电器触点 3、4 上，当表针位于接通状态时电阻为零或接通指示灯亮起时，说明触点 3、4 位于接通状态，调节压力控制台使压力逐渐升高，随着压力的提高，仔细观察万用表指针或指示灯状态。当表针向左偏转或灯熄灭时，说明触点 3、4 已经断开，此时应立即关闭压力调节阀，这时读取的标准压力表和密度继电器气体压力值，即为压力降低时的闭锁解除压力。

（6）六氟化硫气体压力降低报警解除压力的检测：检测前，密度继电器触点1、2及充、放气阀均为闭合状态。将测量线连接到密度继电器触点1、2上，当表针位于接通状态时电阻为零，接通指示灯亮起时，说明1、2触点位于接通状态。调节压力控制台使压力逐渐升高，随着压力的提高，仔细观察万用表指针或指示灯状态，当表针向左偏转或灯熄灭时，说明1、2触点已经断开。此时应立即关闭调节阀，这时读取的标准压力表和密度继电器气体压力值，即为压力降低报警解除压力。

4．注意事项

（1）在线校验时确保截止阀关闭。

（2）离线校验，拆装表计时注意接头清洁、紧固可靠。

（3）待校 SF_6 密度表（继电器）的设备处于停电状态（免拆卸的除外）。

4.3.2.7 交流耐压试验

1．试验要求

（1）交流耐压的试验电压为出厂试验电压的0.8倍。

（2）试验过程不应发生闪络、击穿现象。

（3）耐压试验前后，绝缘电阻不应有明显变化。

2．试验方法

按照GB/T 7674要求执行，交流耐压试验方法一般使用串、并联谐振耐压。

3．试验过程

（1）查看现场试验环境，再次确认加压装置摆放位置、被试设备与试验设备和周围接地体的安全距离、试验电源容量、试验电源电缆长度是否满足要求。

（2）检查断路器、刀闸和地刀的状态是否与试验要求一致。

（3）试验接线，确保所有接线与周边物体的距离满足试验安全距离的要求，并检查无误。

（4）在升压装置区域和加压点区域周围装设安全围栏，并在安全围栏的每个面上都向外悬挂“止步，高压危险！”标识牌，在人员进出的入口处悬挂“在此进出”标识牌。

（5）检查加压装置和被试GIL出线套管的连接接线和接地情况，确保牢固可靠。

（6）合上试验电源，调节变频柜控制台的输出电压，调节变频柜频率，使测量分压器的电压达到最大值，即试验回路达到谐振状态。

（7）继续调节变频柜控制台的输出电压，完成老练及耐压试验。

（8）将试验电压匀速降至零，随后断开试验电源。

4．注意事项

（1）交流耐压试验应在其他现场交接试验项目完成后进行。

（2）试验在额定 SF_6 压力下进行。

（3）耐压试验及局部放电试验结束后，对被试 GIL 各气室 SF_6 气体湿度和分解产物进行测量，测试结果与耐压试验前的值相比不应有明显变化。

4.4　典型缺陷与故障分析处理

4.4.1　GIL 故障分类

GIL 设备在电力系统中起着至关重要的作用，由于其特殊的工作环境和使用条件，常常会出现各种故障。GIL 设备在运行过程中主要存在 SF_6 气室气压低、三支柱绝缘子炸裂、局部放电异常等常见缺陷及故障。

4.4.2　GIL 故障原因分析及处理

GIL 故障原因分析及处理见表 4-3。

表 4-3　GIL 故障原因分析及处理

故障类型	可能引起的原因	判断标准或检查方法	处理方法
SF_6 气室气压低	漏气	（1）对设备使用红外检漏成像仪进行筛查，寻找漏气点； （2）使用定性检漏仪加包扎法确定漏气具体部位	（1）补充 SF_6 气体，维持正常压力； （2）开展漏气部位封堵； （3）更换漏气形态
	二次回路异常	（1）检查密度继电器有无误动作； （2）检查节点或回路有无短路	（1）更换密度继电器； （2）检查处理回路存在的问题
三支柱绝缘子炸裂	（1）绝缘子质量不良； （2）绝缘子损伤； （3）绝缘子脏污	（1）开展 SF_6 分解物测试，检查各特征气体含量进行初步定位； （2）从可拆卸单元开始解体，确定故障部位及故障情况	拆除故障管形母线及受到故障污染的管形母线，修复管形母线或直接更换新管形母线
局部放电异常	（1）金属部件开裂； （2）绝缘子损伤	（1）开展带电局部放电测试，定位故障管形母线； （2）开展 SF_6 分解物测试，检查各特征气体含量是否异常； （3）从可拆卸单元开始解体，确定异常管形母线情况	故障范围较小，可直接更换新管形母线

4.4.3 GIL 典型故障案例

4.4.3.1 绝缘子故障

1. 故障现象

2016 年 9 月 29 日，某 500kV 变电站第三大组交流滤波器（ACF3）母线保护 A、保护 B 差动保护动作，第三大组交流滤波器母线跳闸，切除运行中 581、582、583、585 小组滤波器和 500kV 52B 号站用变压器 586 开关（584 小组滤波器未投入），跳开第三大组交流滤波器 5071 开关和第七串联络 5072 开关。跳闸后站用电由 500kV 52B 号站用变压器带 10kV 102M 运行转为 110kV 盐换线带 10kV 102M 运行，倒换正常，切除 581、582、583、585 小组滤波器后依次投入了 575、574、565 交流滤波器，直流功率未受影响。现场接线方式见图 4-14。

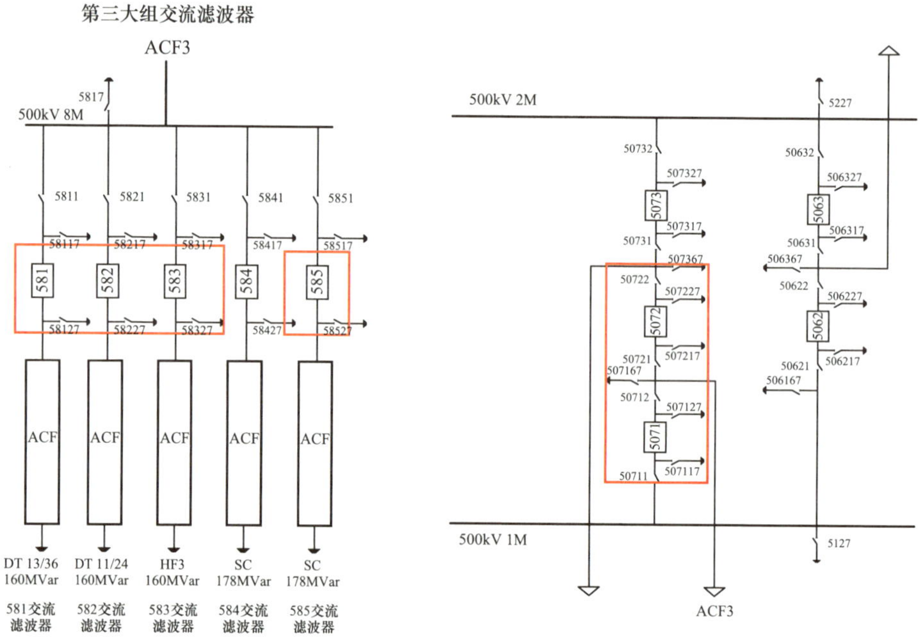

图 4-14　现场接线方式

2. 故障处置

（1）二次设备检查情况。故障电流波形见图 4-15，由图 4-15 可知，母线保护故障期间，C 相出现了较大差动电流，二次差动电流的最大有效值约为 11A，大于 0.62A（超过差动启动电流定值），一次故障电流峰值约 37kA，故障电流持续时间约为 31ms，因此，变化量差动元件及稳态量差动元件正确动作，由于故障过程无 TA 断线，差动经电压闭锁控制字未投，差动保护控制字、硬压板、软压板均投入，满足母差保护动作逻辑，因此 A 套和 B 套母线保护的差动保护正确出口动作，跳开连接在该母线上的 5071、5072、581、582、583、585、586 开关（584 小组滤波器未投）。

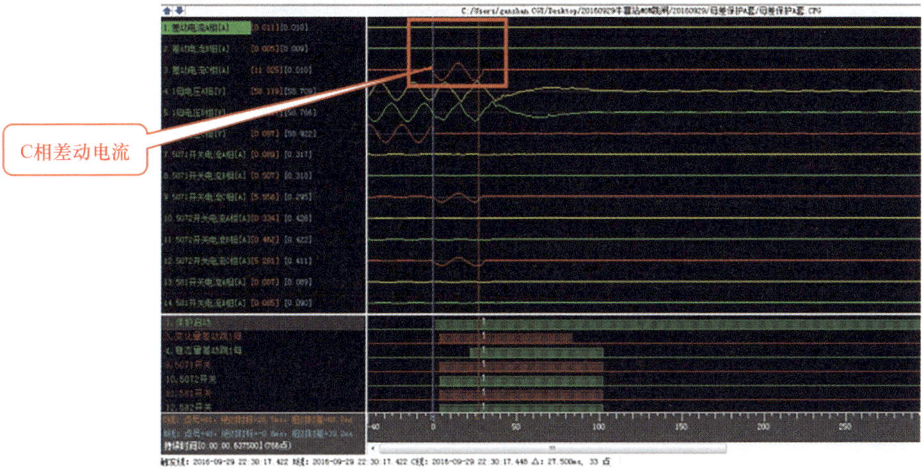

图 4-15　故障电流波形

（2）一次设备检查情况。故障发生后，检查母线差动保护范围内一次设备外观未发现异常。经过对 GIL 气室进行组分测试，发现 ACF3 GIL C 相管道母线气体组分 SO_2 气体超标，达 26.47μL/L，确认 GIL 内部发生故障，见表 4-4。

表 4-4　GIL 组分测试数据

SO_2（μL/L）	CO（μL/L）	H_2S（μL/L）	HF（μL/L）
26.47	20.1	1.72	0

（3）GIL 管母开盖检查。通过开盖检查，确定故障位置为 ACF3 GIL C 相管道母线拐角处，GIL 现场布置图及故障点见图 4-16 和图 4-17。

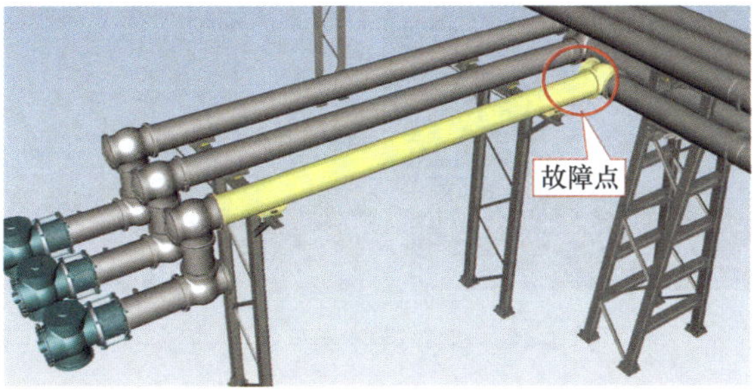

图 4-16　GIL 现场布置图

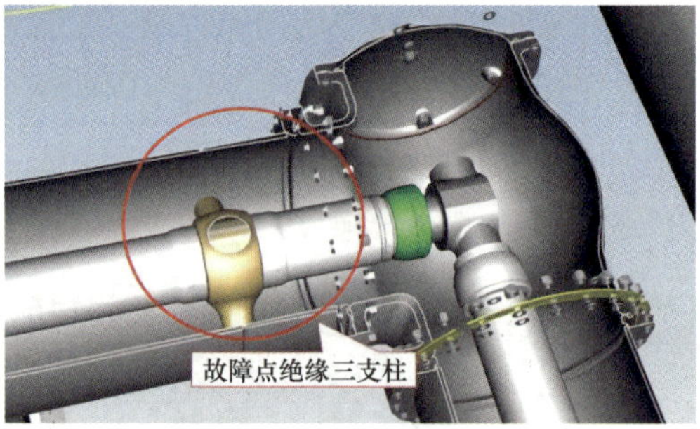

图 4-17　GIL 故障点

经现场检查发现：

1）故障位置三支柱绝缘子左下侧支撑腿破碎，散落在 GIL 罐内。

2）罐体内壁无明显放电点，但有熏黑痕迹。

3）故障处粒子捕捉器变形，表面发黑。

4）三支柱绝缘子上侧腿左侧破损；右下侧支撑腿与嵌件连接处破损。

5）中心铝套表面（铝套与环氧树脂绝缘子交界面）有严重烧蚀现象，烧蚀范围较大，烧蚀情况与某换流站同型故障 GIL 铝套表面情况相同。

6）三支柱绝缘子金属嵌件表面（金属嵌件与环氧树脂绝缘子交界面）有放电痕迹。GIL 故障三支柱绝缘子见图 4-18。

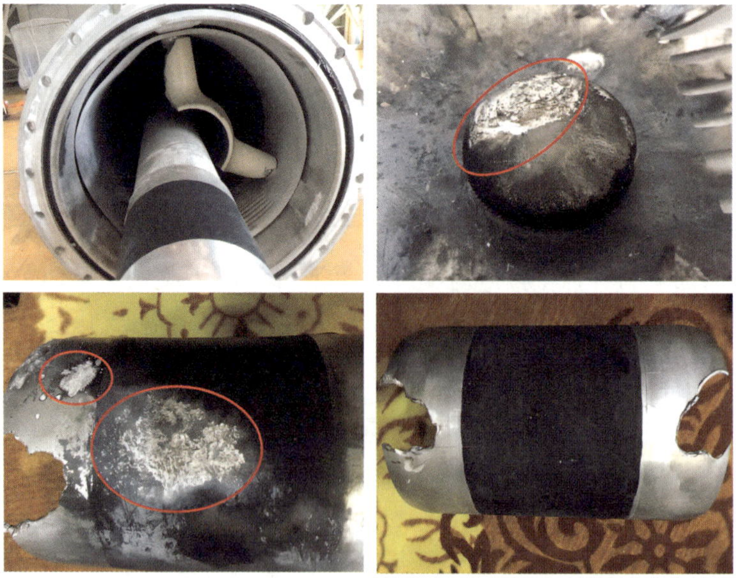

图 4-18　GIL 故障三支柱绝缘子

（4）处置情况。现场拆解故障位置管形母线及相邻形态管形母线（共 8 个形态），见图 4-19。对五个形态内部三支柱进行拆除作业，现场更换故障位置新的三支柱装配，完成所有拆除形态内部清理，并焊接回装三支柱及导体至形态完整状态。

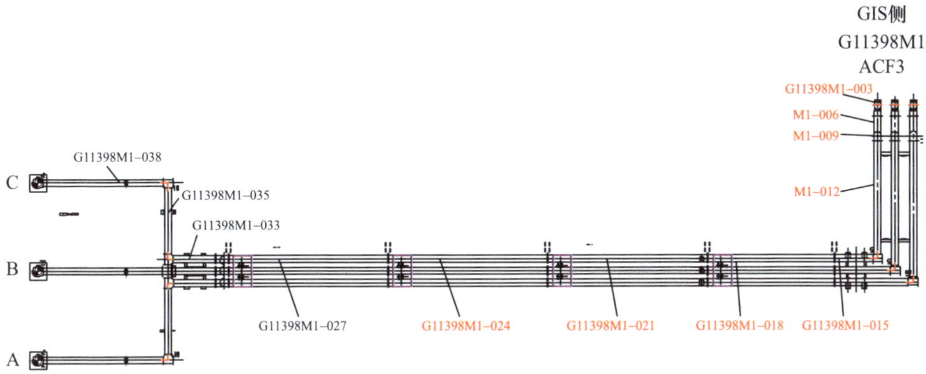

图 4-19 故障处理形态布置图

故障处置流程详见表 4-5。

表 4-5 故障处置流程

序号	主要流程	备注
1	（1）保护动作情况分析，初步确定设备故障情况； （2）GIL 设备外观检查及 SF_6 气体分解物测试，初步定位故障气室	
2	SF_6 气体回收，开盖检查确定故障位置及受影响的范围	开盖后确定故障形态段及损坏程度方可确定修复方案
3	（1）准备现场修复物资及人员； （2）拆除故障管形母线及受影响的管形母线	由于是绝缘子炸裂的故障，受牵连的形态较多
4	故障管形母线现场修复	受影响的形态较多，返厂时间较长，采取现场修复方式
5	所有拆除形态的回装，更换吸附剂，抽真空及注气	
6	静置 24h，开展 SF_6 微水测试及回路电阻测试	
7	耐压试验	
8	完成所有形态户外回装工作，更换吸附剂，开始气室抽真空	
9	进行气室充气作业，静置 24h	

3．原因分析

三支柱绝缘子铝质金属表面（铝套外表面或嵌件表面）与绝缘体之间存在微小间隙缺陷，在生产、运输、安装、运行等过程中小间隙逐渐扩展、劣化，最终导致击穿放电。

4.4.3.2 GIL 局部放电异常

1. 故障现象

2019 年 4 月，某变电站开展 GIL 局部放电带电测试时，测发现 GIL 管形母线固定三支柱绝缘子位置超声局部放电信号异常，使用仪器自带的耳机可明显听到 GIL 内部有较大“嗞嗞”声响，而正常 GIL 单元基本无声响。

2. 故障处置

为了查明 GIL 超声信号异常原因，现场开展超声局部放电信号幅值图谱、相位图谱、波形图谱分析。从局部放电异常点的特征图谱可知，出现 50Hz 和 100Hz 频率相关性信号，且 50Hz 频率相关性较小，100Hz 频率相关性强烈，相位模式出现正弦相关性波形，一个周期内有两簇较集中的信号聚集点。见图 4-20～图 4-22。

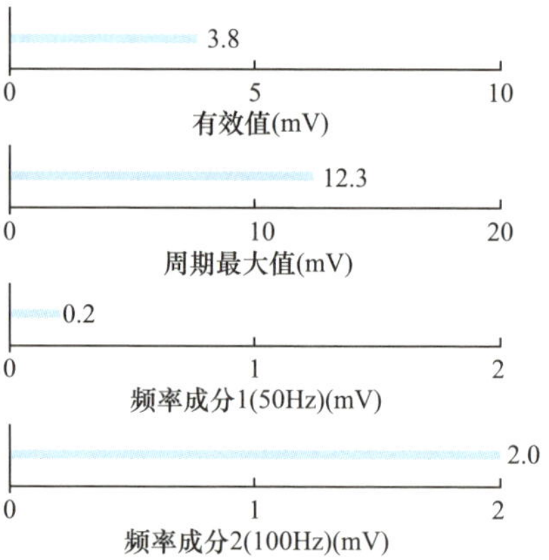

图 4-20　异常超声局部放电信号幅值图谱

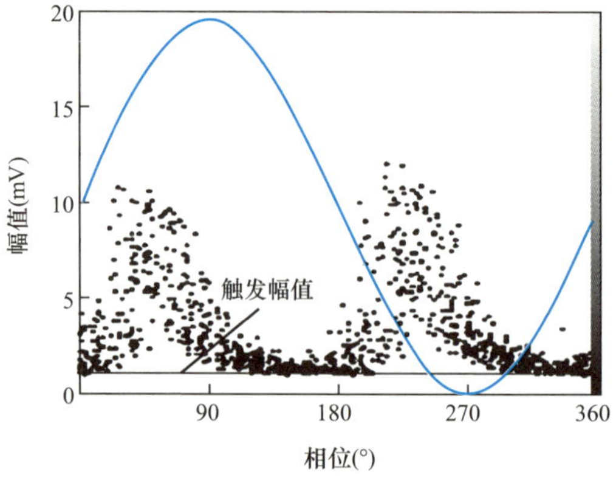

图 4-21　异常超声局部放电信号相位图谱

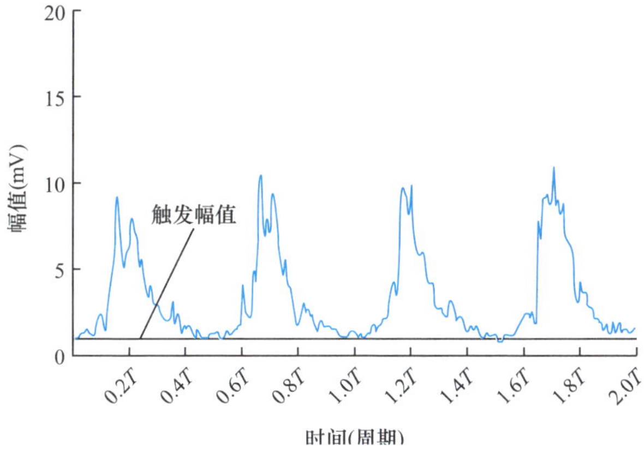

图 4-22　异常超声局部放电信号波形图谱

为了查明缺陷类型，对比毛刺缺陷图谱、自由颗粒缺陷图谱、机械振动信号、电晕干扰特征。毛刺缺陷一般表现为 50Hz 频率相关性要高于 100Hz 频率相关性，具有明显的相位聚集效应，且在一个周期内表现为一簇，因此，可排除毛刺放电的可能。自由颗粒缺陷一般表现为与 50Hz 和 100Hz 频率相关性都不明显，且根据 DL/T 1250 的典型图谱，自由颗粒放电无明显的相位聚集效应，因此，可排除自由颗粒放电的可能。机械振动信号主要集中在低频段，振动图谱特征一般为无固定 50Hz 或 100Hz 相关。但局部放电异常点实测图谱却呈现出 50Hz 和 100Hz 频率相关性，且 50Hz 频率相关性较小，100Hz 频率相关性强烈，因此，可排除机械振动的可能。

现场更换了局部放电异常的 GIL 形态，并返厂检查。对返厂超声局部放电异常三支柱绝缘子开展 X 光探伤，在三支柱绝缘子环氧内部、高电位处铝套与环氧交界面、低电位嵌件与环氧交界面均无发现明显异常。见图 4-23。

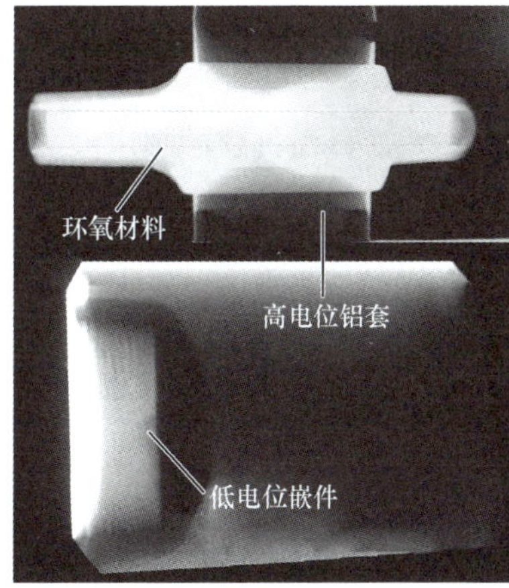

图 4-23　X 光探伤无发现异常

对返厂超声局部放电异常的三支柱绝缘子开展工频耐压试验。试验表明，超声局部放电异常三支柱绝缘子工频耐压（740kV/1min）无放电，试验通过；同时，利用脉冲电流法开展局部放电测试，发现返厂三支柱绝缘子局部放电超标。绝缘子在运行电压条件下，最大局部放电量为

8.45pC，见图 4-24。试验证明了现场超声局部放电异常现象非机械振动和外界电晕干扰所致。此外，实验室脉冲电流法局部放电波形规律也进一步验证现场超声波异常信号特征：此类缺陷类型存在极性效应，100Hz 相关性较强，一个周期内有两簇较集中信号聚集点。

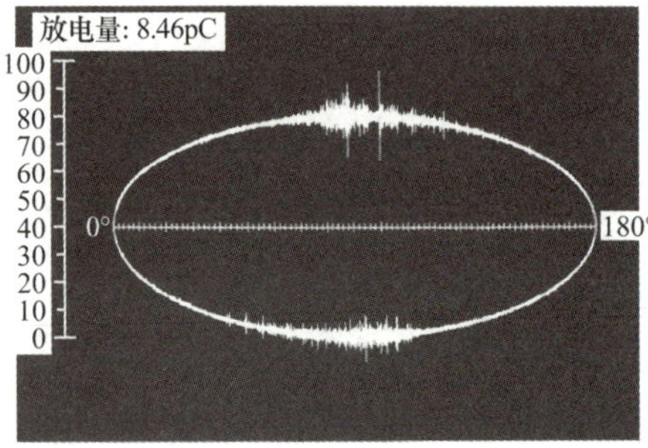

图 4-24　返厂三支柱绝缘子局部放电检测

为了进一步查明缺陷位置，对返厂三支柱绝缘子进行解体分析。切割局部放电超标三支柱绝缘子低电位处支撑腿，开展着色渗透测试，测试表明，在低电位处交界面出现渗漏现象，交界面存在气隙缺陷，见图 4-25。由此推断，超声波检测信号异常的原因为固定三支柱绝缘子低电位的金属嵌件和环氧树脂交界面处存在微小间隙在运行电压下产生局部放电。

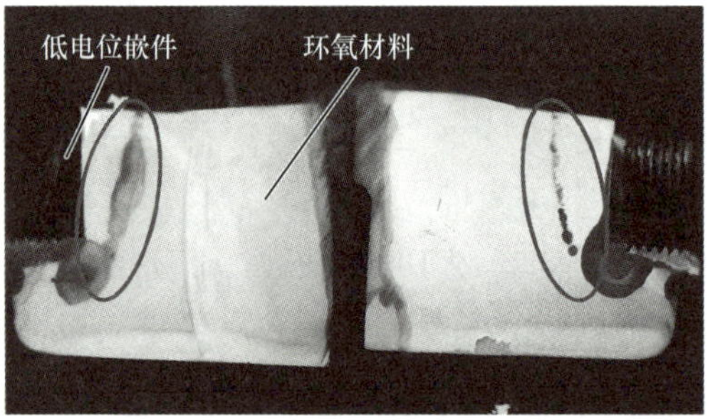

图 4-25　返厂三支柱绝缘子着色渗透测试

3. 原因分析

GIL 设备局部放电异常原因为低电位的金属嵌件和环氧树脂交界面处存在界面气隙。界面气隙的超声波局部放电信号图谱特性：出现 50Hz 和 100Hz 频率相关性信号，且 50Hz 频率相关性较小，100Hz 频率相关性强烈，相位模式出现正弦相关性波形，一个周期内有两簇较集中的信号聚集点。

4.5 故障检测技术

4.5.1 基于暂态电压监测的故障定位方法

GIL 发生故障后，为了减少停电影响，需快速精确定位放电位置。由于长距离的 GIL 气室众多，直接采用常规的气体分解产物检测法定位故障气室所需时间成本太大，不具实用性。同时，目前对输电线路的故障定位技术研究大多针对常规的架空线路以及电缆，定位精度在 500m 左右，不一定能满足长距离 GIL 管形母线故障定位的需求。而其他 GIS 设备故障定位精度如达到 20m，需要数以百计的传感器，且检测系统的可靠性难以保证，不仅工程造价难以接受，还将带来巨大的运维负担。为此考虑捕捉 GIL 内部发生绝缘击穿时的暂态电压波形信号，并通过这一波形到达 GIL 端部测点的时差和行波波形特征，结合电压行波的传播速度，获得发生击穿故障的准确位置。

1. 双端定位法

GIL 双端行波定位原理示意图如图 4-26 所示。从图 4-27 中可见，当 t 时刻在电压为 u 时发生绝缘击穿，将产生幅值与击穿电压相同，极性相反的暂态电压行波。这一行波迅速向 GIL 两端传播（南侧和北侧），击穿点与两个端侧的传感器间距离分别为 L_{ss} 和 L_{sn}。结合高精度地对时模块（如 GPS 对时），可分别确定暂态电压波形首次到达南北传感器处的时刻为 t_s 和 t_n，结合暂态电压行波在 GIL 中的传播速度 v，南侧和北侧传感器之间的距离为 L 可根据公式计算得到

$$L_{ss}=\frac{(t_s-t_n)\times v+L}{2} \tag{4-1}$$

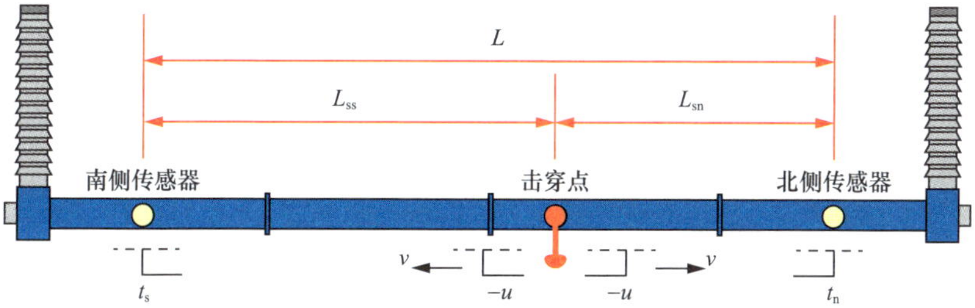

图 4-26 GIL 双端行波定位原理示意图

2. 单端定位法

GIL 内部绝缘击穿时暂态电压传播过程如图 4-27 所示。图 4-28 中端部（南北侧）分别表示为 P_s 和 P_n，击穿点与南北侧套管端部距离分别为 L_{ts} 和 L_{tn}，南北测点至套管端部的距离分别为 L_{is} 和 L_{in}。由于暂态电压波形向两侧传播的规律基本一致，因此可对其中一侧（北侧）的传播过程进行分析。分析前提是忽略传播过程中介质损耗引起的波形衰减。

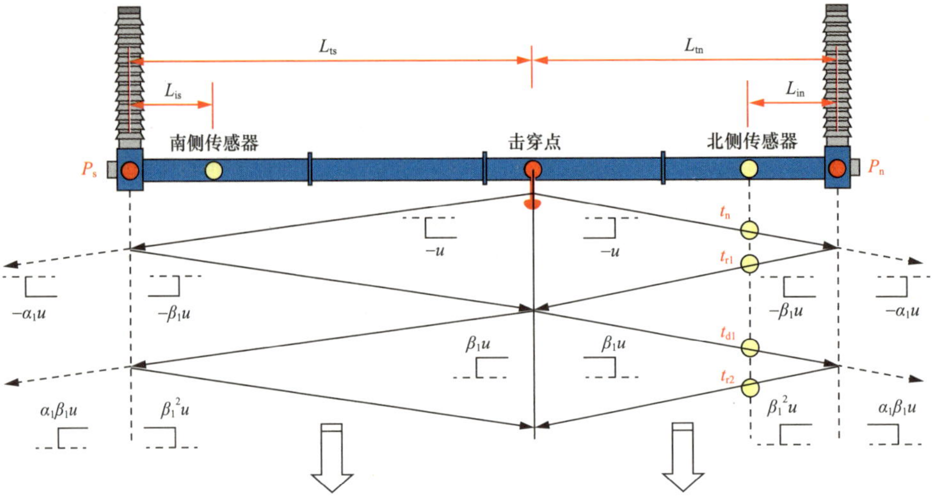

图 4-27　GIL 内部绝缘击穿时暂态电压传播过程

从图 4-28 可见，当 t_n 时刻幅值为 $-u$ 的暂态电压从故障点首次传播至北侧测点，然后继续向套管端部传播。由于在套管端部与架空线连接，波阻抗发生突变，暂态电压在 P_n 处将发生折反射，等效电路如图 4-28 所示。

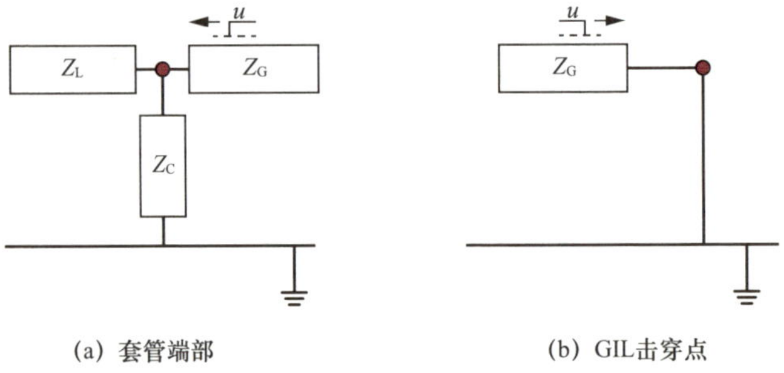

图 4-28　套管端部和击穿点处的等效电路图

折反射系数 α_1 和 β_1 根据式（4-2）计算。其中 Z_G 表示 GIL 波阻抗，通常为数十欧姆；Z_L 表示架空线波阻抗，通常为数百欧姆；Z_C 表示 GIL 套管端部外壳对地波阻抗，通常为数千欧姆。幅值为 $-\beta_1 u$ 的反射暂态电压又从 P_s 处往回传播，t_{r1} 时刻到达北侧测点，然后传播至故障点时再次发生折反射，此时故障点对地短路，折反射系数根据式（4-3）计算，折射系统 α_2 为 0，反射系数 β_2 为 −1，波形为全负反射。幅值为 $\beta_1 u$ 的反射暂态电压又再次向 P_n 处发生反射，幅值为 $\beta_1^2 u$ 的反射暂态电压 t_{r2} 时刻到达北侧测点。如此不断重复，直至衰减至零，形成典型的行波过程。相关公式如下

$$\alpha_1=\frac{2Z_LZ_C}{Z_GZ_L+Z_GZ_C+Z_LZ_C}$$
$$\beta_1=\frac{Z_LZ_C-Z_GZ_L-Z_GZ_C}{Z_GZ_L+Z_GZ_C+Z_LZ_C} \tag{4-2}$$

$$\alpha_2=\frac{2\times 0}{0+Z_G}=0;\ \beta_2=\frac{0-Z_G}{0+Z_G}=-1 \tag{4-3}$$

根据图 4-29 中的暂态电压理论波形可见，t_n 时刻至 t_{d1} 时刻暂态电压传播的距离为击穿点至北侧套管端部距离的两倍。

定义方形半波周期为 $T_h=t_{d1}-t_n$。因此可根据式（4-4）计算得到击穿点到北侧套管端部的距离 L_{tn}，从而实现故障点的单端定位

$$L_{tn}=\frac{T_h\times v}{2} \tag{4-4}$$

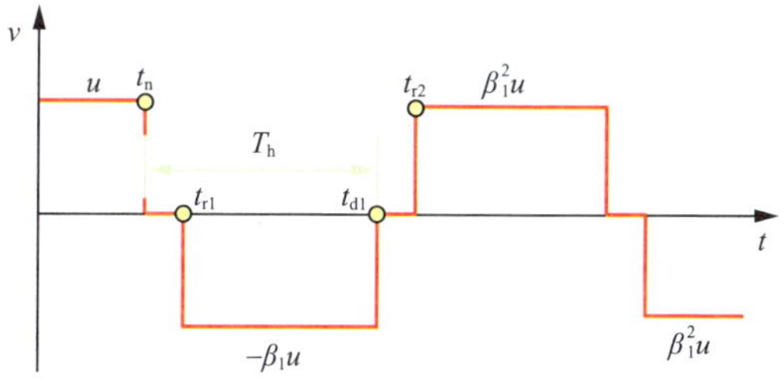

图 4-29　暂态电压理论波形

3．暂态电压监测及精确定位系统构建

（1）电压传感器。电压传感器主要使用基于电容分压的宽频电压传感器，其基本部件包括手孔盖板、感应电极和绝缘薄膜等。可采用一定厚度（μm 级）的聚四氟乙烯薄膜作为电极和手孔盖板之间的绝缘介质。电极与高压导体构成 pF 级的高压臂电容，电极与 GIL 外壳手孔处的盖板构成 nF 级的低压臂电容。采用电阻分压器测量有效带宽为 2.1Hz～230MHz，电压传感器分压比约 1360000。

（2）监测终端。每套监测终端包括阻抗转换单元、高速采集单元、电源模块、隔离变压器以及 GPS 对时模块和天线。除 GPS 天线外，其他模块均安装于不锈钢制作的屏蔽箱内，外部提供交流电源，经过隔离变压器之后由电源

模块转化成直流，为采集单元和阻抗转换单元供电。隔离变压器的主要作用是抑制隔离开关和断路器操作时引起的地电位升高等干扰。为保证工频电压的测量，需要扩展测量系统的低频特性，为此可在低压臂电容的输出端增加阻抗变换电路。阻抗变换电路输入电阻较大，为 GΩ 量级，能显著扩展测量系统的低频截止频率。数据采集单元具有陡度触发模式，一旦监测电压突变超过设定陡度，就会触发采集单元，进行长时间记录。监测终端固定在传感器外部的法兰上。

（3）存储控制单元。上位存储控制单元包括光交换机、控制主机（服务器）等设备，均置于继保室内的屏柜中，每个监测终端可通过单模光纤与光交换机相连。上位存储控制单元对各测点的暂态电压数据进行存储分析，提取暂态电压幅值以及到达每个测点的精确时刻，并自动计算暂态电压到达两端（南北）测点的时差，结合暂态电压传播速度，快速确定故障击穿位置。

4.5.2 基于温度监测的故障定位方法

目前，针对 GIL 等 SF_6 气体封闭装置壳体发热缺陷，运行现场主要采取的检测手段有使用红外成像仪对壳体表面定期进行温度监测和采用光栅光纤技术对设备的温度进行在线监测。

1．基本原理

红外热像仪的检测原理是利用红外探测器和光学成像物镜接收被测目标的红外辐射能量分布图形，反映到红外探测器的光敏元件上，从而获得红外热像图，这种热像图与物体表面的热分布场相对应。通俗地讲，红外热像仪就是将物体发出的不可见红外能量转变为可见的热图像。热图像的上面的不同颜色代表被测物体的不同温度。红外测量的测量精度与很多因素有关，如大气、测试背景、距离、物体辐射率、相邻设备热辐射、瞬时视场角等都可能对检测造成一定的影响。

光纤光栅利用光纤材料的光敏性，在光纤纤芯通过紫外光曝光的方法形成空间相位光栅。当宽带光入射光纤光栅上时，光谱中满足光纤布拉格光栅波长的光将发生反射，其余波长的光透过光纤光栅继续传输。当光栅周围温度、应力等外界条件改变时，光栅周期或纤芯折射率将发生变化，从而使光纤光栅的中心波长产生唯一。通过检测光栅波长的位移即可判断光栅周围温度等外界条件的变化。

2．温度监测系统构建

GIL 设备在不同通流工况下会产生不同的发热量。如采用红外成像方式则主要操作仪器为红外成像仪，此处不涉及温度监测系统的构建问题。如采用光纤测温方式，则需要考虑点式温度传感器无法直观反映线性长距离电力管廊的外壳（环境）温度。因此，除设置点式温度传感器外，配置多条测温光纤以覆盖管廊空间温度，采用平均值算法有效分析管廊空间温度，并能根据温度告警信号快速进行故障定位。

图 4-30 所示为某 GIL 工程各类传感器分布示意图，包括气体传感器、温度 / 湿度传感器和测温光纤（红色方框标出）等。其中安装在 GIL 支架上的测温光纤主要是测量环境温度，而安装在 GIL 壳体附近的测温光纤是测量 GIL 本体温度的。

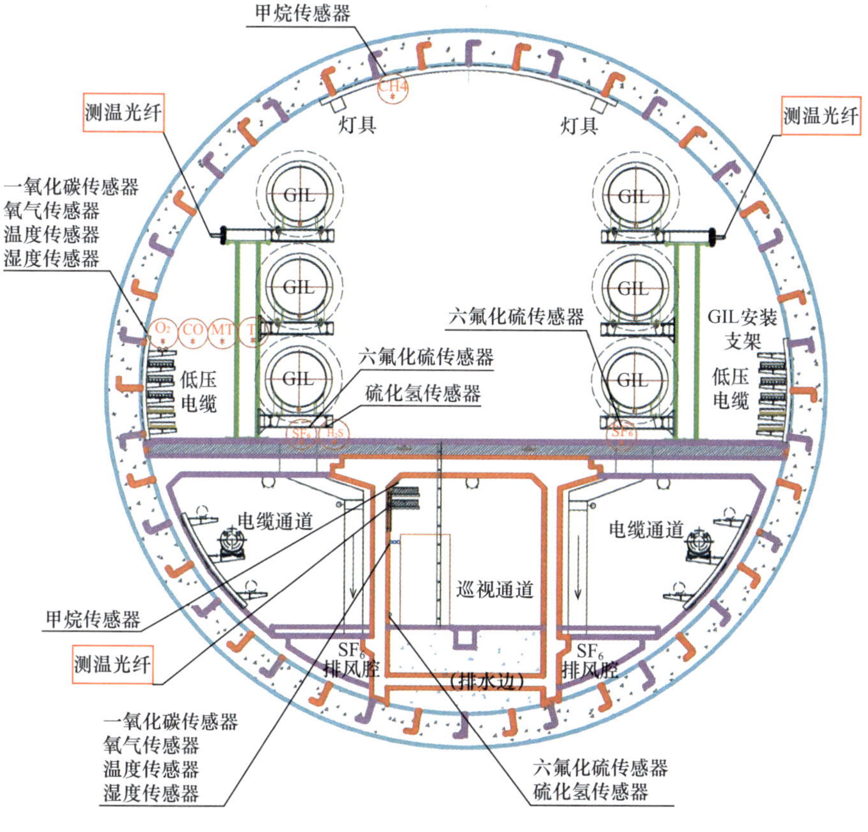

图 4-30　某 GIL 工程各类传感器分布示意图

4.5.3 基于局部放电信号的故障定位方法

GIL 可以安装特高频局部放电在线监测与专家诊断系统，该系统在 GIL 壳体的特定位置上安装内置式或外置式特高频传感器检测设备内部的局部放电特高频信号，通过测量 GIL 内部的特高频电磁波信号来监测局部放电的强度、重复率和发生相位等信号，并通过分析和诊断软件，确定故障的性质、大小、位置，以达到评估 GIL 内部绝缘状态的目的。

1. 基本原理

运行中的 GIL 发生绝缘故障的原因可能是母线气室内存在自由金属颗粒、导体插接不良、存在悬浮电位、尖端部位电晕放电和绝缘材料缺陷等，所有这些问题在发展到故障之前都会存在局部放电现象。在某些情况下，局部放电能够存在数月甚至更长时间，每次局部放电都会对设备绝缘产生一定程度的损坏，而且这种损坏会逐渐积累，当其累计损坏量足够大时，就会击穿绝缘介质造成短路，导致 GIL 故障发生。

GIL 中的局部放电总是发生在充满高压 SF_6 气体的间隙内，而且局部放电存在的时间极端（ns 级），迅速衰减湮灭。局部放电脉冲电流的快速上升前沿包含频率高达数 GHz 的电磁波。因为 GIL 气室的共振作用，进而形成多种模式的特高频谐振电磁波。由于 GIL 气室就像一个低损耗的微波共振腔，使局部放电信号的振荡波在气室中存在的时间得以延长，从而使得安装在 GIL 上的内置耦合器有足够的时间俘获这些信号。局部放电脉冲信号包含复杂频率共振态，特高频主要检测高频段（500～1500MHz）的局部放电能量，具体是通过装设在 GIL 内部或外部的 UHF 传感器检测 GIL 内部局部放电激发的特高频信号，如图 4-31 所示。

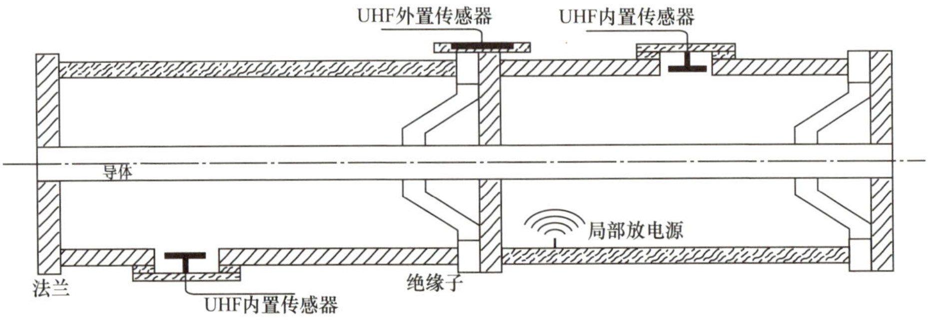

图 4-31　特高频法检测 GIL 故障示意图

利用 GIL 设备上安装的 UHF 传感器及记忆示波器，采用时差法可以进行局部放电故障定位。局部放电信号在 SF_6 介质中以光速传播，约为 0.3m/ns。示波器通过两根相同长度的高频电缆连接两个传感器，并同时显示两个传感器接收到的信号。在已知两个传感器之间距离为 D 的情况下，当局部放电源位于两个传感器之外时，两个信号的到达时间差对应的信号传输距离等于两传感器的间距；当局放源位于两个传感器之间时，两个信号的到达时间差小于两传感器的间距，此时局放源到达较近传感器的距离为 $d=\dfrac{D-0.3t}{2}$。时差法定位原理图如图 4-32 所示。

2．局部放电系统的组成及主要功能

GIL 局部放电在线监测装置主要由传感器、采集装置、就地光电转换装置、局部放电在线监测屏组成。

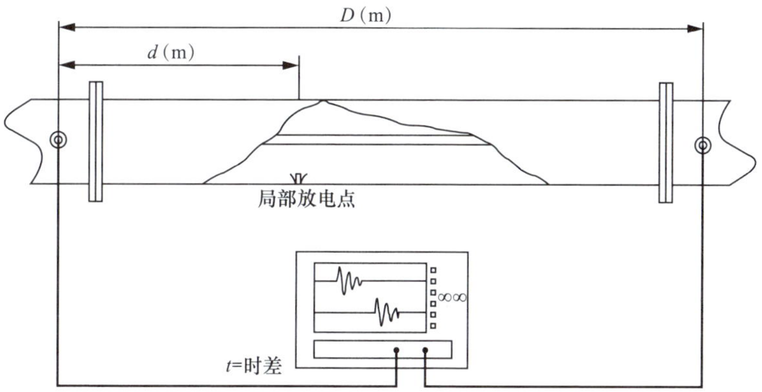

图 4-32　时差法定位原理图

GIL 局部放电在线监测系统的功能如下：

（1）抗干扰能力强，灵敏度高（不低于 5pC）。系统在恶劣气候（温度、湿度）及现场强电磁干扰、无线电波干扰和机械振动环境下运行性能应可靠稳定。

（2）完善的自检功能。

（3）状态预警、跟踪测试、缺陷统计、自动诊断等功能。通过连续实时监测放电脉冲重复次数、幅值以及相位等信息，统计数据并绘制二维、三维谱图，实现缺陷模式识别及故障类型诊断、故障点准确定位；及时发现内部绝缘缺陷隐患并发出预警。

（4）能对局部放电最大放电幅值、放电次数的历史趋势进行计算分析，及时评估内部绝缘状态，为设备状态评价与预测维修提供可靠的技术数据。

（5）数据可自动连续进行远程传输及远程诊断。

（6）GIL 局部放电在线监测数据、数据分析处理、历史变化趋势等丰富的实时显示功能。

4.5.4 基于振动信号的故障定位方法

振动检测属于非电量检测，不影响设备的正常运行，已经在支柱绝缘子的裂纹检测、变压器故障检测等领域有一定应用，有希望在 GIL 故障检测领域发挥该技术的独特作用。且 GIL 属于刚体结构，一旦其产生了内部故障，则意味着其结构上有缺陷，对其固有振动频率将产生影响，故而可以基于振动信号的特征参量，开展 GIL 故障定位。

1. 基本原理

GIL 结构本身主要为长距离的金属屏蔽管母线部件，并无其他的互感器等元器件，因而没有其他的振动源，这使得在正常工作状态下 GIL 设备上的振动信号绝大部分都是由电流线收缩所产生的。本课题组的前期研究结果表明，GIL 表面的振动信号频率分布主要在 0～1000Hz 频率范围内，其中以 100～500Hz 为主要频率成分。

运行中的 GIL 设备主要故障为放电性故障和机械故障两类。引发放电性故障的原因，可能是母线气室内存在自由金属颗粒、导体插接不良、存在悬浮电位、尖端部位电晕放电、绝缘材料缺陷或者焊接部位存在瑕疵等。由于 GIL 内部发生放电性故障时，GIL 结构上存在高频振动信号，与 GIL 设备正常运行时一直存在的以 100Hz 频率为主的低频振动信号在频率分布上具有明显的差异，且由放电性故障引起的高频振动信号在 GIL 结构上存在的时间较短。因此，可以利用振动信号的高频成分对 GIL 的放电性故障进行故障诊断研究。

此外，绝缘子损坏和金属外壳的焊点松动现象为常见的机械故障类型。由于这两种机械故障不引起局部放电的情况，使得 GIL 结构在发生这两种机械故障时，仅存在以 100Hz 频率为主的低频振动信号。但此时的振动信号与正常状态下的低频振动信号在模态结构和幅值参数上也存在较大区别，仍然可以通过振动信号特征进行辨识。

以 GIL 一段气室结构为例，可以根据机械振动理论得到结构动力学方程，即

$$M\ddot{\delta}+C\dot{\delta}+K\delta=F \tag{4-5}$$

式中　M—— 系统的质量矩阵；

C—— 系统的阻尼矩阵；

K—— 系统的刚度矩阵；

F—— 系统的外加激振力矩阵；

δ、$\dot{\delta}$、$\ddot{\delta}$—— 分别为结构上节点的位移、速度、加速度。

对于多自由度系统，结构固有频率值的计算方程为

$$M\ddot{\delta}(t)+K\delta(t)=0 \tag{4-6}$$

该方程的解假设为以下形式

$$\delta=\varphi\sin\omega(t-t_0) \tag{4-7}$$

式中　φ——n 阶向量；

ω—— 圆频率；

t—— 时间。

得到如下广义特征值问题（即特征方程）

$$K\varphi-\omega^2 M\varphi=0 \tag{4-8}$$

通过上述方程，以及在金属外壳和管型导体的端面施加对称约束，可以得到 GIL 模态振型云图。它只反映 GIL 整体结构的基本振动形态特征。可以通过振型云图观察出 GIL 结构在不同频率下的振动趋势和相对的振动幅度关系，从中确定故障的类型及具体故障位置。

2．基于振动信号的系统架构

GIL 振动监测硬件系统主要由振动传感器、数据采集器、无线网关、计算机组成。传感器与数据采集器通过屏蔽电缆连接，采集器与无线网关通过无线连接，无线网关与计算机通过串口线连接。振动传感器固定安装在 GIL 表面并与之紧密接触，当 GIL 故障产生的振动或者正常工作时产生的振动传播到 GIL 表面时被振动传感器检测到，振动传感器输出电压信号。与传感器相连接的数据采集器接收振动传感器输出的电压信号并进行放大滤波后再经过 ADC 转换为数字信号，然后同内部无线模块将数字信号发送给无线网关。无线网关

将接收到的数字信号发送到计算的串口，计算机通过串口接收并保存数据，然后分析数据并给出分析结果。

软件组成模块则包括：

（1）系统地图。具体包括系统地图的显示、缩放、重置和设备状态显示。

（2）设备查询。具体包括系统设备查询和设备数据的编辑。

（3）数据查询。具体包括设备节点数据查询、时域/频域数据显示、图片导出。

（4）系统设置。具体包括系统设备数据显示与编辑。

（5）后台采集。具体包括采集串口选择、开始/停止采集。

4.5.5 各种故障定位方法的比较

基于暂态电压监测的GIL故障定位方法较新颖，借鉴了故障行波定位技术在电缆中的应用经验，在实际操作中较具可行性。但该方法是通过捕捉GIL内部发生绝缘击穿时的暂态电压波形信号来进行甄别，对传感器要求较高；同时这一方法对不发生绝缘击穿的GIL故障如虚焊、内部微粒悬浮放电等基本无法检测。

红外测温方法不会破坏GIL内部的温度场平衡，具有抗电磁干扰能力强、不接触带电设备、热图像形象直观以及故障诊断和缺陷类型识别能力强等优点。但该方法受导体金属表面发射率和SF_6气体浓度等因素影响非常大。

光纤光栅技术采用光波长作为检测量，具有不受电瓷干扰影响、绝缘性能好、体积小、质量轻等特点。但该项技术只对于GIL的壳体发热类缺陷有较好的检测和故障定位效果。

目前局部放电检测是较为通用的GIL故障检测手段，但据局部放电检测技术的实际运用情况来看，其抗干扰能力较弱，运行稳定性不够。而且，由于外部的机械故障并不会引起GIL内部的局部放电情况，因此现有的基于局部放电的故障检测系统并不能对这种机械故障类型进行有效检测。

振动检测是一种基于机械波的模态分析方法，其特点是受干扰度小，对于各类放电或非放电故障均能检测到振动信号。其宽频带适应性能良好，并对于部分机械故障而言可谓是唯一检测手段，因而可作为上述故障定位方法的重要而有益的补充。

章后导练

1. GIL 设备的作用？
2. GIL 设备典型结构单元？
3. GIL 设备常用故障监测技术？
4. GIL 设备常见故障及处理方法？
5. GIL 管形母线红外测温缺陷判断方法？

章前导读

导读

避雷器是电力系统中最主要的一种限制过电压的电器，也是电力系统重要的保护装置。本章主要研究对象为无间隙金属氧化物避雷器。本章首先介绍了避雷器的位置及作用，重点阐述了其结构和工作原理，梳理了避雷器现场维护与试验工作，总结了避雷器典型故障及处理方法，最后分享了避雷器典型故障案例。

重难点

本章的重点在于掌握避雷器工作原理、主要技术参数、结构组成和维护试验方法。

本章的难点在于正确把握避雷器现场维护与试验，具体体现在避雷器现场维护检修项目、检修质量标准、现场试验项目、现场试验步骤及标准。

重难点	包括内容	具体内容
重点	避雷器工作原理	1. 避雷器分类 2. 关键技术参数 3. 避雷器结构组成 4. 避雷器动作原理
难点	现场维护与试验	1. 检修项目及标准 2. 试验项目及标准

第5章 避 雷 器

5.1 在电力系统中的位置及作用

5.1.1 避雷器定义

电力系统输变电和配电设备在运行中会受到以下几种电压的作用：①长期作用的工作电压；②由于接地故障、谐振以及其他原因产生的暂态过电压；③雷电过电压；④操作过电压。雷电过电压和操作过电压可能有较高的数值，单纯依靠提高设备绝缘水平来承受这两种过电压，不但在经济上是不合理的，而且在技术上往往也是不可能的。积极的办法是采用专门限制过电压的电器，将过电压限制在一个合理的水平上，然后按此选用相应绝缘水平的设备。

依据《电工术语 避雷器、低压电涌保护器及元件》(GB/T 2900.12—2008)，避雷器是指用于保护电气设备免受高瞬态过电压危害并限制续流时间也常限制续流幅值的一种电器。避雷器有时也称为过电压保护器或过电压限制器。

避雷器的保护特性是被保护设备绝缘配合的基础，改善避雷器的保护特性，可以提高被保护设备运行的安全可靠性，也可以降低设备的绝缘水平，从而降低造价。设备电压等级越高，降低绝缘水平所带来的经济效益越显著。

避雷器与被保护设备的关系示意图，如图5-1所示，正常时泄漏电流很小，相当于绝缘体。当遭受过电压时，避雷器优异的非线特性发挥了作用，避雷器阀片“导通”将大电流通过阀片泄入地中，释放过电压能量，避雷器处于导通状态，此时其残压不会超过被保护设备的耐压，达到了保护目的。此后，当作用电压降到动作

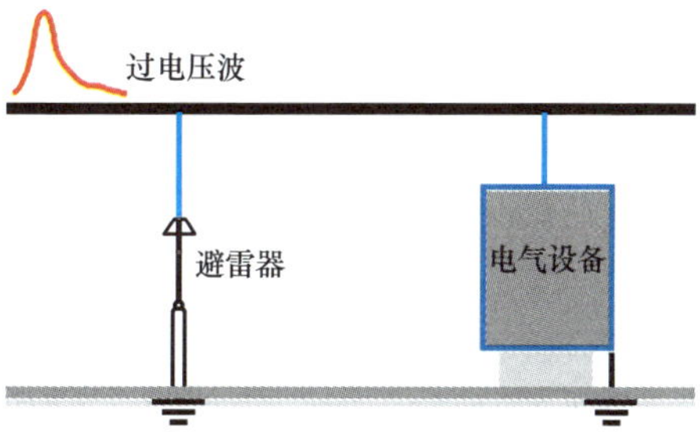

图5-1 避雷器与被保护设备的关系示意图

电压以下时，阀片自动终止“导通”状态，恢复绝缘状态。整个过程不存在电弧燃烧与熄灭的问题。

5.1.2 避雷器典型安装位置及作用

特高压直流换流站避雷器配置的原则是换流站交流侧产生的过电压应由交流侧的避雷器进行限制，换流站直流侧产生的过电压应由直流侧避雷器进行限制，换流站内的重要设备应由紧靠其的避雷器直接进行保护。对称单极接线下换流站避雷器、测量装置和开关典型布置见图 5-2，双极接线下换流站避雷器、测量装置和开关典型布置见图 5-3。图 5-2 和图 5-3 中的避雷器典型安装位置及作用说明见表 5-1。

与交流避雷器相比，直流避雷器主要具有以下特点：①种类多。直流避雷器可分为 10 余种（由于在高压直流换流站的位置差异）；②持续运行电压波形差异大。交流避雷器的运行电压一般是基波正弦电压。而对于直流避雷器，因被保护对象的不同，其持续运行电压有多种类型，包括交流电压、直流电压、交流与直流的叠加及换向过冲等。

表 5-1　　换流站避雷器典型安装位置及作用说明

安装位置	避雷器代号	作用
联结变压器交流侧	A	保护联结变压器交流侧。A 避雷器的安装紧靠换流变压器
联结变压器阀侧	AF	保护联结变压器阀侧和接地点母线。AF 避雷器的能量要求和操作冲击保护水平需要综合考虑交流系统故障以及直流侧故障引起的操作冲击（考虑直流偏置电压）
桥臂电抗器阀侧	LV	主要保护换流阀与桥臂电抗器。主要考虑操作冲击，需要考虑的故障包括其他桥臂故障、对极桥臂故障、阀顶故障以及联结变压器阀侧故障对该点的冲击（考虑直流偏置电压）
直流电抗阀侧	DB1	主要防止雷击进入阀厅
直流极线	DB2	（1）保护直流电抗器线路侧开关场设备。直流极母线过电压最严重的工况是由直流线路侵入的雷电或因直流场屏蔽失效的雷击。后者的雷击电流由于在直流极线设备上空有适当的屏蔽系统而限制到非常小，对户内直流场则为零。 （2）因另一极接地故障产生的操作冲击，在直流线路上可能产生过电压
阀厅内中性母线①	CBN1	防止雷击进入阀厅
阀厅外中性母线①	CBN2	极线故障时，中性线有较大过电压
接地极线① （金属回线）	EL	用于吸收雷电和操作负载。由于金属回线运行方式下有较长的返回线路，所以整流站中性母线有较高的绝缘水平

① 仅用于双极柔性直流输电系统。

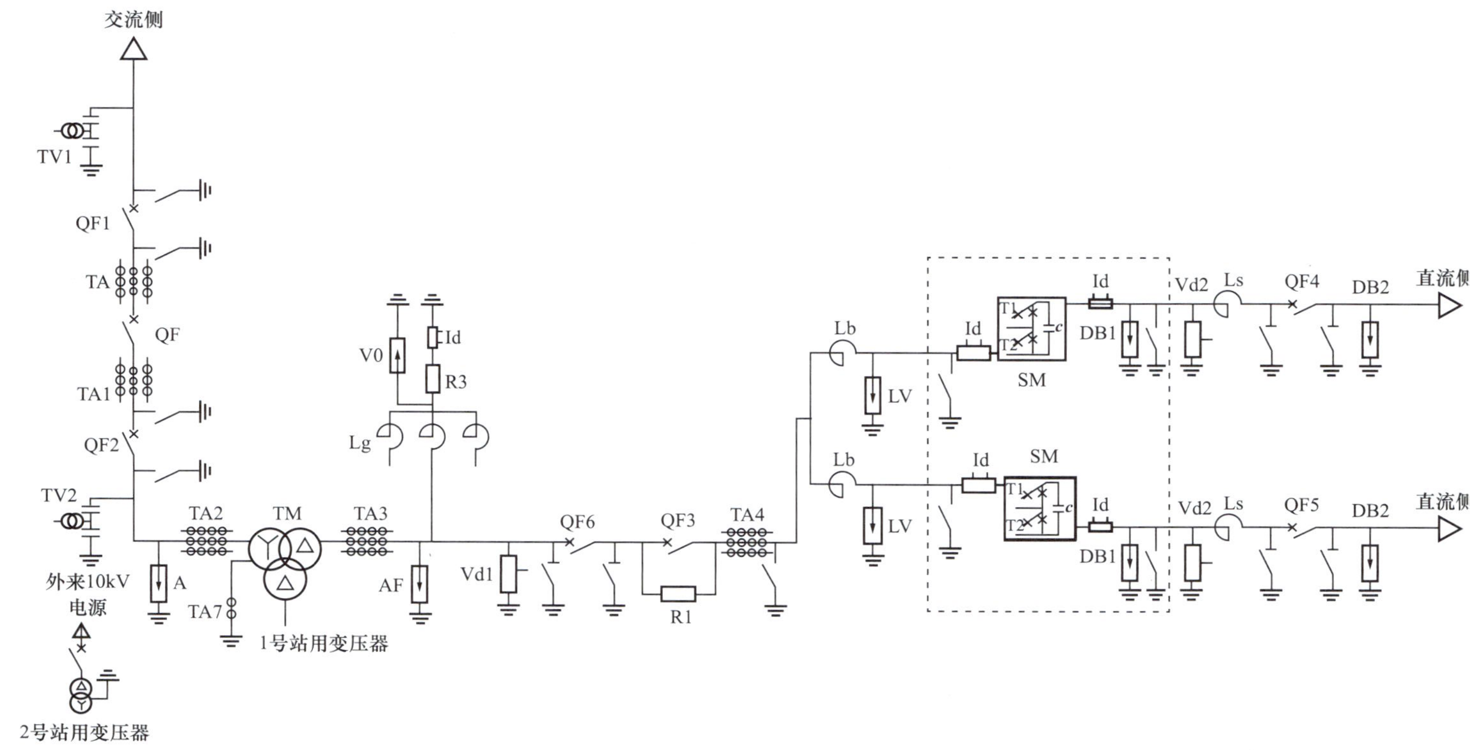

图 5-2 对称单极接线下换流站避雷器、测量装置和开关典型布置图

TV—电压互感器；QF—断路器；TA—电流互感器；TM—联结变压器；R1—充电电阻；R3—阀侧接地电阻；Id—直流电流测量装置；Vd—直流电压测量装置；SM—子模块；Lb—桥臂电抗器；Ls—直流电抗器；Lg—接地电抗器；A—网侧交流母线避雷器；AF—阀侧交流母线避雷器；LV—阀底避雷器；DB1—阀顶避雷器；DB2—直流极线避雷器；V0—变压器中性点避雷器

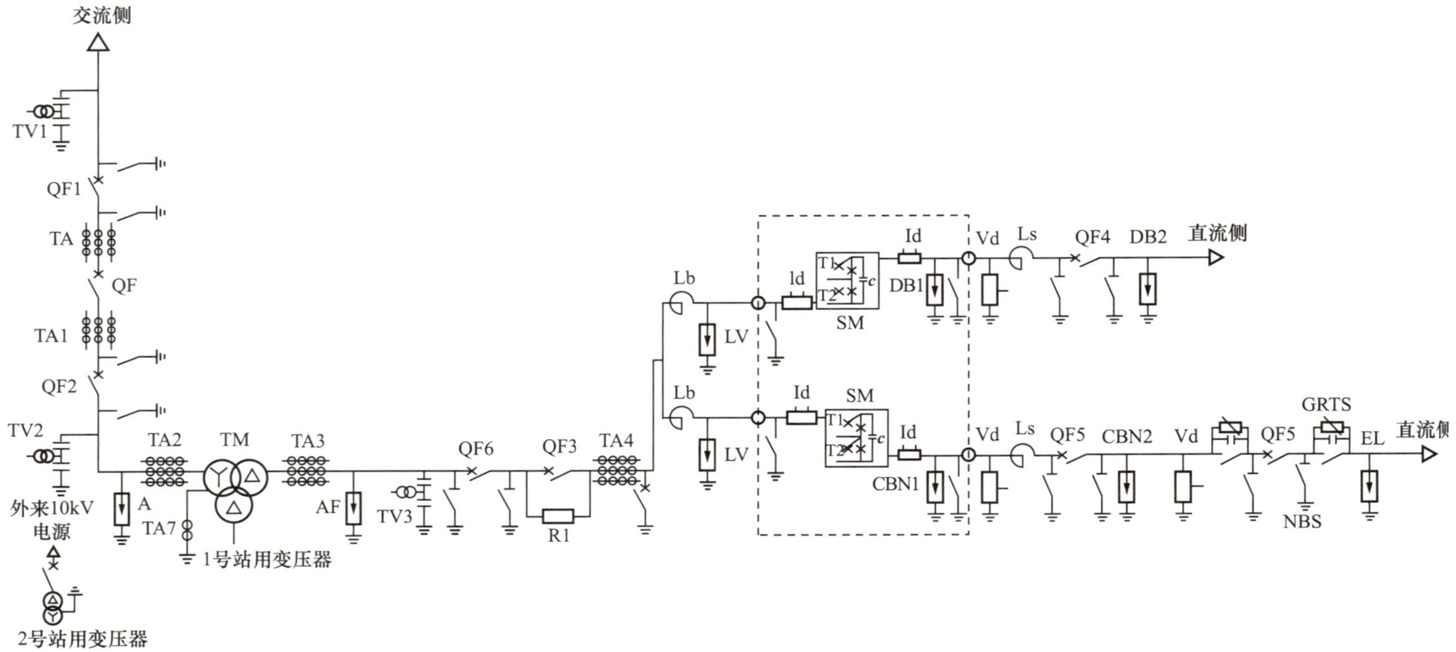

图 5-3　双极接线下换流站避雷器、测量装置和开关布置图

TV—电压互感器；QF—断路器；TA—电流互感器；TM—联结变压器；R1—充电电阻；Id—直流电流测量装置；Vd—直流电压测量装置；SM—子模块；EL—接地极线避雷器；Lb—桥臂电抗器；Ls—直流电抗器；A—网侧交流母线避雷器；AF—阀侧交流母线避雷器；LV—阀底避雷器；DB1—阀顶避雷器；DB2—直流极线避雷器；CBN1—中性母线阀厅内避雷器；CBN2—中性母线阀厅外避雷器

5.2　设备结构原理

避雷器的发展经历了保护间隙、管型避雷器、阀型避雷器、磁吹避雷器、氧化锌避雷器几个阶段。避雷器按外套材料可分为瓷外套避雷器和复合外套避雷器，按电压等级分为配电避雷器和电站避雷器，按结构又分为间隙避雷器和无间隙避雷器。本书仅对无间隙金属氧化锌避雷器的原理、结构、运维等方面的内容进行详细介绍。

5.2.1　关键技术参数

1．标称放电电流

标称放电电流是指避雷器在正常工作情况下遭遇过电压时能够释放完全电压的电流值。

2．持续运行电压 U_c

避雷器持续运行电压是指允许持久地施加在避雷器端子间的工频电压有效值。对于无间隙避雷器，运行电压直接作用在避雷器的阀片上。为避免引起阀片的过热和热崩溃，长期作用在避雷器上的电压不得超过避雷器的持续运行电压。避雷器的持续运行电压一般相当于额定电压的 75%～85%。

3．额定电压 U_r

避雷器额定电压是指施加到避雷器端子间的最大允许工频电压有效值，按照此电压所设计的避雷器，能在所规定的动作负载试验中确定的暂时过电压下正确地工作。额定电压是表明避雷器运行特性的一个重要参数，但它不等于系统标称电压，也有别于其他电气设备的额定电压。

4．参考电压 U_{re}

避雷器参考电压是指在规定的参考电流下避雷器两端的电压。参考电压通常取避雷器伏安特性曲线上拐点处的电压。避雷器参考电压分为工频参考电压和直流参考电压，分别如下：

（1）工频参考电压。工频参考电压是避雷器在工频参考电流下测出的避雷器的工频电压最大峰值除以 $\sqrt{2}$ 。该参数一般等于避雷器的额定电压值。避雷器运行电压与工频参考电压之比为荷电率。工频参考电流在一毫安至几十毫安范围，它与避雷器阀片的特性、直径和并联数有关。通常工频参考电流随阀片直径的增大而增大，由制造厂给出并在资料中公布。

（2）直流参考电压。直流参考电压是避雷器在直流参考电流下测出的避雷器上的电压。对于交流系统用避雷器，虽然直流参考电压没有实质性的物理意义，但由于直流参考电压的测量比工频参考电压更方便，且干扰小，较适用现场测量；同时，避雷器的直流参考电压与工频参考电压有一定的关系，可通过直流参考电压的测量间接掌握工频参考电压。所以，在我国避雷器标准中一直保留对避雷器直流参考电压性能指标的要求。同样，直流参考电流的数值与避雷器阀片的特性、直径和并联数有关，由制造厂给出并在资料中公布。

5．残压

残压是指放电电流通过避雷器时其端子间的最大电压峰值。

5.2.2 结构组成

避雷器结构如图 5-4 所示。避雷器根据电压高低可用若干元件组成，顶部装有均压环。底座装有绝缘基础，用来安装避雷器的动作计数器和动作电流幅值记录装置。内部元件由氧化锌阀片组成，内部元件装入瓷套或复合外套内。

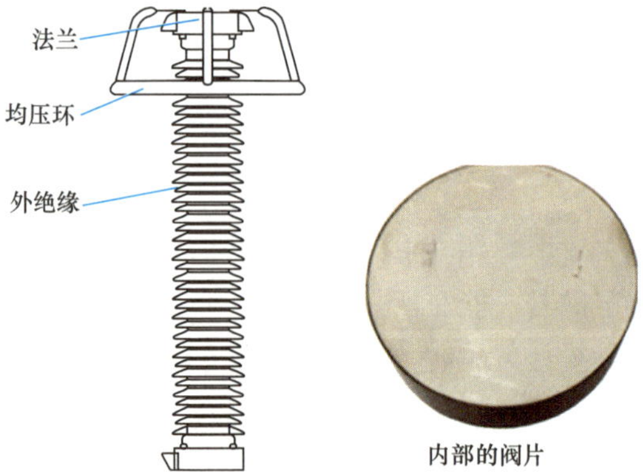

图 5-4　避雷器结构

5.2.3 动作原理

换流站中最常使用的氧化锌避雷器的伏安特性如图 5-5 所示。氧化锌避雷器与碳化硅避雷器工作原理类似，但氧化锌的伏安特性更优。氧化锌避雷器的特性主要有：①残压低，保护性能优异；②通流容量大，吸收过电压能力强；③运行可靠性高，老化性能好；④工频耐受能力强；⑤较高的耐污秽能力等。

避雷器的保护作用基于三个前提：①伏秒特性与被保护绝缘的伏秒特性有良好的配合；②保证其残压低于被保护绝缘的冲击电气强度；③被保护绝缘必须处于该避雷器的保护距离之内。

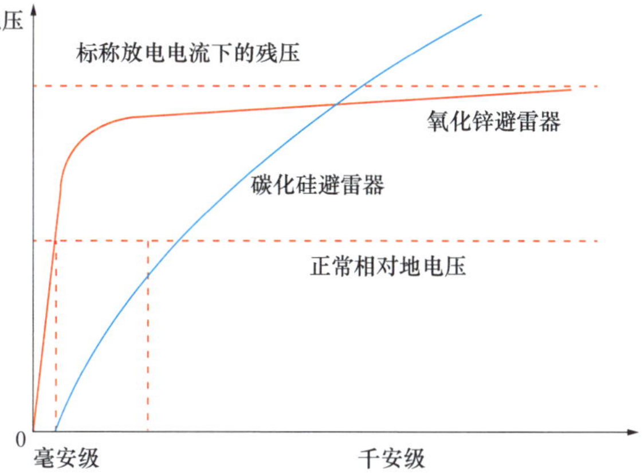

图 5-5　氧化锌避雷器的伏安特性

氧化锌避雷器的非线性原理通过其阀片的微观结构可以解释。阀片的微观结构主要由晶粒和晶粒间的晶界层组成，其中氧化锌晶粒占所有体积的 90% 以上，大小约为 10～20μm；晶粒间的晶界层厚度约为 1～10nm，而其中这层薄薄的晶界层对氧化锌阀片的非线性伏安特性起到至关重要的作用。除了较大的晶粒和晶界层外，微观结构还包括一些微粒和少量气孔。

目前，国内普遍采用的避雷器机械式放电计数器原理图见图 5-6，放电计数器串联在避雷器下部与地之间，放电计数器的电气回路由非线性电阻 R1、R2，电容器 C 及电磁计数器线圈 L 组成。当雷电流经过避雷器进入放电计数器时，电流的一部分经 R1 入地，另一部分经 R2 给电容器 C 充电。电容器 C 储能大小与避雷器动作电流幅值及持续时间密切相关。由于避雷器动作过后呈现高阻特性。电容器储能 C 通过电磁计数器线圈 L 释放，从而驱动计数器动作。

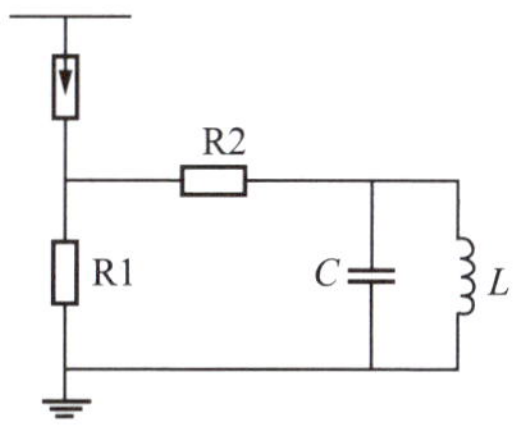

图 5-6　避雷器机械式放电计数器原理图

5.3 现场维护与试验

5.3.1 现场维护检修

5.3.1.1 不停电维护

1. 外观检查

（1）瓷套表面应无脏污、无放电现象，瓷套、法兰应无裂纹、破损。

（2）复合绝缘外套表面应无脏污，无皲裂老化现象。

（3）与避雷器、计数器连接的导线及接地引下线应无烧伤痕迹或断股现象。

（4）避雷器均压环应无歪斜。

（5）结合设备巡视进行。

2. 红外检测

（1）具体按 DL/T 664 执行。

（2）重点检查避雷器外套和导电连接部位，采用红外热像仪记录红外图谱。

（3）发现热像图异常时应结合运行工况综合分析，再决定是否进行停电试验和检查。

（4）结合设备巡视进行。

3. 避雷器放电计数器或在线监测仪检查

（1）记录避雷器放电计数器指示数和泄漏电流。

（2）放电计数器应外观完好，连接线牢固，内部无积水现象。

（3）结合设备巡视周期进行，或闭锁后、事故后等必要时开展。

5.3.1.2 停电维护

1. 本体瓷外套 / 复合外套检查

（1）污区等级处于直流 C 级及以上的换流站直流场户外瓷绝缘子宜喷涂防污闪涂料，已喷涂防污闪涂料的绝缘子应每年进行憎水性检查，憎水性下降到 5 级时应考虑重新喷涂。

（2）运维单位应充分利用停电机会，开展设备清扫，减少设备运行时的积污程度。超过 1 年未清扫的，应每季度对污秽程度进行评估，对不合格的应立即安排清扫。

（3）认真开展室外设备等值盐密和灰密测试工作，密切跟踪换流站周围污秽变化情况，据此及时调整所处地区的污秽等级，并采取相应措施使设备爬电比距与所处地区的污秽等级相适应。

（4）瓷外套：

1）检查瓷套应完好、无裂纹、无破损。

2）增爬裙（如有）应黏着牢固，无龟裂老化现象，否则应更换增爬裙。

3）检查防污涂层（如有）应无龟裂老化、起壳、憎水性丧失等现象，否则应重新喷涂。

（5）复合外套：

1）复合绝缘套管应检查外观颜色是否正常，是否存在龟裂、粉化、蚀损，指压应无明显裂纹，用手弯曲伞裙，不应出现破损、撕裂现象。

2）采用喷水分级法检查硅橡胶伞套上、中、下部的憎水性，憎水性应不低于 HC3 级，否则应进行清污。

3）检查硅橡胶伞套上、中、下部的硬度变化情况，硬度应满足制造厂要求。

4）必要时做修复处理。

2．避雷器底座的检查

避雷器底座应无积水和锈蚀，底座瓷外套 / 绝缘外套应清洁、完好。

3．本体密封检查

避雷器顶盖和下部引线的密封应良好，压力释放板应无变色、锈蚀或破损。

4．均压环检查

螺栓应紧固，均压环应无偏斜。

5．避雷器排水孔检查

应检查避雷器是否正确设置排水孔，排水孔是否通畅，如发现堵塞，应及时清理疏通。

5.3.2 现场试验

5.3.2.1 本体和底座绝缘电阻测量

1．试验参数

采用 2500V 及以上兆欧表进行测量。

2．试验方法

当拆除一次连接线时，可以分别对上、下两节避雷器进行试验，接线图如

图 5-7（a）和（b）所示。当不拆开一次连线时（避雷器顶部接地），试验接线如图 5-7（c）和（d）所示。测量底座的绝缘电阻试验接线如图 5-7（e）所示。

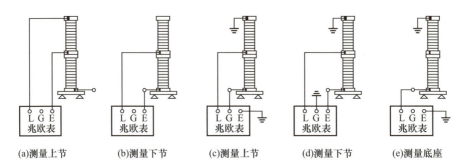

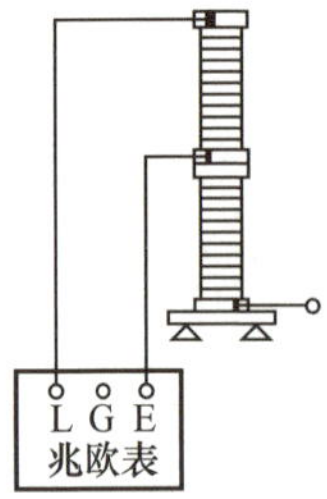

图 5-7　两节避雷器绝缘电阻测量接线图

3．试验步骤

（1）试验接线。选择合适位置，将兆欧表水平放稳，试验前对兆欧表本身进行检查。按照接线示意布置试验接线。

（2）试验测量。选择合适的测试电压，启动兆欧表开始测量，读取绝缘电阻（60s）的测量值。

（3）数据记录。本体绝缘电阻不小于 2500MΩ，底座绝缘电阻不小于 5MΩ。

（4）停止测量。将被试避雷器两端接线短路放电并接地。

4．注意事项

（1）相对湿度超过 70% 或测量结果异常时，处于测量回路的外绝缘表面泄漏电流宜予以屏蔽。当屏蔽困难时，可用酒精或丙酮等对外绝缘表面进行清洁处理。

（2）设备正常时，绝缘电阻不应低于注意值，且同比及互比不应明显偏低（有可比数据时适用），否则，应结合关联状态量做进一步分析。

（3）绝缘电阻显著下降时，一般是由于密封不良而受潮或火花间隙短路所引起的，当低于合格值时，应作特性试验；绝缘电阻显著升高时，一般是由于内部并联电阻接触不良断裂以及弹簧松弛和内部元件分离等造成的。

5.3.2.2　直流参考电压及漏电流测量

1．试验参数

（1）U_{1mA} 实测值与初始值或出厂值比较，变化不应大于 ±5%，且不应低于制造厂规定值。

（2）对于直流场中性母线、直流断路器震荡装置的多支并联结构的避雷器，直流参考电压实测值与平均值的偏差不应超过 2%。

（3）$0.75U_{1mA}$ 下的泄漏电流不应大于 50μA。

（4）对于内部多柱避雷器应根据并联柱的数量，按每柱 1mA 开展相应的参考电压和泄漏电流试验。

2．试验方法

以三节避雷器为例进行说明。

（1）测量上节时，试验接线如图 5-8（a）所示。从避雷器上节末端加压，直接在直流高压发生器高压端微安表读取避雷器上节的泄漏电流。

（2）测量中节时，试验接线如图 5-8（b）所示。从避雷器中节首端加压，从表 A1 读取避雷器中节的泄漏电流。若出现避雷器上节电流先达到 1mA 情况，将会造成中节泄漏电流值为 1mA 下的电压无法准确测出和试验容量不足的问题。

（3）可采用电压加在中节末端，中节首端通过微安表接地进行测量，为保证底座瓷瓶不被击穿，下节末端必须可靠接地。若下节电流先达到 1mA 情况，可采用串联补偿方式解决，用 1 台额定电压为 6.0～10.0kV 无间隙氧化物避雷器串联在下节的末端进行补偿，抬高下节直流 1mA 下的电压，串联补偿无间隙氧化物避雷器额定电压不应超过 10.0kV，以防下节底座瓷瓶过压击穿。试验接线如图 5-8（c）所示。

（4）测量下节时，从避雷器下节首端加压，从表 A2 读取避雷器下节的泄漏电流。试验接线如图 5-8（d）所示。

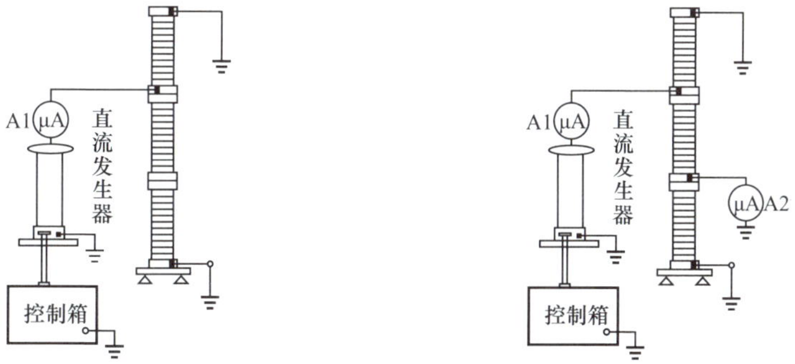

（a）测量上节　　（b）测量中节

图 5-8　三节避雷器直流参考电压测量的试验接线（一）

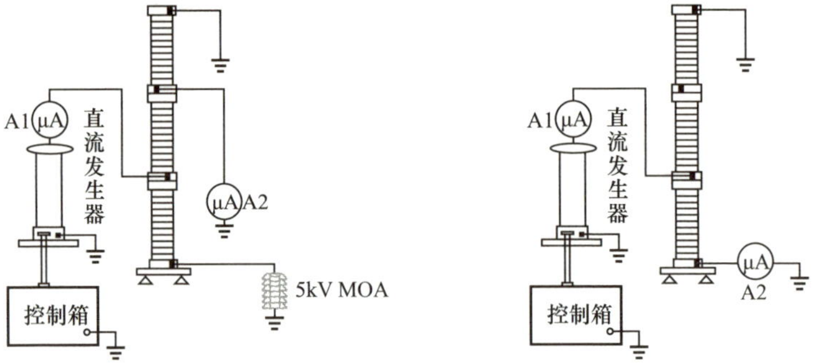

（c）测量中节　　（d）测量下节

图 5-8　三节避雷器直流参考电压测量的试验接线（二）

3．试验步骤

（1）试验接线。选择合适位置将直流高压发生器平稳放置，将仪器接地端可靠接地，按照接线示意图布置试验接线。

（2）试验测量。平稳升高直流高压发生器电压，直至微安表的读数达到直流参考电流，此时，避雷器两端电压即为直流参考电压 U_{1mA}。如直流参考电压与极性有关，取低值。然后将电压降至 U_{1mA} 的 0.75 倍，记录流过避雷器的漏电流。如果漏电流与极性有关，取高值。

（3）数据记录。

1）正常判断：试验过程中未发现异常，试验完成后参照预防性试验规程和设备历史数据进行对比，没有超过规程要求标准时可判断设备正常。

2）异常处理：试验过程中，当出现放电或异常响声时，应停止升压，并将电压调零，高压断，放电后进行检查：①采用专用屏蔽型测试线；②采取清抹、屏蔽等措施，重新测试；③调整测试高压引线的角度和距离，重新测试；④检查试验接线与避雷器接触是否良好。

（4）停止测量。将电压降为零，断开直流高压发生器电源，使用放电棒对直流高压发生器各连接部件进行放电并接地。拆除试验接线。

4．注意事项

（1）高压引线宜采用专用的屏蔽线，不宜用设备的一次引线代替（或部分代替）高压引线。

（2）直流发生器的倍压筒应尽可能远离被试品，高压引线与被试品的夹角尽可能接近 90°。

（3）测量时注意排除外壳脏污、空气湿度的影响，必要时在外壳增加屏蔽环。要记录试验时的环境温度和相对湿度。

（4）保持升降压匀速，避免升压过快电流超量程。

（5）不拆线的试验方法只适用于两节避雷器的特性基本相近的情况，如果特性相差太大，就会使特性电压偏低的那一节避雷器电流过大，造成直流发生器过载。不拆线测量下节避雷器时底座的绝缘电阻不能太低。

（6）一般来说，避雷器计数器电阻比较小，测量下节时可以忽略其分压影响，若避雷器计数器两端电阻较大时，测量下节时将计数器两端短接接地即可。

（7）试验接线非接头部分尽量远离避雷器，防止试验过程中放电和对数据产生干扰。

（8）试验接线应用绝缘胶带进行固定，防止随风摇动。

5.3.2.3　放电计数器功能检测

1．试验参数

不同类型计数器的试验电压不同，一般不超过 5kV。

2．试验方法

使用放电计数器校验仪或浪涌发生器进行检测。

3．试验步骤

（1）计数器状态检查。检查计数器状态，查看计数器上端是否拆开，并确认。

（2）仪器布置。选择合适位置，将放电计数器校验仪水平放稳，试验前对仪器本身进行检查。放电计数器校验仪正极接在仪器专用放电棒端部，校验仪负极和接地端应可靠接地。

（3）计数器检查。用放电计数器校验仪对放电计数器放电 3～5 次，记录计数器动作情况。

（4）测试结束。关闭放电计数器校验仪电源，并将放电计数器校验仪多次放电完全。

4．注意事项

（1）建议拆除放电计数器与避雷器连接线。

（2）每次点击后，放电杆端头应离开计数器。

（3）在通电指示灯亮起时，人体任何部位切勿碰触放电杆。

（4）试验结束后，必须用试验绝缘棒对地进行放电。

5.4 典型缺陷与故障分析处理

5.4.1 避雷器故障分类

避雷器正常使用时的失效模型见图 5-9，可见密封机械损伤、阀片老化、冲击负载、外套表面污秽等都可能引起避雷器失效。

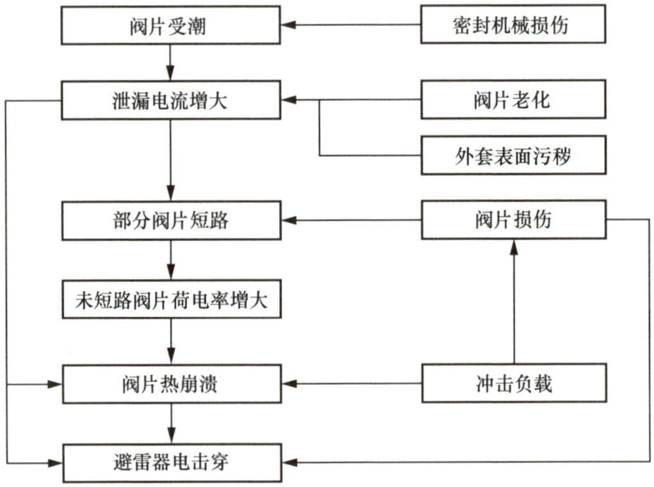

图 5-9　避雷器正常使用时的失效模型

5.4.2 避雷器故障原因分析及处理

避雷器在运行中常发生异常现象和故障时，应对异常现象进行分析判断，并及时采取措施进行故障处理。

1. 放电计数器不能正确动作

（1）由于密封不良等原因导致动作计数器在运行中进入潮气或水分，使内部元件锈蚀。可用手轻拍表计看是否卡死，无法恢复时，进行修理或更换。

（2）由于雷击导致避雷器放电计数器内部间隙被击穿短路。无法恢复时，进行修理或更换。

（3）由于避雷器与放电计数器的连接电缆破损短路导致雷击电流不经过避雷器放电计数器。用绝缘棒将电缆破损处与避雷器导电部分相碰之处挑开，即可恢复正常。

2．避雷器瓷套有裂纹

天气正常时发现避雷器有裂纹时，应立即停止运行，将故障相避雷器退出运行，更换合格的避雷器。雷雨中发现瓷套有裂纹时，应维持其运行，待雷雨过后再行处理，若因避雷器瓷套裂纹而造成闪络，但未引起系统接地者，在可能条件下应将故障避雷器停用。

3．避雷器内部有放电声

在工频情况下，避雷器内部是没有电流通过的。因此，不应有任何声音。若运行中避雷器内有异常声音，则认为避雷器损坏失去作用，而且可能会引发单相接地。这种情况，应立即汇报调度，将避雷器退出运行，予以更换。

4．避雷器在运行中突然爆炸

避雷器运行中发生爆炸的事故是经常发生的，爆炸的原因可能由系统的原因引起，也可能为避雷器本身的原因引起。

（1）由于中性点不接地系统中发生单相接地，使非故障相对地电压升高到线电压，即使避雷器所承受的电压小于其工频放电电压，而在持续时间较长的过电压作用下，可能会引起爆炸。

（2）由于电力系统发生铁磁谐振过电压，使避雷器放电，从而烧坏其内部元件而引起爆炸。

（3）线路受雷击时，避雷器正常动作。由于本身火花间隙灭弧性能差，当间隙承受不住恢复电压而击穿时，使电弧重燃，工频续流将再度出现，重燃阀片烧坏电阻，引起避雷器爆炸；或由于避雷器阀片电阻不合格，残压虽然降低，但续流却增大，间隙不能灭弧而引起爆炸。

（4）由于避雷器密封垫圈与水泥接合处松动或有裂纹，密封不良而引起爆炸。

避雷器动作指示器内部烧黑或烧毁，接地引下线连接点烧断，避雷器阀片电阻失效，火花间隙灭弧特性变坏，工频续流增大，以上这些异常现象，应及时对避雷器作电气试验或解体检查。

5.4.3 避雷器典型故障案例

5.4.3.1 案例 1

1. 故障现象

2016 年 4 月 6 日 17 时 2 分，某换流站极 1 三套直流线路行波保护和电压突变量保护动作，直流系统经 3 次重启不成功后闭锁。闭锁前直流运行方式为极 1 单极金属回线运行，输送功率 600MW。19 时 48 分，极 1 采用单极金属回线方式强送成功，恢复送电功率至 300MW。随后在 20 时 4 分执行功率由 300MW 至 600MW 调整时，换流站三套中性母线差动保护动作，极 1 转为闭锁。

故障后现场检查发现，换流站极 1 中性母线 F2 避雷器动作 8 次，红外测温为 35.9℃，其余避雷器为 30℃左右，绝缘电阻测试结果为 0。在单极金属回线运行方式下，换流站极 1 中性母线共配置相同参数的避雷器 6 台。

2. 故障原因

（1）故障避雷器解体现象表明：①避雷器密封装置完好，内部未见明显受潮痕迹；②其中两柱阀片和瓷套内壁有明显的电弧闪络痕迹，表明避雷器内部阀片沿面产生贯穿性电弧；③表面烧蚀严重的阀片柱顶部第 2 片阀片发生击穿开裂。

（2）梳理避雷器故障过程的两个阶段，利用故障录波和暂态仿真，校核避雷器吸收的能量，校核结果表明单台避雷器吸收能量约为 0.53MJ，小于其额定吸收能量 2.6MJ，避雷器故障原因可排除能量过载导致。

（3）分析避雷器故障前的直流参考电压试验结果发现：避雷器故障前 1mA 直流参考电压明显低于同极其他避雷器，最大偏差达 2.5kV；仿真分析直流参考电压偏差对避雷器电流分布不均匀系数影响可知，当参考电压偏差 2.5kV 时，电流不均匀分布系数达 50% 以上，能量在并联避雷器之间分配极不均匀。

（4）综合解体现象、能量校核和仿真结果，可得避雷器损坏原因为：避雷器其中一个阀片存在缺陷或者已经失效，导致该避雷器伏安特性低于同极其他避雷器，在故障工况中承担了大部分的能量耐受，发生击穿故障。

3. 整改建议

（1）安装在同一极的中性母线避雷器，开展直流参考电压预防性试验时，应对试验结果进行横向比较，最大偏差不应超过 0.5kV；

（2）为及时发现隐患，对于运行年限超过 10 年的中性母线避雷器，预防性试验周期建议由 3 年缩短为 1 年。

5.4.3.2 案例 2

1. 故障现象

2022 年 4 月 4 日，某直流接地极母线差动保护动作，现场检查发现，直流接地极线路避雷器 F2-1 有明显放电痕迹，泄漏电流表计内有黑色烟雾。该避雷器（E 型）最近一次预试为 2021 年 11 月，开展本体及底座绝缘以及泄漏电流测试，试验结果正常；该避雷器为Ⅱ级管控设备，每 8 天开展一次日常巡视，4 月 3 日开展日常巡视，结果正常。

2. 故障原因

综合避雷器解体检查和试验结果，阀片热崩溃的特征明显，在极间故障的特殊极端工况下，长波冲击（51.6ms）可能造成了部分薄弱阀片被破坏，最终导致整体发生热崩溃。

为验证阀片在长波冲击下的缺陷概率，对本站 2 支中性母线避雷器备品的全部阀片开展 2ms 方波组合 50ms 长波的筛选试验，160 片阀片有 1 片发生击穿，电阻片缺陷率达 0.63%，表明阀片缺陷在出厂阶段未有效得到筛除，应采用与实际冲击波长接近的试验波形开展试验。

3. 整改建议

对本站新生产避雷器要求：①厂家采用配方改进和工艺优化，提高阀片均匀性，减少阀片缺陷率；②出厂阶段采用 2ms 方波和长波组合筛选试验，筛除掺杂的缺陷阀片。

中性母线避雷器采用热备用备品可通过直流系统操作或故障工况有效考核、筛除缺陷阀片，考虑经济性与现场基础施工难度，建议在已有支架基础上增加热备用避雷器，即在直流接地极线路避雷器 F2 空余位置增加一支热备用避雷器，若 F2 避雷器再出现故障，可直接将故障避雷器退运。其他位置仍采用冷备用方式。

5.5 故障检测技术

避雷器运行中可通过红外测温、在线监测阻性电流（或功耗）变化等方法检测故障。

5.5.1 红外测温

红外测温可检查阀片受潮或老化情况，定量检测设备或部件表面热场及热点温度时适用。应用时应遵循以下要求：

（1）采用红外热像仪进行检测，要求红外热像仪的热灵敏度达到或优于 0.04℃（30℃时）、准确度达到或优于 ±2℃（或 2% 读数），分辨率不低于 320×240 像素。

（2）户外精确检测宜在阴天或日落之后进行，风速宜小于 1.5m/s。不论户内或户外，检测时应避开其他热辐射源的干扰。被测目标和环境的温度不宜低于 5℃。空气湿度不宜大于 85%，不应在有雷、雨、雾、雪的环境下进行检测。

（3）避雷器属于电压致热型设备，分析时应注意电压波动的影响。

（4）设备正常且工况相近时，设备表面的温度分布特征应无改变，各部件及电气连接处的热点温度同比及互比应无明显偏大，且最热点温度低于安全限值。否则，应跟踪分析，达到危急状态时应及时处理。

5.5.2 阻性电流在线监视

阻性电流具有敏感性，对于故障避雷器，阻性电流可能增大数倍，而全电流可能只增大一点，而容性电流可能不变化。阻性电流增大具有较大危害：阀片有功损耗增大，阀片运行温度增加，加速阀片的老化。

章后导练

1. 避雷器在高压直流输电系统中的使用位置、作用分别是什么？
2. 避雷器对设备的保护原理是什么？
3. 避雷器参考电压测试的步骤及注意事项是什么？
4. 避雷器常见故障有哪些？处理方法分别是什么？

章前导读

导读

高压开关柜是成套配电装置的一种，是由制造厂生产的以断路器为主的成套电气设备。本章首先介绍了高压开关柜位置及作用，重点阐述了高压开关柜的结构和工作原理，梳理了高压开关柜现场维护与试验工作，总结了高压开关柜典型缺陷与故障分析处理方法，最后分享了故障检测技术。

重难点

本章的重点介绍高压开关柜的定义及作用，两种高压开关柜——移开式和固定式高压开关柜的主要结构及原理，高压开关柜的“五防”要求及功能。此外，重点总结了高压开关柜常见故障类型、故障处理方法，以及故障检测技术。

本章的难点在于正确把握高压开关柜现场维护与试验，具体体现在高压开关柜现场维护检修项目、检修质量标准、现场试验项目、现场试验步骤及标准。

重难点	包括内容	具体内容
重点	高压开关柜的定义及作用	1. 高压开关柜的定义 2. 高压开关柜在电力系统中的位置 3. 高压开关柜的作用
	高压开关柜结构及原理	1. 移开式高压开关柜主要结构及原理 2. 固定式高压开关柜主要结构及原理 3. 开关柜其他主要功能装置 4. 开关柜“五防”要求及功能
	常见故障及处理方法	1. 高压开关柜故障类型 2. 高压开关柜故障处理 3. 高压开关柜故障检测技术
难点	现场维护与试验	1. 检修项目及标准 2. 试验项目及标准

第6章 高压开关柜

6.1 在电力系统中的位置及作用

6.1.1 高压开关柜定义

高压开关柜是成套配电装置的一种，是由制造厂生产的以断路器为主的成套电气设备。制造厂根据电气主接线的要求，针对使用场合、控制对象及主要电气元件的特点，将有关控制电器、测量仪表、保护装置和辅助设备装配在封闭、半封闭式的金属柜体内，以用于电力系统中接受和分配电能。其优点是结构紧凑、占地少、维护检修方便，大大减少了现场的安装工作量，并缩短了施工工期。一般根据其主要元件（断路器）是固定安装还是移动手车安装，分为移开式（手车式）高压开关柜和固定式高压开关柜。

6.1.2 高压开关柜在电力系统中的位置

高压开关柜广泛应用于配电系统，通常安装在配电系统中的进线、出线、联络等间隔回路中，按照安装位置可分为进线柜、出线柜、联络柜等。图 6-1 所示为某进线高压开关柜（1DL）在电力系统中的位置。

6.1.3 高压开关柜作用

高压开关柜可根据电网运行需要将一部分电力设备或线路投入或退出运行，也可在电力设备或线路发生故障时将故障部分从电网中快速切除，从而保证电网中无故障部分的正常运行，以及设备和运行维修人员的安全。因此，高压开关柜是非常重要的配电设备，其安全、可靠运行对电力系统具有十分重要的意义。

高压开关柜具有接地的金属外壳，其外壳有支承和防护作用。因此要求它应具有足够的机械强度和刚度，保证装置的稳固性，当柜内产生故障时，不会出现变形，折断等外部效应。同时也可以防止人体接近带电部分和触及运动部件，防止外界因素对内部设施的影响，以及防止设备受到意外的冲击。此外，高压开关柜具有抑制内部故障的功能，当开关柜内部电弧短路引起的故障时，它能将电弧故障限制在隔室以内。

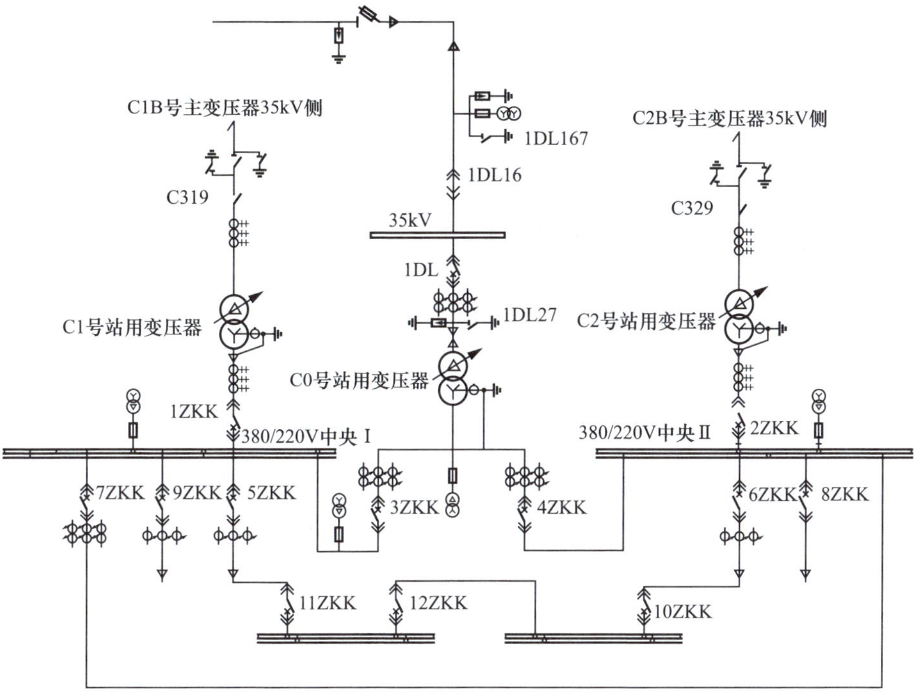

图 6-1　某进线高压开关柜（1DL）在电力系统中的位置

6.2　设备结构原理

6.2.1　移开式高压开关柜主要结构及原理

移开式高压开关柜通常根据柜内电气设备的功能，用隔板将柜体分成 4 个不同的功能单元，分别为母线隔室 A、断路器室 B、电缆隔室 C、继电器仪表室 D。移开式高压开关柜整体结构及结构示意图如图 6-2 和图 6-3 所示。

1．母线隔室 A

主母线是单台拼接相互贯穿连接，通过分支小母线和静触头盒固定。主母线和联络母线为矩形截面的铜排，用于大电流负荷时采用双根母排拼成。支母线通过螺栓连接于静触头盒和主母线，不需要其他支撑。如有特殊需要，母线可用热缩套和连接螺栓绝缘套和端帽覆盖。相邻柜母线用套管固定。这样连接母线间所保留的空气缓冲，在出现内部故障电弧时，能防止其贯穿熔化，套管能有效地把事故限制在隔室内而不向其他柜蔓延。

图 6-2　移开式高压开关柜整体结构

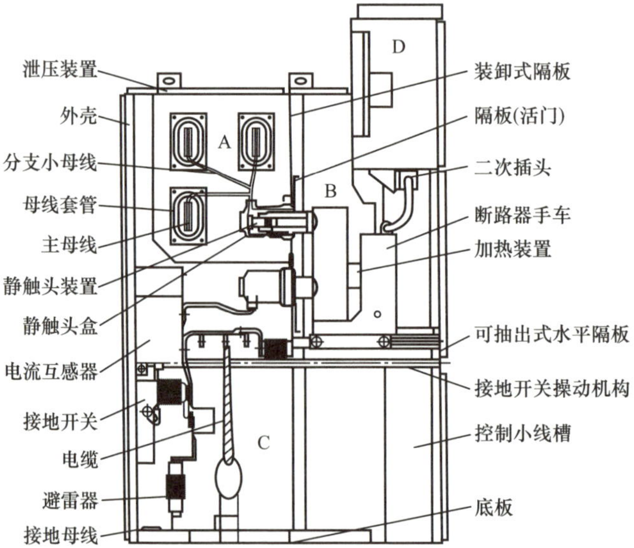

图 6-3　移开式高压开关柜结构示意图

2. 断路器室 B

在断路器室内安装特定的导轨，供断路器手车在内滑行与工作。手车能在工作位置、试验位置之间移动。静触头的隔板（活门）安装在手车室的后壁上。手车从试验位置移动到工作位置过程中，隔板自动打开，反方向移动手车则完全复合，从而保障操作人员不触及带电体。

3. 电缆隔室 C

开关设备采用中置式，因而电缆室空间较大。电流互感器、接地开关安装在隔室后壁上，避雷器安装于隔室后下部。将手车和可抽出式水平隔板移开后，施工人员就能从正面进入柜内安装和维护。电缆室内的电缆连接导体，每相可并 1～3 根单芯电缆，必要时每相可并接 6 根单芯电缆。连接电缆的柜底配置开缝的可卸式非金属封板或不导磁金属封板，确保施工方便。

4. 继电器仪表室 D

继电器仪表室内可安装继电保护元件、仪表、带电检查指示器以及特殊要求的二次设备。控制线路敷设在足够空间的线槽内，并配有金属盖板，可将二次线与高压室隔离。其左侧线槽是为控制小线的引进和引出预留的，开关柜内部的小线敷设在右侧。在继电器仪表室的顶板上还留有便于施工的小母线穿越孔。接线时，仪表室顶盖板可翻转，便于小母线安装。

6.2.2 固定式高压开关柜主要结构及原理

固定式高压开关柜大致可分为四部分，顶部为母线及上隔离开关，中部为断路器间隔，下部为电缆及隔离开关间隔，继电器仪表箱及满子室位于柜前部，开关柜一二次电器元件各成系统，并相互隔离。固定式高压开关柜整体结构及结构示意图如图 6-4 和图 6-5 所示。

与移开式高压开关柜相比，固定式高压开关柜结构更加简单，主要区别为其断路器元件固定于开关柜内。同时，固定式高压开关柜内装有隔离开关，断路器或馈线需要检修时，可用隔离开关进行隔离。

图 6-4 固定式高压开关柜整体结构

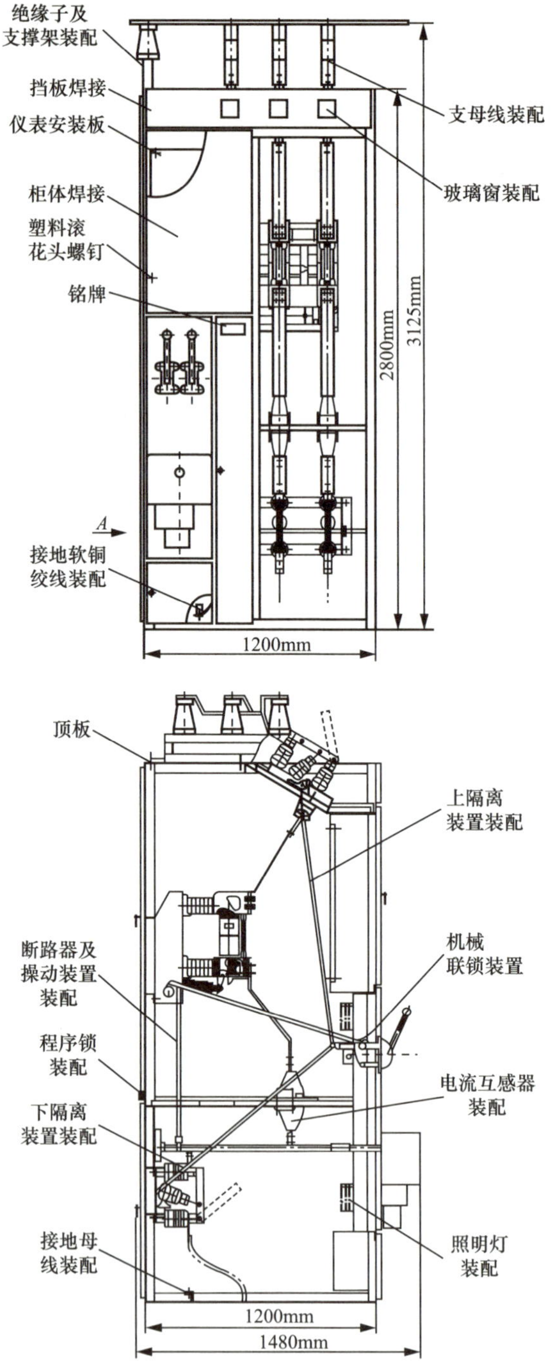

图 6-5　固定式高压开关柜结构示意图

6.2.3　开关柜其他主要功能装置

1．泄压装置

开关柜可在断路器室、母线室和电缆室的上方设有泄压装置，当断路器或母线发生内部故障产生电弧时，伴随电弧的出现，开关柜内部气压升高，装设在门上的特殊密封圈把柜前面封闭起来，顶部装备的泄压金属板自动打开，释放压力和排泄气体，以确保操作人员和开关柜的安全。

2．带电显示装置

根据运行需要，开关柜内可设检测一次回路运行的带电显示装置。该装置由高压传感器和可携带式显示器两个单元组成，经外接导电线连接为一体。该装置不但可以提示高压回路带电状况，而且还可以与电磁锁配合，实现强制闭锁开手柄、网门，达到防止带电合接地开关、防止误入带电间隔的要求，从而提高防误性能。

3．加热器

为了防止由于高湿度或温度变化较大的气候环境而产生的凝露带来的危险，在断路器室和电缆室内分别装设加热器，以便在上述环境中使用和防止凝露发生。

4．接地铜排

在电缆室内单独设有接地铜排，能贯穿相邻各柜，并与柜体良好接触。接地铜排供直接接地元器件使用，同时由于整个柜体采用敷铝锌板拼接，使整个柜体都处在良好接地状态之中，确保操作人员触及柜体时的安全。

5．二次插头

开关设备上的二次线与断路器手车二次线的联络是通过手动二次插头来实现的。二次插头的动触头通过一个尼龙波纹伸缩管与断路器手车相连，二次插头静触头座装设在开关柜手车室的右上方。断路器手车只有在试验 / 断开位置时，才能插上和解除二次插头，断路器手车处于工作位置时，由于机械联锁作用，二次插头被锁定，不能被解除。由于断路器手车的合闸机构被电磁铁锁定，断路器手车在二次插头未接通之前仅能分闸，无法合闸。

6.2.4　开关柜“五防”要求及功能

为了有效防止运行中人为误操作引发的人身和重大设备事故，高压开关柜大都设计了“五防”功能。

（1）防止误分、合断路器。

（2）防止带负荷分、合隔离开关。

（3）防止带电挂接地线（或合接地开关）。

（4）防止带接地线（或接地开关）合断路器（或合隔离开关）。

（5）防止误入带电间隔。

6.2.4.1 移开式高压开关柜的“五防”联锁功能

（1）防止误分、合断路器。采用专用钥匙防误联锁。为保证不能在带负荷的情况拉合手车，在仪表室盘面板上的断路器在分、合闸控制开关上加装有带钥匙的锁，只有用专用钥匙开锁后才能操作断路器。此外，倒闸操作前还应检查所操作开关柜的带电显示器是否完好，操作完毕应查看带电显示器变化是否正常。

（2）防止带负荷操作隔离开关或隔离插头。断路器柜的隔离触头防误采用强制性的机构联锁，即断路器处于合闸状态时，手车不能推入或拉出，只有当手车上的断路器处于分闸位置时，手车才能从试验位置（冷备用位置）移向工作位置（运行位置），反之也一样。该联锁是通过联锁杆及手车底盘内部的机械装置及合、分闸机构同时实现的，断路器合闸通过联锁杆作用于断路器底盘上的机械装置，使手车无法移动。只有当断路器分闸后，联锁才能解除，手车才能从试验位置（冷备用位置）移向工作位置（运行位置）或从工作位置（运行位置）移向试验位置（冷备用位置），并且只有当手车完全到达试验位置（冷备用位置）或工作位置（运行位置）时，断路器才能合闸。

（3）防止带电合接地开关。只有当断路器手车在试验位置（冷备用位置）及线路无电时，接地开关才能合闸，包含以下几种：

1）采用机械强制联锁。断路器手车处于试验位置（冷备用位置）时，接地开关操作孔上的滑板应能按动自如，同时导轨上的挡板和导轨下的挡块应能随滑板灵活运动；手车处于工作位置（运行位置）或工作与试验中间位置时（运行与冷备用中间位置时），滑板应无法按下。

2）采用电气强制联锁。只有当接地开关下侧电缆不带电时，接地开关才能合闸。安装强制闭锁型带电指示器，接地开关安装闭锁电磁铁，能将带电指示器的辅助触点接入接地开关闭锁电磁铁回路，带电指示器检测到电缆带电后闭锁接地开关合闸。

3）防止接地开关合上时送电。接地开关位于合闸位置时，由于操作接地开关时按下了滑板，其传动机构带动柜内手车右导轨上的挡板挡住了手车移动的路线，同时挡板下方的另一块挡板顶住了手车的传动丝杆联锁机构，使手车无法移动，因而实现接地开关合闸时无法将手车移入工作位置（运行位置）的联锁功能。

（4）防止误入带电间隔。包含以下几种：

1）断路器室门只有用专用钥匙才能开启。

2）断路器手车拉出后，手车室活门自动关上，隔离高压带电部分。

3）活门与手车机械联锁。手车摇进时，手车驱动器压动手车左右导轨传动杆，带动活门与导轨连接杆使活门开启，同时手车左右导轨的弹簧被压缩，手车摇出时，手车左右导轨的弹簧使活门关闭。

4）开关柜后封板采用内五角螺栓锁定，只有用专用工具才能开启。

5）实现接地开关与电缆室门板的机械联锁。当线路侧无电且手车处于试验位置（冷备用位置）时，合上接地开关，门板上的挂钩解锁，此时可打开电缆室门板。

6）检修后电缆室门板未盖时，接地开关传动杆被卡住，使接地开关无法分闸。

除以上功能外，手车式开关柜还有防误拔开关柜二次线插头功能。开关柜的二次线与手车的二次线联络是通过手动二次插头来实现的。只有当手车处于试验隔离位置（冷备用位置）时，才能插上和拔下二次插头；手车处于工作位置（运行位置）时，二次插头被锁定，不能拔下。

6.2.4.2　固定式高压开关柜的“五防”联锁功能

（1）只有在断路器确定分断后，才能将手柄从工作位置拉出右旋至分断闭锁位置，分、合隔离开关，防止带负荷分、合隔离开关。

（2）当断路器和隔离开关均处于合闸状态，手柄处于工作位置时，前后柜门不能打开，防止误入带电间隔。

（3）当断路器和隔离开关均处于合闸状态，手柄不能转至检修或分断闭锁位置，避免误分断路器，当手柄处在分断闭锁位置时，只能合、分隔离开关，不能合断路器，避免了误合断路器。

（4）当隔离开关未分闸，接地开关就不能合上，手柄不能从分断闭锁位置旋至检修位置，可防止带电挂接地线。

（5）接地开关未分闸，隔离开关就不能合上，可防止带接地线合隔离开关。

6.3 现场维护与试验

6.3.1 现场维护检修

6.3.1.1 开关柜维护

1. 外观检查

（1）柜体外观应无变形、破损、锈蚀、掉漆。

（2）外壳及面板各螺栓应齐全，无松动、锈蚀，柜体封闭性能应完好。

（3）正常运行时带电显示指示灯应闪烁。

（4）应无放电声、异味和不均匀的机械噪声。

2. 照明检查

照明灯工作应正常。

3. 仪表室检查

（1）二次线应无锈蚀、破损、松脱。

（2）电器元件应无损坏、脱落。

（3）开关柜面板上分合闸指示灯应能正确指示断路器位置状态，电流、电压表计与实际负荷显示一致。

4. 电缆室检查

通过观察窗打开照明灯观察：

（1）热缩套应紧贴铜排，无脱落、高温烧灼现象。

（2）内部应无受潮锈蚀，裸露的铜导体无铜绿。

（3）绝缘子、互感器、避雷器可视部分应完好，无异常。

（4）电缆终端头应连接良好，无过热现象，温度蜡无熔化。

（5）电缆室封堵应完好，绝缘挡板无脱落、凝露或放电痕迹。

（6）接地开关状态指示与接地开关实际状态应一致。

5. 断路器检查

透过断路器室门板的观察窗观察：

（1）断路器分合闸指示与断路器实际状态及分合闸指示灯一致。

（2）储能指示位于“已储能”位置。

（3）动作计数器应正常显示。

（4）断路器真空泡应能够看到的，真空泡应运行正常，色泽光亮，无烧灼痕迹。

6．红外检测

（1）按 GB 3906、DL/T 664 执行。

（2）可直接测温时：检测断路器连接铜排、刀闸温度应无异常。

（3）无法直接测温时：检测开关柜柜面温度和散热孔温度应正常。

（4）对红外检测数据进行横向、纵向比较，判断高压开关柜是否存在发热发展的趋势。

7．隔离开关检查

通过门板的观察窗观察：

（1）连杆应无变形现象，刀闸触头应无烧灼变色痕迹。

（2）绝缘子应无裂纹、破损或脱落。

（3）隔离开关状态指示与本体实际状态一致。

8．冷却风机检查

（1）强制风冷风机，空气开关投入后，风机应正常启动，无异响。

（2）温控或负荷控制风机，达到启动条件时，应正常启动，无异响。

（3）清扫风机，应无积尘，运行无异响，转速风量正常。

（4）必要时更换风机。

9．运行中局部放电带电测试

应无明显局部放电信号。

10．仪表室检查

电器元件应无损坏、脱落，清扫室内各元器件灰尘；检查并确认二次接线应无松动，线号应清晰准确并与图纸标示相符。

11．母线室检查

（1）热缩套应紧贴铜排，无脱落、高温烧灼现象。

（2）母排搭接面应平整紧密，无发热变色；螺栓及垫片应齐全，用力矩扳手检查螺栓紧固是否达到力矩要求。

（3）清扫母线室，尤其是穿柜套管、触头盒和支持绝缘子，绝缘件表面应整洁，无裂痕和放电痕迹。

（4）对 35kV 开关柜，将无屏蔽结构的穿柜套管和触头盒更换为带屏蔽设计的套管和触头盒。

12．电缆室检查

（1）电流互感器、电压互感器的一次引线接头应接触良好，无过热现象，接地线应完好牢固，二次线应无锈蚀、破损、松脱。

（2）避雷器或过电压保护装置引线接头应接触良好，无过热现象，螺栓无松动。

（3）清洁接地开关动、静触头，确认接地开关能够分、合到位，铜排螺栓应无松动，连杆各部位灵活。

（4）电缆终端头与分支母排的连接螺栓应无松动，螺栓紧固力矩应满足要求。

（5）一次电缆孔、二次电缆孔应处于密封状态。

（6）检查加热器及温湿度传感器功能是否正常，长投加热器应始终处于加热状态。

（7）清扫电缆室，尤其是绝缘子、绝缘挡板、电流互感器、避雷器、电压互感器等，表面应整洁，无裂痕和放电痕迹。

13．断路器检查

（1）断路器本体的绝缘筒、固封极柱、触头盒等表面应无水滴、尘埃附着，无裂纹、破损或放电痕迹。

（2）梅花触头、静触头及其他导电接触面表面应无腐蚀严重、损伤、过热发黑、镀银层磨损、触头弹簧变形等。

（3）移开式小车触头插入深度应符合厂家要求。

（4）真空泡（适用时）外观应完整，无裂纹、外部损伤及放电痕迹。

（5）检查移开式小车导轨是否变形，活门开启、关闭是否正常，小车推进推出应顺畅。

（6）断路器机构底部应无碎片、异物，清扫断路器室。

（7）辅助开关必须安装牢固、转动灵活、切换可靠、接触良好。断路器进行分合闸试验时，检查转换断路器接点是否正确切换。

（8）电线绝缘层应无变色、老化或损坏；储能、联锁销等微动开关无失灵或不能联锁；端子排应无缺针、插针变形、损坏。

（9）分、合闸铁芯应在任意位置动作均灵活，无卡涩现象，以防拒分和拒合。

（10）检查分、合闸线圈固定座是否存在开裂情况，衔铁活动是否顺畅。

（11）储能电机工作应正常。

（12）按照厂家对相关电气元件更换质量要求，对机构箱内相关电气元件进行更换。

（13）油缓冲器应无漏油，橡胶缓冲器应无破损。

（14）分合闸弹簧应固定良好、无生锈裂纹。

（15）分合闸半轴应转动灵活、无锈蚀，半轴扣接量应满足厂家要求。

（16）分合闸滚子转动时应无卡涩和偏心现象，扣接时扣入深度应符合厂家技术条件要求。分合闸滚子与掣子接触面表面应平整光滑，无裂痕、锈蚀及凹凸现象。

（17）各紧固螺栓、轴销及挡圈检查，应无断裂、松动、松脱现象。

（18）对断路器机构进行清洁，对各传动部分存在锈蚀的进行除锈处理，对轴承、转轴等处添加润滑油进行润滑。

（19）检查断路器室加热器及温湿度传感器功能是否正常，长投加热器应始终处于加热状态。

14. 固定式高压开关柜隔离开关检查

（1）螺栓应无锈蚀、松动；支持绝缘子和动触头瓷套（GN30）外表应无污垢，无破损；动、静触头应接触良好，无过热、烧蚀痕迹；触头压紧弹簧应无松动、断裂，无卡死、歪曲等现象。

（2）绝缘拉杆、操作拉杆应无裂痕，保持清洁；各传动部件应无生锈、卡死现象，各转动部位转动灵活，各轴、轴销应无弯曲、变形、损伤，进行润滑；各焊接处牢固，紧固处无松动。

（3）隔离开关触头开距应符合厂家要求，操作灵活，无卡涩现象，触头插入深度应符合要求，保证刀片与触头完全接触。

（4）隔离开关操动机构检修：检查分合闸指示牌及连杆应正常，机构可视部分螺钉、轴销、卡圈等应正常，无卡涩、松动，卡圈应在卡槽内，无松动脱出现象。对机构进行清洁、除锈和螺栓紧固。

15. 手动操作及“五防”联锁检查

（1）操作手柄齐全，手动操作正常。

（2）操动机构及“五防”联锁零件应完好。

（3）检查“五防”联锁功能应正常。

（4）解锁功能正常。

16. 带电显示闭锁装置检查

检查防误操作闭锁装置或带电显示装置应无失灵。

6.3.1.2 高压开关柜 A 修

1. 柜体全面检修

对开关柜柜体及所有一次、二次零部件进行全面检查，如有异常应进行更换。

2. 拆装断路器

（1）拆装断路器本体。

（2）拆装断路器绝缘拉杆。

（3）测量真空泡的真空度，如不合格应更换真空泡。

3. 断路器机构维修

（1）对所有转动轴、销、运动部件进行更换。

（2）螺栓、螺母紧固检查。

6.3.2 现场试验

6.3.2.1 运行中局部放电带电测试

1. 试验参数

根据图谱或数据判定无明显局部放电信号。

2. 试验方法

可采用超声波法、特高频法、地电波法等方法进行。

3. 试验过程

（1）超声波法：

1）将非接触式超声波传感器与测试仪连接。

2）将传感器放在外部空气中，进行超声波背景值测试。

3）沿高压开关柜缝隙边缘且不接触柜体进行测试，记住超声波信号幅值、图谱特征、耳机听到的声音特征。

4）保存并记录超声波信号幅值、图谱特征、耳机听到的声音特征。

5）使用耳机听是否有超声放电声音。

6）按照柜体上、中、下分别进行测试。

（2）特高频法

1）正确组装特高频信号传感器和特高频信号调理盒。

2）将特高频信号传感器置于空气中测试背景特高频信号，记住特高频信号幅值、图谱特征。

3）优先选择在观察窗、红外测试窗进行检测。

4）保存并记录特高频信号幅值、图谱特征。

（3）地电波法。

1）检查绝缘手套、绝缘靴在试验合格有效期内，钳形电流表满足量程要求，在校验合格期内。

2）观察铁芯及夹件无发热、异常情况。

3）戴上绝缘手套，穿上绝缘靴。

4）拿出钳形电流表，开启开关，调至量程范围内。

5）张开钳形电流表钳口，卡住（环绕）铁芯，闭合钳口。

6）待数据稳定，读取数据，记录数据。

7）同一位置，反复进行测量 1～2 次，记录数据。

8）与历史进行比较，分析、判断。

4. 注意事项

结合运行巡视进行。

6.3.2.2 真空断路器绝缘电阻

1. 试验参数

（1）整体绝缘电阻按制造厂规定或自行规定。

（2）断口和有机物制成的提升杆的绝缘电阻不应低于下列数值：①额定电压 3～15kV，大修后 1000MΩ，运行中 300MΩ；②额定电压 20～40.5kV，大修后 2500MΩ，运行中 1000MΩ。

2. 试验方法

采用直流电压、电流测量法。

3. 试验过程

（1）绝缘电阻表摆放应水平稳固、安全。

（2）试验前对绝缘电阻表进行“短路”“开路”测试检查。

（3）负极性加压、正极性接地。

（4）按图 6-6 接线开展断口绝缘、整体对地绝缘、相间绝缘测试。

（5）试验数据正确读取、记录。

（6）测试完毕应先对仪器进行复位自放电，再关闭仪器电源开关。

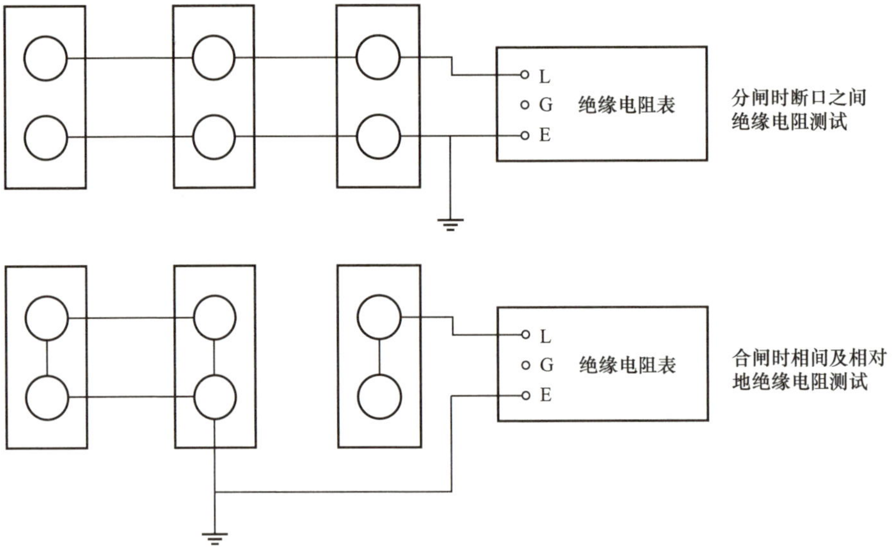

图 6-6　绝缘电阻试验接线图

4．注意事项

采用 2500V 兆欧表测试。

6.3.2.3　真空断路器交流耐压试验

1．试验参数

分别测试断路器主回路对地、相间及断口耐压，试验电压值按 DL/T 593 规定值的 0.8 倍。

2．试验方法

耐压试验方式可为工频交流电压耐压。

3．试验过程

（1）试验前对被试品进行放电应佩戴绝缘手套，经电阻放电后再直接放电。

（2）试验变压器、调压器摆放应水平稳固、安全距离足够。

（3）按图 6-7 接好试品，合上电源，启动仪器进行试验。

（4）试验过程应站在绝缘垫上，加压前应呼唱，操作人员应注意力集中，留意周围环境、被试仪器升压是否正常，仪器显示是否正常，被试品是否正常。

（5）加到试验电压后，保持 1min。

（6）试验结束，先缓慢降压至零，再关闭仪器电源开关、拨出试验电源。

（7）正确读取试验数据及记录。

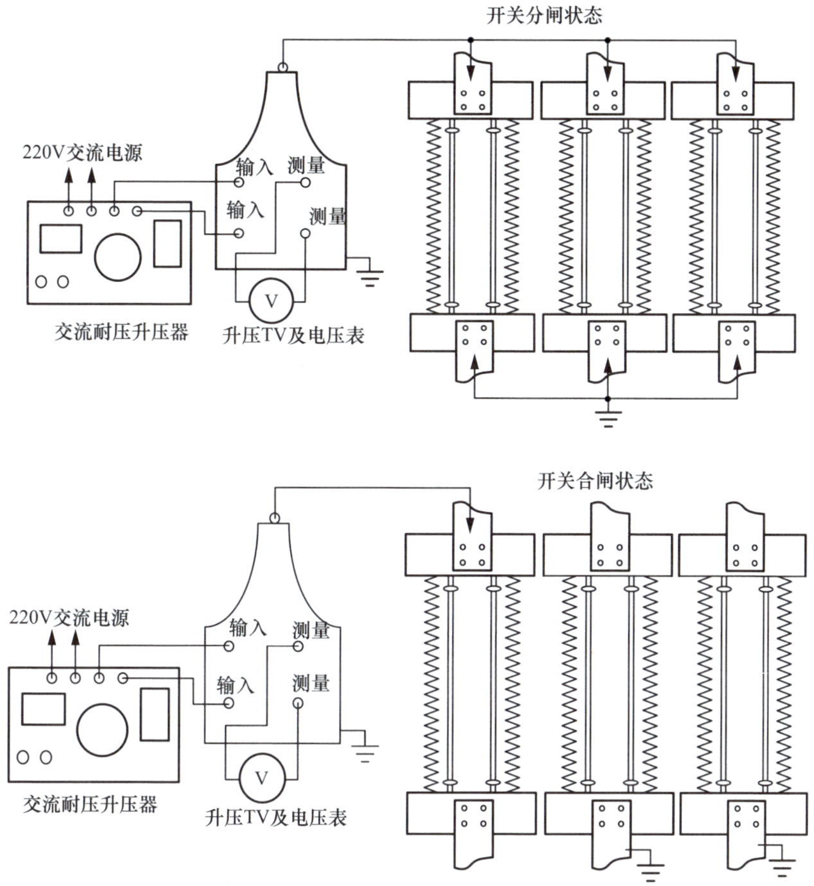

图 6-7　交流耐压试验接线图

4．注意事项

（1）更换或干燥后的绝缘提升杆必须进行耐压试验。

（2）相间、相对地及断口的耐压值相同。

（3）12kV 等级运行中有如下情况的，耐压值为 28kV：

1）中性点有效接地系统。

2）进口开关设备其绝缘水平低于 42kV。

6.3.2.4　断路器的时间参量测量

1．试验参数

（1）分合闸时间、分合闸同期性和触头开距应符合制造厂规定。

（2）合闸时触头的弹跳时间不应大于 2ms。

2．试验方法

采用直流电路通、断计时法。

3．试验过程

（1）测试仪器摆放规范、被试品外壳及仪器可靠接地。

（2）核对开关位置、储能状态。

（3）断开分合闸控制电源，测量分合闸控制回路是否带电，测量分合闸线圈电阻，准确查找到分合闸端子。

（4）机械特性测试仪接出控制信号线至二次回路加压端子。

（5）调整输出电压至开关额定控制电压，启动机械特性测试仪，测量断路器合闸时间和分闸时间，分、合闸的同期性，合闸时的弹跳过程。

（6）关闭机械特性测试仪电源，拔掉电源插头。

4．注意事项

在额定操作电压下进行。

6.3.2.5 操动机构合闸接触器和分、合闸电磁铁的动作电压

1．试验参数

（1）并联合闸脱扣器应能在其交流额定电压的 85～110% 范围或直流额定电压的 80%～110% 范围内可靠动作；并联分闸脱扣器应能在其额定电源电压的 65%～120% 范围内可靠动作，当电源电压低至额定值的 30% 或更低时不应脱扣。

（2）在使用电磁机构时，合闸电磁铁线圈通流时的端电压为额定值的 80%（关合峰值电流等于或大于 50kA 时为 85%）时应可靠动作。

2．试验方法

使用断路器机械特性测试仪在分、合闸控制回路施加操作电压。

3．试验过程

（1）断开断路器的操作电源，检查确认双极均已断开。

（2）将仪器的输出经断路器的分合闸位置闭锁接入二次控制线的合闸、分闸回路中。

（3）参照仪器说明书，将仪器分合闸输出电压脉冲宽度调整在合适范围。

（4）将仪器的合闸输出电压调整为断路器额定操作电压的 110%，进行 3 次合闸操作，确认均已正常合闸。

（5）将仪器的合闸输出电压调整为断路器额定操作电压的 80%，进行 3 次合闸操作，确认均已正常合闸。

（6）将仪器的分闸输出电压调整为断路器额定操作电压的 120%，对分闸回路进行 3 次分闸操作，确认均能正常分闸。

（7）将仪器的分闸输出电压调整为断路器额定操作电压的 65%，对分闸回路进行 3 次分闸操作，确认均能正常分闸。

（8）将仪器的分闸输出电压调整为断路器额定操作电压的 30%，对分闸回路进行 3 次分闸操作，确认均未分闸。

（9）拆除接入控制回路的试验接线，整理试验仪器。

（10）检查控制回路，进行相应的试操作，确认无异常。

4．注意事项

使用万用表交、直流电压挡分别测量每个端子对地确无交、直流电压，防止人身触电和交直流串电。

6.3.2.6　合闸接触器和分合闸电磁铁线圈的绝缘电阻和直流电阻

1．试验参数

（1）绝缘电阻：大修后应不小于 10MΩ，运行中应不小于 2MΩ。

（2）直流电阻应符合制造厂规定。

2．试验方法

采用直流电压、电流法测量。

3．试验过程

（1）试验前对绝缘电阻表、万用表进行“短路”“开路”测试检查。

（2）断开电源，使用万用表测量合闸接触器和分合闸电磁铁线圈不带电。

（3）绝缘电阻表负极性加压、正极性接地。

（4）测量合闸接触器和分合闸电磁铁线圈的绝缘电阻。

（5）绝缘电阻数据正确读取、记录。

（6）测试完毕应先对绝缘电阻表进行复位自放电。

（7）使用万用表对合闸接触器和分合闸电磁铁线圈进行直流电阻测试。

（8）直流电阻数据正确读取、记录。

4．注意事项

采用 500V 或 1000V 兆欧表测试。

6.3.2.7　真空灭弧室真空度的测量

1. 试验参数

真空度应符合制造厂规定。

2. 试验方法

优先使用真空度测试仪进行真空度测量，也可以用断口耐压代替。

3. 试验过程

如果用断口耐压代替法，参考6.3.2.3“真空断路器交流耐压试验”，以下为真空测试仪直接检测法：

（1）用试验小车把断路器移到空旷的位置，试验小车接地。

（2）将断路器置于分闸位置，参考真空测试仪说明书接线。

（3）保证所有人员撤离至安全位置后，按参考真空测试仪说明书操作进行检测，记录结果。

（4）拆除试验接线，整理试验仪器，清理试验现场，恢复被试设备至试前状态。

4. 注意事项

为了提高测量准确度，测试前应将真空开关外表面擦拭干净。

6.3.2.8　有机材料支持绝缘子及提升杆的绝缘电阻

1. 试验参数

有机材料传动提升杆的绝缘电阻不得低于下列数值：①额定电压1～3kV，大修后1000MΩ，运行中300MΩ；②额定电压20～40.5kV，大修后2500MΩ，运行中1000MΩ。

2. 试验方法

采用直流电压、电流测量法。

3. 试验过程

（1）绝缘电阻表摆放应水平稳固、安全。

（2）试验前对绝缘电阻表进行“短路”“开路”测试检查。

（3）负极性加压、正极性接地。

（4）开展有机材料传动提升杆的绝缘电阻测试。

（5）试验数据正确读取、记录。

（6）测试完毕应先对仪器进行复位自放电，再关闭仪器电源开关。

4. 注意事项

采用2500V兆欧表测试。

6.3.2.9 固定高压开关柜隔离开关操动机构的动作电压试验

1．试验参数

电动机操动机构在其额定操作电压的 80%～110% 范围内分、合闸动作应可靠。

2．试验方法

使用仪器在分、合闸控制回路施加操作电压。

3．试验过程

（1）断开隔离开关的操作电源，检查确认双极均已断开。

（2）将仪器的输出经隔离开关的分合闸位置闭锁接入二次控制线的合闸、分闸回路中。

（3）参照仪器说明书，将仪器分合闸输出电压脉冲宽度调整在合适范围。

（4）将仪器的合闸输出电压调整为隔离开关操动机构额定操作电压的 80%，进行 3 次分合操作，均能正常操作。

（5）将仪器的分闸输出电压调整为隔离开关操动机构额定操作电压的 110%，进行 3 次分合操作，均能正常操作。

4．注意事项

使用万用表交、直流电压挡分别测量每个端子对地确无交、直流电压，防止人身触电和交直流串电。

6.3.2.10 绝缘电阻

1．试验参数

（1）一般不低于 50MΩ。

（2）交流耐压前后应对高压开关柜进行绝缘电阻试验，绝缘电阻值在耐压前后不应有显著变化。

2．试验方法

采用直流电压、电流测量法。

3．试验过程

（1）绝缘电阻表摆放应水平稳固、安全。

（2）试验前对绝缘电阻表进行“短路”“开路”测试检查。

（3）负极性加压、正极性接地。

（4）按下图接线开展断口绝缘、整体对地绝缘、相间绝缘测试。

（5）试验数据正确读取、记录。

（6）测试完毕应先对仪器进行复位自放电，再关闭仪器电源开关。

4．注意事项

采用 2500V 兆欧表测试。

6.3.2.11 断路器、隔离开关及隔离插头的导电回路电阻

1．试验参数

（1）大修后应符合制造厂规定。

（2）运行中一般不大于制造厂规定值的 1.5 倍。

（3）对于变压器进线断路器柜，如实际运行电流大于额定电流的 80%，则测量值不应大于制造厂规定值的 1.2 倍。

2．试验方法

采用直流压降法测量，电流不小于 100A。

3．试验过程

（1）测量并记录环境温湿度。

（2）根据现场的接线方式和运行方式，由运行人员将断路器、隔离开关、接地开关等操作到相应的位置；根据现场条件，确保该断路器、隔离开关及隔离插头一端有一个接地点。

（3）将测试线接在断路器、隔离开关及隔离插头的导电回路两端，注意取电压的夹子所夹位置不应增加附加误差。

（4）按照仪器操作说明书，选择合适的测量电流，进行回路电阻测量，记录有关数据。

（5）试验结束，拆除试验接线，整理试验仪器。

4．注意事项

隔离开关和隔离插头回路电阻的测量在有条件时进行。

6.3.2.12 辅助回路和控制回路绝缘电阻

1．试验参数

不应低于 2MΩ。

2．试验方法

采用直流电压、电流测量法。

3．试验过程

（1）检查断路器辅助、控制回路电源应已被断开。

（2）将断路器就地汇控柜“远方 / 就地”控制把手设在“就地”位置。

（3）查阅断路器就地汇控柜的控制回路图，确认所有被加压端子。

（4）用万用表测量各个加压端子的对地交、直流电压，确认断路器的辅助、控制回路电源已被拉开。

（5）先将兆欧表 E 端接地，再将 L 端接到控制、辅助回路上的被加压端子，测量端子绝缘电阻，读取绝缘电阻值。

（6）记录被加压端子的编号及其对地绝缘电阻值。

（7）更换被试的加压端子并重复（5）和（6）直至所有的加压端子的对地绝缘电阻值都已被测量。测量完毕应对被加压端子进行放电。

（8）试验结束后，将断路器恢复到试验前状态。

4．注意事项

采用 500V 或 1000V 兆欧表测试。

6.3.2.13 辅助回路和控制回路交流耐压试验

1．试验参数

施加 2000V 交流电压 1min，无击穿。

2．试验方法

采用短时施加交流电压测量法。

3．试验过程

与辅助回路和控制回路绝缘电阻测量的试验步骤相同，可采用 2500V 兆欧表代替 2000V 交流耐压设备进行试验。

4．注意事项

采用 2500V 兆欧表测试。

6.4 典型缺陷与故障分析处理

6.4.1 高压开关柜故障分类

1．高压开关柜拒动与误动故障

（1）由操动机构和传动系统的机械故障造成，具体表现为机构卡涩，部件变形、位移或损坏，分合闸铁芯松动、卡涩，轴销松断，脱扣失灵等。

（2）由电气控制和辅助回路造成，表现为二次接线接触不良，接线错误，分合闸线圈因机构卡涩或转换开关不良而烧损，辅助开关切换不灵，以及操作电源、合闸接触器、微动开关等故障。

2. 高压开关柜绝缘故障

高压开关柜绝缘故障通常是绝缘放电现象。绝缘放电是由于绝缘体或绝缘间隙的绝缘强度不满足要求，在高压条件下发生放电，严重时甚至会发生绝缘击穿事故。造成绝缘故障的主要原因主要有以下几种：

（1）绝缘线路老化。由于高压开关柜始终处在高压下工作，而且其所处环境中存在粉尘、烟雾等加速老化因子，因此绝缘线路极易出现老化。此外，当高压开关柜在高温下工作时，其绝缘体表层更容易出现变质，导致出现绝缘事故的概率增加。

（2）过电压。高压开关柜的使用电压有一定的限制，当出现过电压如大气过电压或是操作过电压时，容易造成绝缘击穿现象进而导致绝缘事故，如断路器在开断电动机的过程中产生操作过电压。

（3）小动物或其他物品影响。当电力高压开关柜的密性较差，小动物进入其中，或是在关闭柜门有物品遗漏时容易引起搭桥现象，进而诱发绝缘事故。

（4）粉尘等小颗粒的影响。高压开关柜内的电子元器件表面粗糙容易积累粉尘等小颗粒，久而久之就容易引起爬电现象和闪络现象。同时，随着绝缘件表面污秽的增加，在雷电、阴雨等天气下都极易引发闪络接地事故。

3. 高压开关柜关键设备和核心部件老化

目前，变电站普遍使用的真空断路器中，起灭弧作用的真空泡在正常运行操作时电流值较小，但是，在短路故障断开或重合时电流值较大。真空泡在真空度降低或运行中受损后，真空断路器整体性能降低，在事故时发生爆炸。变电站的高压柜在系统负荷增加后，系统短路电流和容量增加，真空断路器额定电流不能满足系统要求，也容易在系统短路时出现故障。避雷器在长期运行中，由于密封破坏造成避雷器内部进水受潮。操作不当损伤避雷器内部等原因，导致运行中的避雷器老化变质，接近使用极限。

4. 高压开关柜开断与关合故障

这类故障是由断路器本体造成的，对少油断路器而言，主要表现为喷油短路、灭弧室烧损、开断能力不足、关合时爆炸等。对于真空断路器而言，表现为灭弧室及波纹管漏气、真空度降低、切电容器组重燃、陶瓷管破裂等。

5. 高压开关柜散热速度慢

开关柜是一种电气设备，本身有电阻，在工作的过程中发热是不可避免的，属于正常的现象。但是如果出现开关柜过热时，就不是正常状态了。开关柜的温度是有两个方面因素：①导体工作产生热量；②开关柜散热。导体产生热是由于电流通过导体时导体产生的热量，其大小与导体的电阻和通过的电流有关，电流越大电阻越大，其单位时间发出的热量就越多。

6. 高压开关柜防爆设计不足

在高压开关柜的工作过程中，如果出现短路等危险现象，则会产生高压电弧，这种能量巨大，会产生高温高压的蒸气，蒸汽导致开关柜内压力剧增，从而发生爆裂事故。泄压装置是高压开关柜内十分重要设计部分，在安装泄压装置的过程中，有可能出现柜顶泄压口没有用螺钉全部锁死，或用金属螺钉代替塑料螺钉等情况，这将影响设备的安全稳定工作，遇到故障情况时，故障产生的气体极易从其他通道迸发出去，进而发生爆裂等危险事故。

6.4.2　高压开关柜故障处理

1. 加强开关柜设计及制造阶段全过程质量控制

设计合理可靠的开关柜产品是关键。开关柜厂家在进行开关柜设计时，首先，应对开关柜的运行环境进行充分调研，要在充分听取客户要求与意见的基础上进行设计；其次，开关柜的设计方案应结合当地电网现状以及气候条件等多种因素，因地制宜；最后，在选择开关柜元器件时要保证质量，尽量避免因为元器件质量差所导致的开关柜故障。在合理的设计方案和优良的元器件基础上，还要对开关柜生产过程中的质量控制严格把关。在组装开关柜时需要保证车间的清洁卫生要加强对制造工艺的改进与检查将制造过程中的误差降到最小。

2. 提高开关柜绝缘性能

开关柜在接入电网并正式运作后，将会长时间承受工作电流电压，如果开关柜各组件的质量存在问题或是与电网相关的参数不符，会加剧开关柜运行状态的恶化程度，从而导致事故发生。因此，生产前应当采取以下措施进行改良：

（1）高压开关柜内的绝缘件应采用阻燃绝缘材料，不应当采用聚氯乙烯或聚碳酸酯等有机绝缘材料。

（2）带电体对地距离不应小于标准距离。

（3）应充分注意元件选择，特别是电压互感器要选择伏安特性较好的产品，即在线电压下无显著饱和的电压互感器。对于隔板等，应选用绝缘性能好，不燃烧或阻燃的绝缘材料。

（4）提高外绝缘的泄漏比距。泄漏比距是衡量防污闪能力的重要参数。

3．提升高压开关柜的防爆能力

（1）减少开关柜面板上不必要的开孔。

（2）确保高压柜顶泄压通道盖板螺钉的安装符合要求，从而保证发生事故后柜内高压气体能冲断顶盖的塑料螺钉，达到泄压目的。

（3）合理地布置各小室的泄压通道。

（4）在日常的维护中要进行对前后门螺钉的检查，保证其牢固可靠。

4．加强对开关柜的运维工作

定期对高压开关柜开展运维工作，及时掌握开关柜的运行情况。在运维检查过程中要做到高度认真和细致分析，即使一个小的放电现象或测试异常，在下一次运维检查时都有可能已发展成绝缘故障。此外，还要利用红外测温仪、局部放电仪等设备，对开关柜的导电回路进行带电测温，带电检查局部放电，一旦发现有异常温升或异常放电，须尽快进行分析处理，避免故障扩大。

6.4.3 高压开关柜典型故障案例

案例 1：500kV WZ 变电站 35kV 开关柜局部放电故障

1．故障现象

2021 年 4 月 7 日，变电一次班对 WZ 变电站 35kV 交流室内的 35kV 备用站变进线柜及 35kV 备用站边开关柜开展带电局部放电测试，在采用 TEV 法测试时，经不断更换测试点及比对仪器捕捉的局部放电信号，在 35kV 备用站变进线柜发现一明显局部放电信号，见图 6-8。

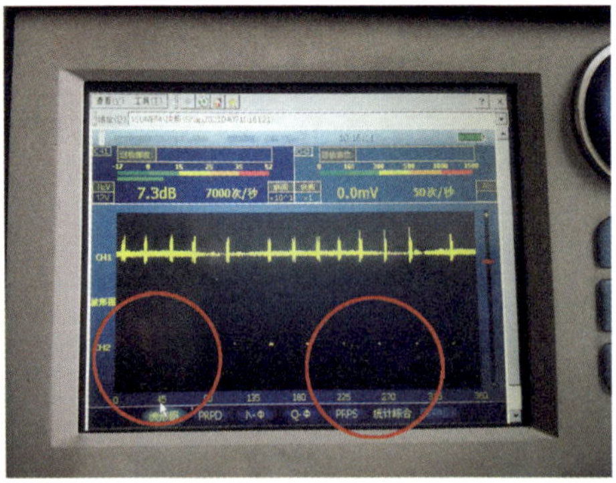

图 6-8　局部放电测试仪显示界面

经对局部放电测试的谱图分析，局部放电信号主要集中在第一象限及第三象限（0～90° 及 180° ～270° ）并轻微蔓延至第二象限及第四象限（90° ～180° 及 270° ～360° ），且前半周与后半周信号呈高度相似性，符合绝缘空穴类缺陷引起的局部放电特征。

2．原因分析

（1）停电检查情况。检查母排至电压互感器穿墙套管，发现 B 相套管内部存在严重腐蚀现象，套管内部积蓄大量铜绿粉末，且均压弹簧与套管屏蔽套接触部分已断裂，均压弹簧已完全失效，见图 6-9。

A、C 相进线母排至电压互感器穿墙套管内部附着少量金属粉末，均压弹簧完好，并与套管屏蔽罩接触良好，见图 6-10。

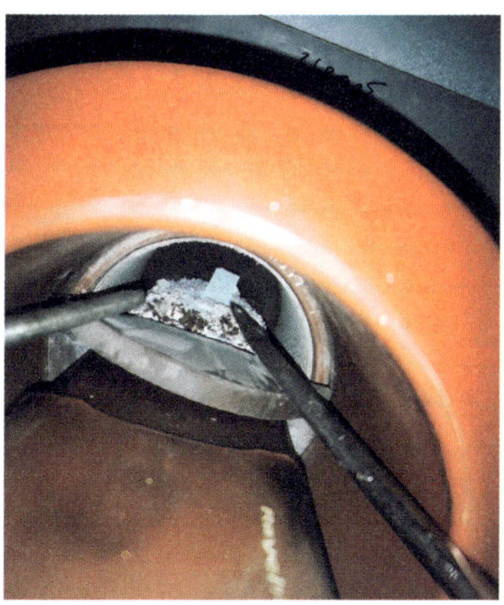

图 6-9　B 相进线母排至电压互感器穿墙套管内部

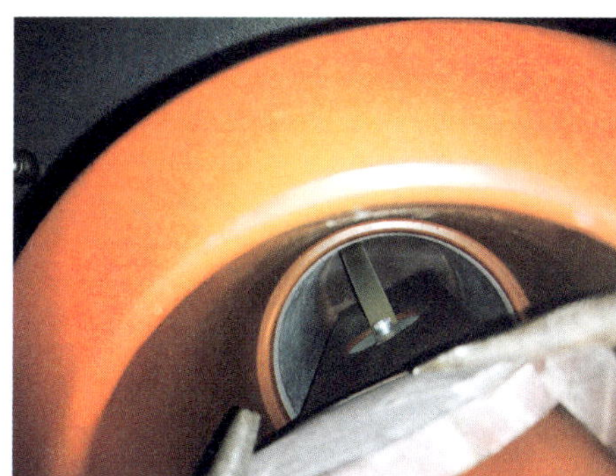

图 6-10　A、C 相进线母排至电压互感器穿墙套管内部

开展耐压试验，试验电压升至 76kV 时进线母排至电压互感器穿墙套管处有明显电晕声，并呈轻微放电趋势。

（2）35kV 开关柜穿墙套管结构及原理分析。35kV 开关柜穿墙套管主要由干式母线套管、高压屏蔽罩、均压弹簧、地电位屏蔽罩组成，其中地电位屏蔽罩通过固定螺栓固定在套管安装板上，主母线从套管中心穿过，并通过均压弹簧与套管内壁的高压屏蔽罩接触，见图 6-11。

因串联绝缘机构中，场强 E 与介电系数 ε 呈反比，因母排与套管内壁腔内为空气隙，套管固体绝缘材料介电系数远大于空气，故套管内腔的空气所承受的场强远大于套管本体（见图6-12），故高压穿墙套管采用屏蔽罩的方式屏蔽空气腔内的场强。

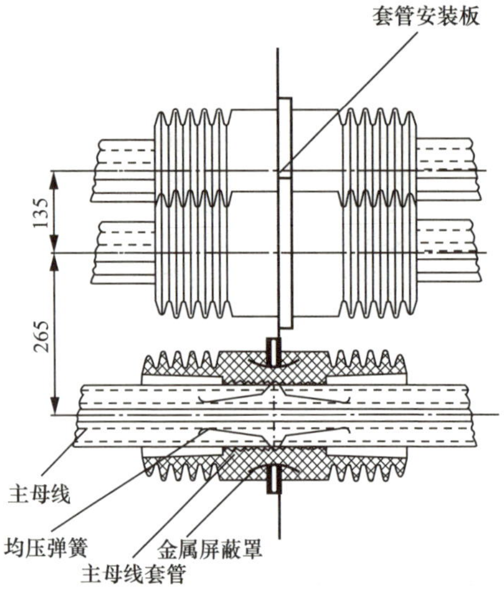

图6-11　335kV 干式穿墙套管结构

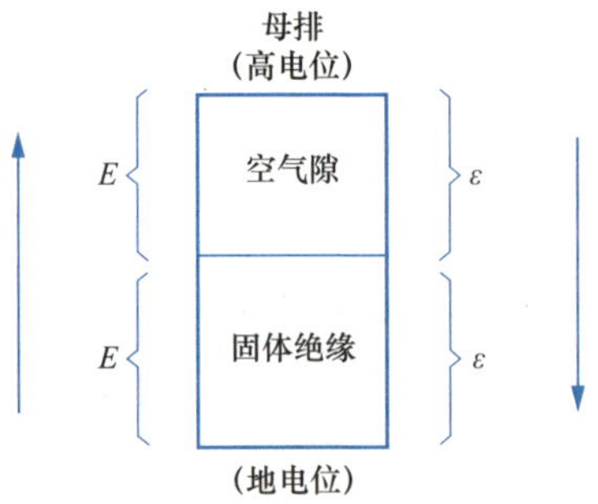

图6-12　套管场强分布示意

正常运行情况下，因矩形母线通过均压弹簧与套管内壁的高压屏蔽罩接触，高压屏蔽罩与矩形母线等电位，故套管内腔的空气不承受电压，而套管的绝缘材料通过高压屏蔽罩与地电位屏蔽罩间的电容均压，使运行电压均匀地分布在套管的绝缘材料中，从而优化套管内部的电场分布，延长绝缘材料的使用寿命。

（3）开关柜穿墙套管故障原因分析。ZS3.2型高压开关柜使用单片式均压弹簧（见图6-13），弹簧与套管高压屏蔽罩的接触面积小，当弹簧震动或材料老化弹性变差时，弹簧与屏蔽罩内壁的接触力度变小，从而导致弹簧与屏蔽罩接触面出现气隙而导致放电并导致接触面氧化，氧化的接触面电阻增大及局部放电的多重作用下，均压弹簧材料发热继续导致其本身老化及发生更严重的形变，也进一步加剧了放电现象。因该开关柜底部未进行良好的封堵，逢雨季，潮气会随进线电缆沟进入开关柜内部。在均压弹簧完全断裂后，套管内部腔体的空气将承受一定的运行电压，但并不一定击穿。但随着放电消耗的金属材料经氧化所形成的粉末不断在套管内部积蓄，粉末不断吸收潮气形成胶体状物质进一步破坏套管内部墙体的电场分布，套管内部腔体最终能维持持续的局部放电，见图6-14。

图 6-13　单片式均压弹簧

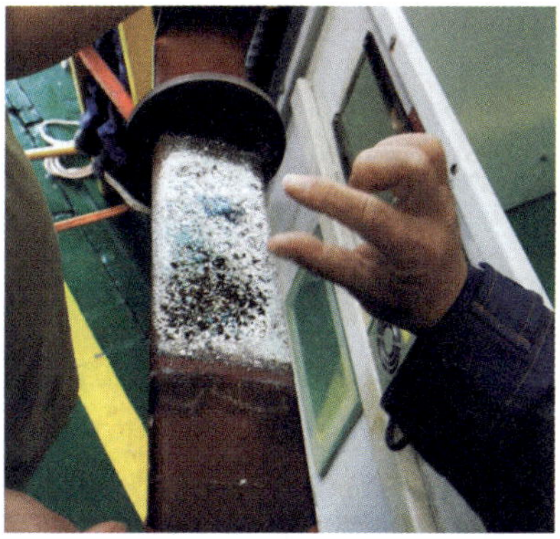

图 6-14　套管内部积蓄的氧化金属粉末

结合套管内腔绝缘罩内壁痕迹分析，其中 B 相套管内壁与均压弹簧接触部位烧蚀严重，A、C 相套管内壁仅有轻微接触摩擦痕迹。由此可以推断，B 相母排的均压弹簧最先出现疲软老化，触指存在与套管内腔接触不良并不断放电的现象，电腐蚀与化学腐蚀的共同作用下最终导致均压弹簧失效并破坏套管内腔的均压结构，导致套管内腔电场强度比正常运行大得多，穿过套管部分的母排随即与套管内腔绝缘罩发生长期的局部放电。A、C 相均压弹簧老化程度没有 B 相严重，仍能维持一定的接触力度。所以最终导致 B 相套管故障，见图 6-15。

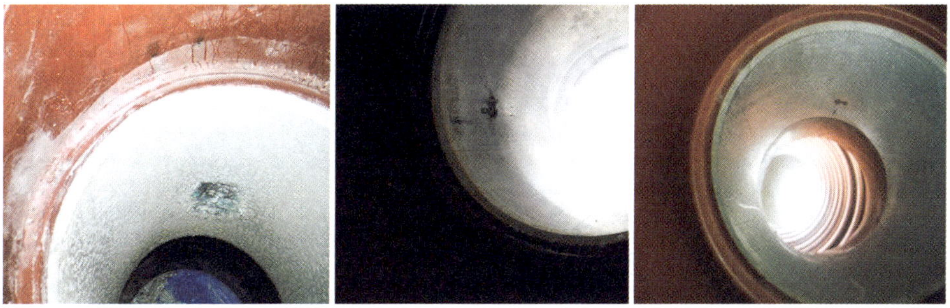

(a) A相套管内腔　(b) B相套管内腔　(c) C相套管内腔

图 6-15　三相套管内腔

3. 整改建议

（1）对开关柜底部进行封堵，防止潮气进入开关柜。

（2）对套管内腔进行打磨光滑并清洁干净。

（3）更换套管均压弹簧。

案例 2：220kV HF 变电站 10kV 开关柜控制回路断线异常

1. 故障现象

2022 年 7 月 3 日，220kV HF 变电站 1 号主变压器跳闸，10kV Ⅰ段母线失压，检查现场 10kV Ⅰ段母线上除 10kV 715 开关外其他开关全部断开，检查 10kV 715 开关柜出现控制回路断线以及有浓厚烧焦味。检查继电保护过电流Ⅱ段动作、过电流Ⅲ段动作，但开关未能跳开，保护装置一直动作返回，到 28.05s 保护装置才启动返回，见图 6-16。

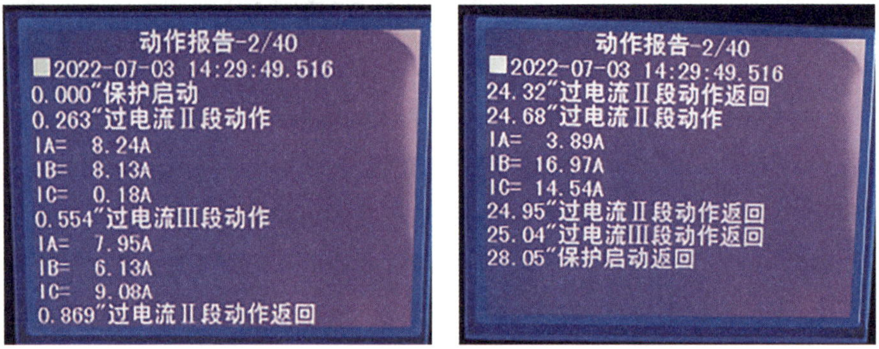

图 6-16　继电保护动作情况

2. 故障原因

对 10kV 715 开关机构进行检查，发现分闸线圈已烧损（见图 6-17），断路器其他部件未发现异常。对 10kV 715 开关分闸线圈进行更换，更换后分合闸动作测试正常、机械特性试验合格，继电保护传动正常。

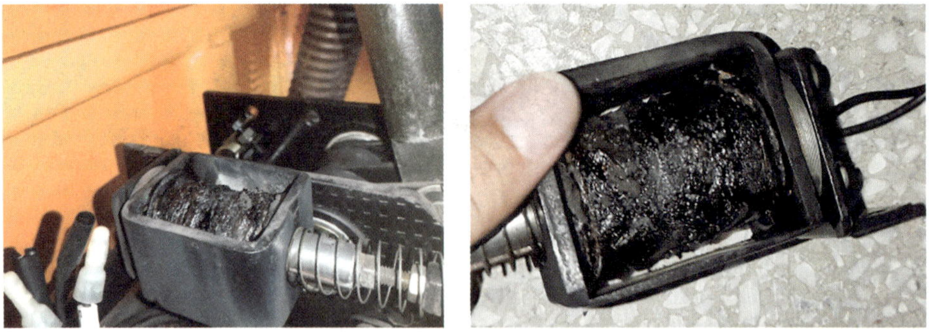

图 6-17　分闸线圈烧损

对同型号开关分闸线圈进行抽查，其中线圈绝缘电阻、直流电阻、交流耐压、温升试验检测结果满足要求，将抽检线圈剖开，检查线圈表面、外层、中层及内层绝缘情况，均未发现线圈绕线匝间短路烧蚀现象。经了解厂家已对该型号机构的线圈改进升级，旧线圈较易在受潮等因数影响而增加线圈故障率，改进型线圈升级为固封式线圈，线圈底座有做变动，不锈钢底座线圈位置固定，避免线圈受潮、行程变化等因数影响，见图 6-18 和图 6-19。现场检查分析故障原因为 10kV 715 开关分闸线圈因受潮等影响质量原因，在分闸发信后在长时间持续通电机构未能实现分闸情况下导致线圈发热烧损。

图 6-18　旧线圈

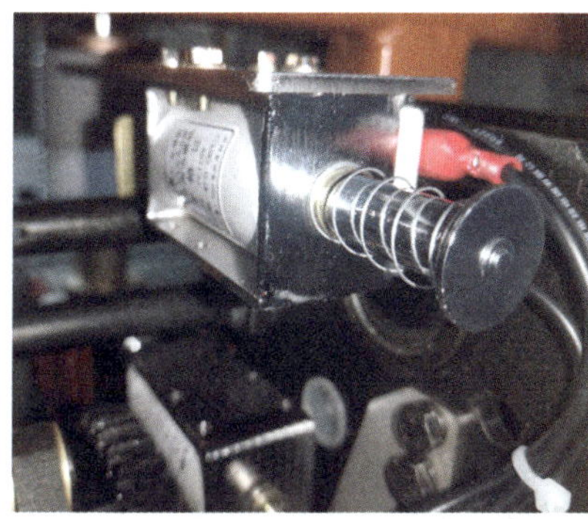

图 6-19　升级固封式线圈

3．整改建议

对该型号机构的线圈更换为改进升级的固封式线圈。

案例 3：110kV YB 变电站 2 号变压器低 502A 开关柜故障

1．故障现象

2022 年 6 月 22 日，110kV YB 变电站 2 号变压器高压侧后备保护、低压侧 502A 后备保护动作，跳开 2 号变压器低压侧 502A 开关、2 号变压器高压侧 102 开关。故障录波显示，先是 B 相存在间歇性接地，随后发生近区三相接地故障。

2．故障原因

（1）停电检查情况。对 502A 开关柜外观进行检查，开关柜有明显烧灼痕迹，从外观判断开关室过火最为严重，继电保护小室次之，TA 室烧灼痕迹最少。继电保护小室二次元器件已完全烧毁，开关室柜门变形，观察窗烧焦无法观察内部情况。502A 开关柜后部副柜无明显烧灼痕迹，顶部母线桥柜体靠近天花板部分有黑色烟熏痕迹。相邻的 F16 开关、502B 开关柜均在靠近 502A 开关柜的部分有烧灼痕迹，见图 6-20。

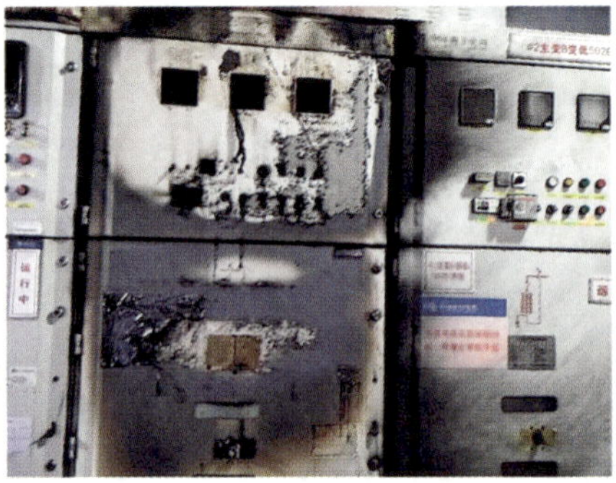

图 6-20　502A 开关柜及相邻开关柜柜体外观

检查柜体及内部各部分均存在明显烧灼痕迹，继电保护小室二次元器件已烧毁，操动机构处于分闸状态，柜体上方母线室侧壁柜体至断路器室柜体之间烧蚀严重。开关真空泡顶部铝制散热片严重烧熔，成块状滴落在开关小车室底部，靠近 B 相、C 相开关上方的二次室柜体存在不同程度的击穿烧蚀现象，见图 6-21～图 6-26。

图 6-21　502A 开关柜继电保护小室

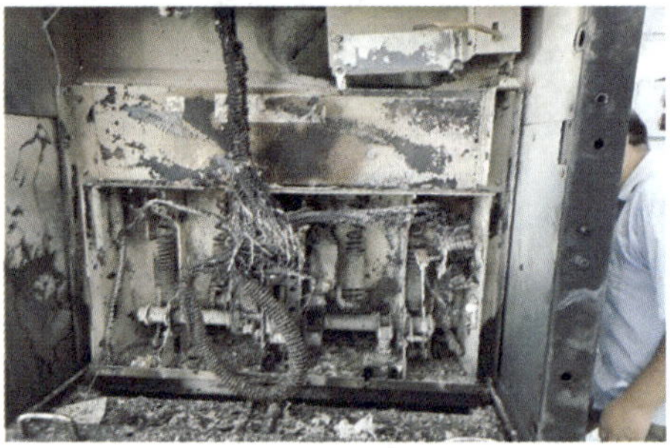

图 6-22　502A 开关柜操动机构

图 6-23　502A 开关柜母线室侧壁柜体

图 6-24　502A 开关柜侧面

图 6-25 铝制散热片严重烧熔

图 6-26 开关小车室底部铝质滴状物

将开关小车拉出，观察三相真空泡表面有烧蚀痕迹，检查开关三相上下梅花触头烧灼情况，其中小车开关 C 相下触头 4 根触指紧固弹簧已经烧断，梅花触指已经掉落且部分触指已经烧熔，触头座边沿存在部分烧损，见图 6-27 和图 6-28。

图 6-27 真空泡和触头检查

图 6-28 开关 C 相下触头座和触指

检查三相拉杆绝缘浇筑部分已烧毁，B 相绝缘拉杆高低电位两侧金属铸件头部均已明显烧蚀，AC 相同位置完整，无放电烧蚀情况，见图 6-29～图 6-31。

图 6-29　B 相开关下方高电位拉杆明显电弧烧蚀

图 6-30　开关下方地电位拉杆（B 相电弧烧蚀严重）

图 6-31　B 相开关下方地电位拉杆（电弧烧灼形成凹洞）

解体 502A 开关真空泡，开关屏蔽罩、触头无异常，见图 6-32。

图 6-32　真空泡内屏蔽罩、触头无异常

（2）故障原因分析。根据故障录波图，故障前 B 相出现间歇性接地，以及检查发现 B 相断路器拉杆放电烧蚀情况，判断故障原因为 B 相断路器绝缘拉杆绝缘固封（尼龙材质）内部存在气泡或杂质等缺陷，逐步发展为高压端对地电位端贯穿放电，后发展成三相对地短路放电。

3．整改建议

（1）对故障受损开关柜设备进行更换。

（2）加强设备运维，针对同型号开关柜开展局放和红外专项检测。

（3）对相邻同批次的 502B、F16 开关柜断路器拉杆进行耐压、局部放电、X 光检测等验证试验。

案例 4：PG 变电站 10kV 开关柜避雷器故障

1．故障现象

2021 年 8 月 10 日 20 时，PG 变电站监控系统报“380V 站用电 1 号备自投Ⅱ段母线 TV 断线告警、380V 站用电 2 号备自投Ⅱ段母线 TV 断线告警”，现场检查发现 10kV 开关柜有烧焦味道及烟雾。

2．故障原因

现场检查发现 10kV TV 及避雷器柜的 10kV C 相避雷器烧损，A、B

图 6-33　10kV　避雷器故障烧损

相避雷器表面有对地短路放电痕迹，跳闸前线路对侧站点同一时段有多条 10kV 线路跳闸，见图 6-33。

经现场核实烧损避雷器型号为 YH5W2-10/27，不符合现场使用要求，该型号主要用于 6kV 系统，不适用 10kV 的开关柜，当受到过电压冲击容易导致避雷器烧损，现场应选用 YH5WZ-17/45 型避雷器。

3. 整改建议

将避雷器更换为 YH5WZ-17/45 型避雷器。

案例 5：某 35kV 开关柜电缆绝缘损坏故障

1. 故障现象

某 35kV 开关柜带电检测时 TEV 检测值为 34dB（背景值为 28dB），在后柜电缆室下部中间位置，超声波最大幅值为 50dB。

2. 故障原因

停电检查发现 B 相电缆头背面位置放电痕迹严重，伞裙位置存在碳胶状物质，拆除电缆头后对电缆绝缘进行测量，绝缘电阻为 290MΩ，A 相及 C 相绝缘电阻均到 5000MΩ。故障原因为 B 相电缆绝缘损坏，见图 6-34。

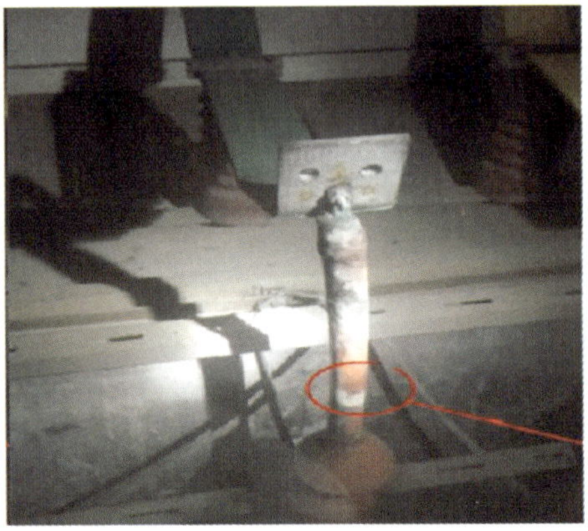

图 6-34　B 相电缆头背面位置放电痕迹严重

3. 整改建议

对放电部位切除，重新制作电缆头。

6.5 故障检测技术

6.5.1 开关柜局部放电检测方法

对开关柜进行局部放电检测能够有效地发现其内部早期的绝缘缺陷，以便采取措施，避免缺陷进一步扩大，提高开关柜的运行可靠性。

局部放电时，不同电极之间存在尚未完全击穿的轻微放电，这些放电不会立即引发设备故障，但是会加速绝缘老化，并加速故障的发生。局部放电会通过多种方式放出能量，并产生一些化学反应，可用于检测局部放电的发生。

目前开关柜局部放电检测主要有暂态地电压（Transient Earth Voltage，TEV）、超声波（Acoustic Emission，AE）和特高频（Ultra High Frequency，UHF）三种检测方法。

1．暂态地电压（TEV）检测法

对于高压开关柜出现局部放电而言，放电量通常会集中于接地屏蔽表面，然而屏蔽连续时在设备外不易于检测到相关信号，屏蔽层一般在绝缘部位、电缆绝缘终端等部位不连续，于此期间产生的高频信号会传输至设备屏蔽外壳。在高压开关柜内部元件对地绝缘引发局部放电时，会形成一个 TEV 信号，相应放电能量会以电磁波形式传输至开关柜金属铠装上，由于开关柜属于接地状态，于开关柜外表面电磁波可感应出高频电流，进一步可依托电容耦合检测出幅值、脉冲，传感器频带在 3～100MHz 范围，暂态地电压检测受外界干扰影响小，可以极大地提高电气设备局部放电检测的牢靠性和灵敏度。

2．超声波（AE）检测法

高压电气装置内部发生局部放电时，一般会有超声波形成，超声波在这种条件下会特别快速地利用旁边介质传播。伴随超声波能量不断发出，超声波信号借助各种介质，以一种球面波形式不断扩散出去。借助超声波传感设备探讨用电材料的用电效应，就能够实现对开关柜局部放电部位的有效检测。这种检测手段主要是依靠超声波传感设备来检测超声波所发出信号时间差，从而确定开关柜的放电部位以及传感设备间距。超声波检测法的干扰性是特别强的，并且频带特别宽，能够广泛运用到强电条件下的电力系统之中，而且可以实现对悬浮放电与电晕现象的有效检测。但是，超声波检测技术是存在一些不足的，自身波长很短，且方向性很强，并且在经过各种用电材料边界的时候，会存在反射以及全射问题，另外超声波传播过程之中特别可能会出现叠加与干涉问题。所以，在运用超声波检测技术的过程当中，对于对超声波检测灵敏性要加强重视，而超声波检测法灵敏性主要是由超声波信号传播路径以及介质确定。需要注意的是，在实际应用 AE 检测法时往往会受到周围设备机械振动、外界噪声等的影响。

3. 特高频（UHF）检测法

UHF 检测法的基本原理在于借助特高频传感器对高压开关柜局部放电时形成的特高频电磁波信号（300MHz～3GHz）开展检测，获取局部信号的幅值、相位等一系列信息。因为高压开关柜属于金属封闭的开关设备，使得特高频信号仅可通过柜子缝隙或者观察孔传出，如同 AE 检测法，借助非接触外置式传感器置于柜体孔隙部位，以实现对局部放电特高频信号的检测。UHF 检测法具有良好的灵敏度及抗干扰能力，基于波形特征可评定缺陷类型，并且可实现以电磁波时差测量为基础的放电准确定位，有效区分高压开关柜局部放电及设备周围的放电类型。

众多研究得出，TEV 检测法针对尖端放电、绝缘气隙放电较为敏感，检测效果可观，而对沿面放电检测效果不尽人意；AE 检测法对尖端放电、沿面放电及悬浮放电等较为敏感，而对绝缘内部气隙放电不够敏感；而 UHF 检测法则会为金属柜体所屏蔽，不过只要高压开光柜产生不连续绝缘价值，特高频信号便可穿透开关柜，所以在高压开关柜柜子缝隙等部位便可检测到特高频信号。综上，在进行高压开关柜局部放电检测过程，倘若仅应用某一项检测技术通常会表现出一定的局限性，无法及时有效获取高压开关柜的局部放电信号，在实际检测过程中应当对 TEV 检测、AE 检测法、UHF 检测法等检测技术进行结合应用，以切实增强局部放电检测的准确性、及时性，达到高压开关柜状态检测的目的。

6.5.2 开关柜在线温度监测技术

目前大多数高压开关柜采用封闭结构，散热条件较差，在长期运行过程中，受散热条件的限制，封闭于高压开关柜内部的接头、触点和母线等极容易发生老化或破损。当电流和电压处于较高的状态时，电阻温度上升的速率增大，在一定程度上会造成热量的集中，高压开关柜内部的热量集中于某一个部件或区域，在短时间内就能造成部件或区域处于高温状态，影响设备的使用寿命，严重时甚至引起设备的烧毁或者是更严重的火灾。因此，有必要采取措施对全封闭的高压开关柜实现在线实时温度监测。

目前开关柜在线温度监测技术主要有红外测温、电子测温、无线测温、光纤光栅测温、分布式光纤测温五种检测技术。

1．红外测温技术

红外测温技术基于红外辐射技术监测高压开关触头温度，可以在不与被测高压导体接触的情况下，对触头温度进行在线监测，解决了高压隔离、电磁干扰和热稳定性的问题。但由于柜门阻挡和观察窗玻璃的反射作用，造成测温误差较大。

2．电子测温技术

电子测温技术是指利用数字温度传感器接触式温度传感元件感知开关设备内触点温度，通过光纤或者无线传输的方式发送数据，以保证高压隔离。采用电子测温技术监测触头温度，可以直接对触头温度做出反应，监测成本较低；但是传感器及相应的信号处理电路均处于高电位，信号处理过程难免受到电磁干扰，并且不论电源是采用电池供电还是感应线圈供电，均存在相应弊端。

3．无线测温技术

无线测温技术将无线测温探头固定在封闭柜内待测温的电气接头上，无线接收装置则放置在柜外，实现无线实时测温，并能够进行后台监控。该技术的缺点为封闭式开关柜内的运行环境十分恶劣，电磁干扰严重，由于高压开关柜各隔室除电缆室玻璃看窗外均采用金属挡板进行密封处理，降低了无线测温设备数据传输的精确度和可靠性，测温探头内电池的无线发功率比较小，抗电磁干扰差，也会导致测温数据传输出现错误。

4．光纤光栅测温技术

光纤光栅传感器可以在高压开关柜内高电压、大电流、强磁场的环境下实现对触头的高精度、高稳定性的测量，且易于构成分布式测温系统对所有触头、引线等温度点进行实时在线式监测。该技术具有抗电磁干扰、抗腐蚀、耐高温以及信号衰减较小、质量小、集信息传感与传输于一身等优点，能有效解决常规检测技术中无法解决的测量难题，但其造价成本较高。

5．分布式光纤测温技术

分布式光纤测温技术的测温原理是同时利用光纤作为温度传感敏感元件和

传输信号介质，探测出沿着光纤不同位置的温度和应变的变化，实现真正分布式的测量。该技术的缺点为空间分辨率较低，难以准确定位触头位置；开关柜内触点较多，光纤顺序弯折走线导致光损耗增加；内部光纤在长时间使用后会积累大量灰尘，极易导致光纤沿面的放电和闪络现象，造成光纤的绝缘性能降低，并给高压开关柜的安全运行带来隐患。

章后导练

1. 高压开关柜的“五防”检查包括哪些内容？

2. 固定式和移开式高压开关柜在检修方面各有哪些优缺点？

3. 为什么要对高压开关柜定期开展局部放电测试？局部放电测试容易受哪些干扰或影响？

章前导读

导读

本章结合电力系统需要及开关行业前沿，重点阐述了高电压大容量开断技术、金属封闭式直流高压开关设备、高速开断技术、环保类开关设备及新一代智慧型高压开关设备等技术、产品研制难点及行业研究现状。

重难点

本章的重点介绍高电压大容量开断技术、金属封闭式直流高压开关设备、高速开断技术、环保类开关设备及新一代智慧型高压开关设备行业现状。

编者认为未来开关研制难点为 ±500kV 及以上金属封闭式直流高压开关设备和 220kV 及以上真空断路器。

项目	包括内容	具体内容
重点	开关行业热点技术	1. 高电压大容量开断技术 2. 金属封闭式直流高压开关设备 3. 高速开断技术 4. 环保类开关设备 5. 新一代智慧型高压开关设备
难点	亟需突破开关技术	1. ±800kV GIS/GIL 2. 220kV 及以上真空断路器

第7章　新技术研究与展望

7.1　高电压大容量开断技术

7.1.1　550kV　80kA断路器技术

1．产品研制难点

难点主要包括以下三个方面：

（1）80kA大电流仿真手段缺失。80kA气流场仿真所涉及的物性参数已超出原有63kA参数范围，仿真结果将出现严重偏差，通过对80kA电弧模型和物性参数进行重新设定，满足80kA气流场仿真计算所需的阈值范围，实现80kA大电流开断气流场仿真计算。

（2）开断、关合试验难度大。短路电流从63kA提升至80kA，开断电流增加27%，开断能量增加61%，开断过程中灭弧室内电弧能量大，温度高，短路电流过零后介质强度恢复困难，在超特高压断路器相对较高的恢复电压作用下，开断难度大幅增加。通过分析研究影响灭弧室开断特性的关键因素，结合气流场仿真计算和试验验证，创新灭弧室结构，改进压气室容积、喷口流道和运动特性等关键结构参数，提升灭弧室大容量开断、关合能力。灭弧室气流场仿真及弧后电流测量见图7-1。

（3）喷口及触头耐烧蚀性能提升难度大。80kA电弧温度极高，加剧了喷口和弧触头的烧蚀，影响了灭弧室的开断能力，降低了断路器的电气寿命，通过对喷口填料、配方、加工工艺和弧触头基体材料、铜钨触头配方、制备工艺等方面开展研究，提升喷口、弧触头在80kA大电流下的耐烧蚀性能，满足大容量开断需求。大容量耐烧蚀喷口和铜钨触头见图7-2。

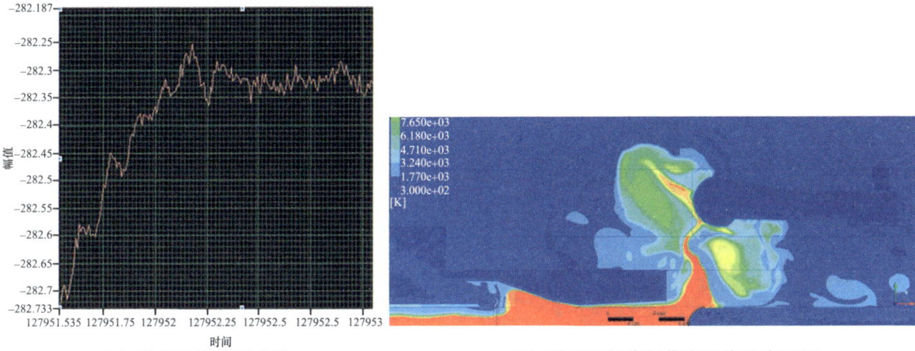

(a) 弧后电流测量曲线　　　　(b) 灭弧室气流场仿真温度分布云图

图 7-1　灭弧室气流场仿真及弧后电流测量

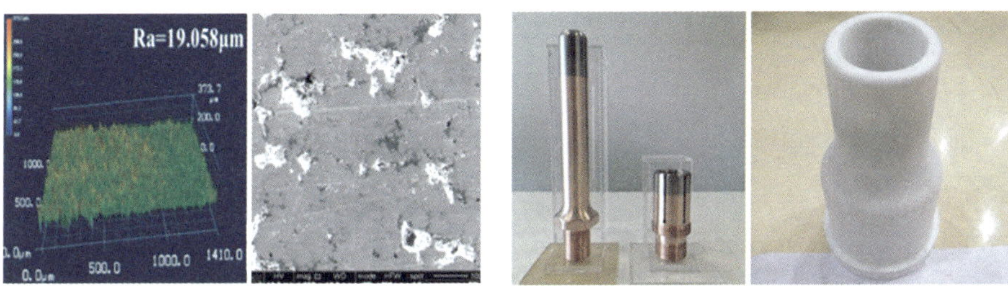

(a)粗糙度及金相组织　　　　(b)动静弧触头和喷口样件

图 7-2　大容量耐烧蚀喷口和铜钨触头

2．国内研究现状

国内企业对 80kA 灭弧室开展了理论和试验基础研究工作，经过多年技术攻关，掌握了 80kA 大容量开断关合、喷口及弧触头耐烧蚀性能提升等核心技术，研制了 550kV 80kA 罐式断路器；平高电气、西开电气和山东泰开分别开展了 550kV 8000A-80kA GIS、HGIS 开关设备研制，于 2023 年 8 月左右通过型式试验，取得试验报告，筹划 2024 年首次示范应用。平高电气 550kV 80kA 大容量罐式断路器及 GIS 见图 7-3。

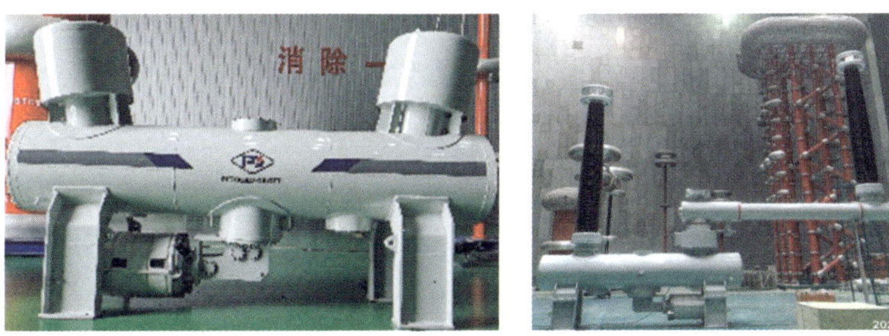

图 7-3　平高电气 550kV 80kA 大容量罐式断路器及 GIS

图 7-4　西开电气 550kV　80kA　GIS

图 7-5　山东泰开 550kV　80kA　GIS

7.1.2　220kV 80kA 断路器技术

1．产品研制难点

难点主要包括以下三个方面：

（1）大电流单断口开断难度大。相比于 550kV/80kA 双断口开关产品，252kV/80kA 在短路开断过程中，单个断口面临更高的恢复电压要求，技术难度更大，因此 252kV/80kA 必须具备更高的单断口绝缘恢复能力。

（2）热开断失效机理不明确。由于 252kV/80kA 单断口恢复电压上升率高，电流过零后的热击穿问题是引起开断失败的主要风险。对于高压开关电流过零后的击穿过程，国内外研究领域主要针对电击穿过程开展，对于热击穿过程如何建立模型、如何评判热击穿的主要机制，乃至如何实现热击穿的抑制，仍缺乏理论依据和相关研究经验。需从电流过零前、过零期间以及过零后研究电流过零全阶段的能量耗散与介质恢复机理，从气体理化特性、灭弧单元结构设计及系统电流指标三个层面明确短路电流过零后热开断失效机理。

（3）开断后热气流冷却难度大。由于短路电流从 63kA 提升至 80kA，开断电流增大，开断能量增大，开断过程中灭弧室内电弧能量大，温度高，需要足够长的热气流冷却通道，以免发生对地击穿，而 252kV 灭弧室尺寸和对地绝缘距离较小，如何在较小的绝缘空间内实现热气流充分冷却是灭弧室设计的难点。

2．国内研究现状

目前国内生产厂家具有运行业绩的 252kV 断路器产品大部分的开断电流为 50kA 及以下，近年来随着电网的发展，少数开关厂家（平高电气、西开电气、上海思源、山东泰开等）开发出了短路开断电流为 63kA 的 252kV 开关产品，并且已实现工程应用。

平高电气研制的 ZF11C-252（L）/T4000-63 型 GIS，尺寸与现有 50kA 产品相当，额定电流 4000A/5000A，额定短路开断电流 63kA，断路器采用双动自能式灭弧室，配备弹簧机构，采用三相联动三工位隔离接地开关，外置式电流互感器，快速接地开关采用三相联动结构，配电动弹簧操动机构，间隔宽度 1.7m，断路器分相操作也可三相电气 / 机械联动操作，机械寿命达到 10000 次，已于 2020 年应用 5 个间隔。

西电电气研制的 CB252- Ⅲ型 252kV 63kA GIS，额定电流 4000A，额定短路开断电流 63kA，断路器采用单断口结构，每相配用一台 CYA4- Ⅲ型液压操动机构，可实现分极操作也可三极电气联动操作。技术特点：断路器采用卧式布置，满足 230kV GIS 程用户的双电缆进、出线布置形式的需求；参数高（63kA），单断口，结构简单；采用液压弹簧操动机构，经历了机械寿命试验，整机的可靠性高，并且维护容易，检修周期长。252kV 63kA GIS 产品已应用 14 个间隔。

山东泰开研制了 252kV 63kA 罐式断路器，额定电流 4000A，额定短路开断电流 63kA，断路器采用单断口灭弧室，配备碟簧液压操动机构。

国内尚无厂家拥有 252kV 80kA 大容量断路器开关产品。

7.2　金属封闭式直流高压开关设备

7.2.1　直流 GIS 研制

1．产品研制难点

难点主要包括以下三个方面：

（1）直流 GIS 用绝缘子研制设计困难。在交流电压下，GIS 中绝缘子的电场分布主要取决于绝缘介质的介电常数，呈电容性分布，其设计和制造技术已较为成熟。而在直流电压下，绝缘子电场呈电阻性分布，与绝缘介质的电导率有关，非常容易受温度、电场强度、极性和加压时间等因素的影响。尤其在由容性电场向阻性电场的过渡过程中，电荷会在固体绝缘子和气体绝缘介质的交界面上不断积聚，导致绝缘子表面局部电场畸变，从而引发绝缘子沿面闪络。因此在直流 GIS 用绝缘子的研发中，如何通过提高直流环氧材料的电阻率，以及通过优化绝缘子沿面形状减小其法相电场强度等手段，从而达到抑制绝缘子电荷积聚目的，是直流 GIS 用绝缘子研制的难点。

（2）金属微粒抑制困难。在直流系统单一极性电压下，金属微粒的运动存在明显的极性效应。负极性电压下，金属微粒可能发生启举并运动到高压导体，甚至在高压导体附近运动形成“飞萤”现象。此外，部分金属颗粒会产生向绝缘子运动的趋势，从而引发绝缘子沿面闪络。因此，直流电压下金属微粒对 GIS 可靠性的影响更为苛刻。如何优化直流 GIS 内部的电场分布，以及通过对微粒捕捉器形式、结构、尺寸的优化设计，实现微粒布置器对金属微粒的高效抑制，是直流 GIS 设计难点和关键。

（3）长期带电考核困难。长期带电考核是对直流 GIS 产品长期运行可靠性的重要验证手段，能够充分掌握直流 GIS 固有特性和绝缘材料电场强度使用极限值。在不通电流下，开展冷态的长期绝缘验证相对容易；如何开展大电流下的热态下长期直流电压下带电试验，包括叠加冲击试验、极性反转试验等是难点。

2. 国内研究现状

近年来，国内对于直流 GIS 已经有高校、公司开展技术及配套产品研究，如绝缘结构优化、高压直流电缆开发等。西安交通大学针对直流 GIS 中绝缘子表面电荷分布与积累进行了研究，研制新型盆式绝缘子表面电荷测量装置，并根据试验和仿真结果，提出了不同条件下适用的表面电荷分布模型，为深入认识直流 GIS 设备提供理论基础；华北电力大学等设计制造了直流 ±100kV 圆盘形绝缘子，并对其开展了雷电冲击试验、操作冲击试验等型式试验。国内企业中，平高电气对直流 GIS 的绝缘子表面电荷积累进行了研究，并提出了 GIS 直流电场的数学模型，开展多物理场耦合仿真，研制了 ±210/±350/±550kV 系列化直流 GIS 产品，实现国产设备的突破；西开电气也完成了 ±550kV 直流 GIS 样机研制。目前国内正在进行 ±800kV 直流 GIS 设计与研制，攻克结构优化等绝缘性能调控关键技术，将有效指导设备生产和工程应用。

平高电气系列化直流GIS　　±100kV GIL样机　　C4环保气体的环保型±320kV GIL

图 7-6　平高电气系列化直流 GIS

7.2.2　直流 GIL 研制

1．产品研制难点

难点主要包括以下三个方面：

（1）绝缘子和微粒捕捉器的多场协同调控与优化设计困难。经过多年发展，GIL/GIS 用柱式绝缘子已形成单支撑、双支撑和三支撑等多种技术路线，其中三支柱绝缘子是交流 GIL 中最常用的结构。当前国内外尚无柱式绝缘子研发和设计的相关报道，尽管已有学者采用苏通 GIL 综合管廊工程的三支柱绝缘子分析了 ±800kV 电压下的电场分布特性，但从其研究结果可以看出，由于三支柱绝缘子腹部区域法向场强集中，该位置在长期直流电压下将存在大量电荷集中的现象，因此直流下绝缘子结构尚需改进和优化，支柱绝缘子的结构设计和表面电荷调控仍是关键难点。同时，尽管国内外在直流 GIL 绝缘子和捕捉器结构优化设计方面已有一定研究基础，但滑动的柱式绝缘子和通气式盆式绝缘子还尚无可参考的产品和经验，考虑电场、电荷、温度、应力的多参数、多目标优化设计亟待开展；微粒捕捉器的优化分析尚未考虑绝缘子、屏蔽电极的影响与协同作用，高压屏蔽电极作为“飞萤”微粒的捕捉器有待设计，捕捉器、中心导体和绝缘子结构之间对金属微粒运动的相互作用机制和捕获抑制手段还需进一步探索。

（2）大型绝缘件浇注固化与工艺调控困难。从设计上看，±800kV 直流 GIL 用绝缘子和管廊的设计尺寸将大于交流 1100kV GIL，因此与现有浇注工艺相比，会对大型绝缘件填料分布的均匀性、固化放热稳定性控制和固化残余应力抑制带来更大的挑战，也成为大尺寸绝缘子研发的制造难题。国内已掌握环氧复合材料绝缘件固化动力学仿真技术并研制了系列化直流绝缘子，为大尺寸直流绝缘件制造提供了理论及实践基础，还需进一步探索开发适用于特高压直流 GIL 用高机械强度、高绝缘强度、高导热性的环氧复合材料配方及大尺寸绝缘件成型工艺。

（3）特高压直流 GIL 设备的研制与可靠性验证困难。国内外对直流 GIL 的研发与样机制造仍处在初步探索阶段，目前，直流 GIL 最高电压等级为 ±550kV，暂无特高压直流 GIL 设备研制。为保证特高压直流 GIL 设备的长期安全稳定运行，需重点考虑特高压 GIL 设备的可靠性问题。特高压苏通 GIL 综合管廊工程中，已开展了产品可靠性设计、分析、建模、分配、预计、增长的相关工作，建立了特高压 GIL 设备可靠性基础数据模型与收集方法，提出了多动因驱动的特高压 GIL 设备可靠性建模与分析方法，为直流 GIL 可靠性分析研究提供了诸多参考。考虑到直流 GIL 与交流 GIL 在运行工况、故障特征、考核条件等方面还存在较大差异，验证特高压直流 GIL 装备的可靠性的试验方法需要进一步研究。

2. 国内研究现状

目前，交流 GIL 已得到长足的发展并有大量的工程应用经验，直流 GIS 的研发应用主要在较低电压等级，直流 GIL 则处于更早期的研究阶段。直流 GIL 是一种环境适应性好、占地面积小、输送容量大的输电设备，适用于不允许架空线的情况，如视觉影响、公众反对等；需要节省空间的情况，如人口稠密地区等；在相同安装空间内，电缆容量有限而无法使用的情况，如海上风电的陆上传输等。目前实际运行中的 GIL 都属于交流 GIL，针对直流气体绝缘金属封闭装备的研究长期聚焦于直流 GIS，尚未有成熟的直流 GIL 产品实现工程应用，国内外直流 GIL 的研究还处于起步阶段。

国内对直流 GIL 也进行了相关工作，华北电力大学开发了 SF_6/N_2 绝缘的 ±100kV 直流 GIL 研究性单元（见图 7-7）；清华大学开发了基于 C_4 气体的 ±320kV 直流 GIL 研究性单元（见图 7-8）；西安交大、平高电气、中国电科院、经研院、山东电工依托国网 - 西安交大联合研究院科技项目正在开展 ±320kV 直流 GIL 产品研制。

图 7-7 华北电力大学 ±100kV 直流 GIL 研究性单元

图 7-8 清华大学 ±320kV 直流 GIL 研究性单元

7.3 高速开断技术

7.3.1 高速开断技术路线

断路器开断时间主要由机构启动时间、触头机械分离时间、长燃弧时间三部分组成，如图 7-9 所示，其中长燃弧时间为短燃弧时间 + 标准规定的燃弧区间。即开断时间 T= 机构启动时间 t_1+ 触头机械分离时间 t_2+ 短燃弧时间 t_3+ 燃弧区间 t_4。交流开断的原理是基于电流过零开断，燃弧区间 t_4 为固定值，制约开断时间的因素主要是 t_1、t_2 和 t_3。

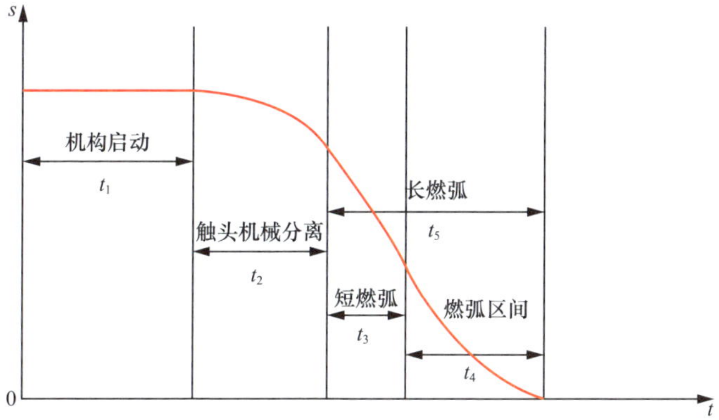

图 7-9　断路器开断时间组成（不含系统继电保护时间）

现有常规 SF_6 断路器存在电磁铁响应慢、动作时间长，分闸速度提升受限，燃弧时间过长等问题，全开断时间为 50ms 左右。为缩短全开断时间，实现短路电流高速开断，需在成熟的 SF_6 断路器基础上，从机构启动时间、触头机械分离时间和电弧开断时间等方面全方位攻关，将断路器全开断时间降低至 25ms 以内。高速断路器研制技术路线如下：

（1）研究操动机构快速启动技术。采用电磁斥力快速脱扣装置替代传统电磁铁，解决传统电磁铁动作时间长问题，机构启动时间（t_1）缩短至 4ms 内。

（2）研究操动机构高速驱动技术。利用大流量控制阀搭配大功率碟簧液压机构，解决传统机构加速慢问题，触头机械分离时间（t_2）缩短至 4ms 以内，实现分闸时间 8ms。

（3）研究灭弧室极短燃弧开断技术。在传统 SF_6 灭弧室基础上，配合极速分闸特性和开断性能优化，解决短燃弧时间过长问题，短燃弧时间（t_3）缩短至 8ms 以内。

7.3.2 高速开断产品研制

1. 产品研制难点

难点包括以下三方面：

（1）具有高速开断能力的灭弧室研究。为实现产品开断时间不大于 25ms 的要求，在标准规定的燃弧区间下，需要压缩产品短燃弧时间来实现高速开断，短燃弧时间需要在 8ms 以内。现有的 SF_6 灭弧室短燃弧开断时间一般为 11～14ms，真空灭弧室开断燃弧时间较短，但仅在 145kV 及以下电压等级产品中应用，且额定短路电流开断能力在 40kA 及以下。目前尚无成型 SF_6 灭弧室能够满足高速开断要求。要压缩灭弧室短燃弧时间，需采取以下措施：①优化配置气室容积、速度、喷口等参数，优化弧道设计，提高电弧能量利用效率，增大气室压力，满足电弧开断要求；②喷口喉部适当的提前打开，快速排出热气流，促进断口间介质强度快速恢复；③提高分闸速度，快速拉开断口距离，建立有效的绝缘。

（2）具备快速启动、高速驱动功能的操动机构研究。根据高速开断技术需求，操动机构需满足分闸时间不大于 8ms。目前现有的弹簧机构分闸时间为 26～30ms，碟簧液压机构分闸时间稍短，但其分闸时间通常会大于 16ms，受限于现有成熟结构，均远远无法满足高速开断的分闸时间需求，而电磁斥力机构虽然可以满足分闸时间的需求，但是存在电磁衰减快、行程无法做大等技术瓶颈，且这些瓶颈在短期内无法突破，因此，如何有机结合不同操动机构技术优势，研制出具有快速启动、高速驱动以及大行程的新型电磁液压操动机构是难点和关键点。

（3）轻量化、高强度传动系统结构设计。为缩短断路器分闸时间，在提高机构启动速度和输出力的同时，也需要减小传动系统运动质量，如何合理设计传动结构，去除冗余材料，采用合适的高比强度材料、新型表面处理工艺，在保证强度和可靠性的前提下降低质量是技术难点。

2. 国内研究现状

目前快速真空开关技术主要面向中低压产品开展研究，起绝缘隔离作用，虽然动作时间理想，但额定电压较低，仅十几千伏，开断能力有限，不适用于高压线路故障开断。

在高电压快速开断方面，国网宁夏电力公司联合某企业开展 363kV 快速真空断路器研究，如图 7-10 所示，其采用 SF_6 气体绝缘，由于目前单断口的真空断路器难以直接应用于高电压等级电网，其敞开式样机每相由 2 组 6 串 40.5kV 真空灭弧室开断单元并联组成，每个断口并有均压电容器并配一台机构，分闸时间可达到 5ms。但结构复杂、可靠性较低、成本高昂，且体积庞大，无法与现有开关设备对接安装，兼容性差，推广应用困难。

图 7-10　363kV 快速真空断路器

不同于真空开关方案，基于 SF_6 灭弧室的高速断路器是一个新的研究方向，结构较真空方案大幅简化，可靠性方面有天然的优势，通流散热能力也有较大提升，与常规断路器产品工程布置区别不大，占地面积小，成本较低，适合于新建电站和老站改造。

平高电气联合中国电科院于 2019 年 6 月～2020 年 12 月完成世界首台 252kV 高速断路器研制（配碟簧液压机构），如图 7-11 所示，额定电流 4000A，额定短路开断电流 50kA，电寿命 E2 级（20 次），开断时间不大于 25ms，已在浙江 220kV 宁波天一变电站、杭州涌潮变电站示范应用 5 个间隔，自 2020 年 12 月至今，运行状态良好。2020 年 10 月～2022 年 10 月，完成 550kV 高速断路器研制，额定电流 6300A，额定短路开断电流 63kA，容性电流开合能力 C2 级，电寿命 20 次，开断时间不大于 25ms，于 2023 年 6 月在浙江舜江变电站挂网运行，如图 7-12 所示。

山东泰开联合中国电科院研制出了 252kV 高速 SF_6 断路器，如图 7-13 所示，额定短路开断电流 50kA，分闸时间不大于 8ms，全开断时间不大于

25ms，2022 年在杭州 220kV 柔性低频示范工程应用；山东泰开联合南网电科院研制了 550kV 高速 SF_6 断路器，如图 7-14 所示，额定短路开断电流 63kA，分闸时间不大于 8.5ms，全开断时间不大于 25ms，通过了 Tlova 和 L90 试验验证，于 2023 年 5 月在南网新设备挂网试运行基地带电考核。

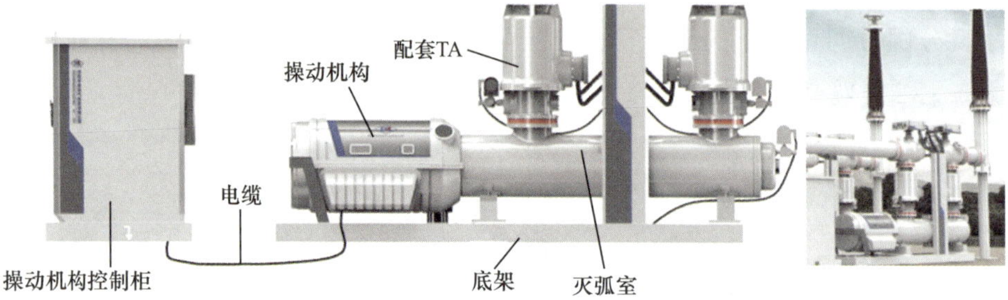

图 7-11　平高电气 252kV 高速断路器

图 7-12　平高电气 550kV 高速断路器

图 7-13　山东泰开 252kV 高速 SF_6 断路器

图 7-14　山东泰开 550kV 高速 SF_6 断路器

目前，中国电科院联合平高电气、山东泰开正在开展 800kV 高速断路器研制，用于特高压换流变内部短路故障快速清除，防范换流变爆燃风险，计划 2024 年完成产品研制，2025 年开展工程示范应用，见图 7-15 和图 7-16。

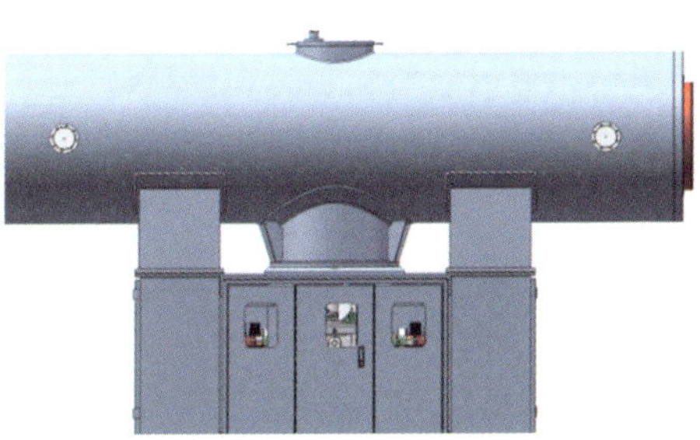

图 7-15　平高电气 800kV 高速断路器

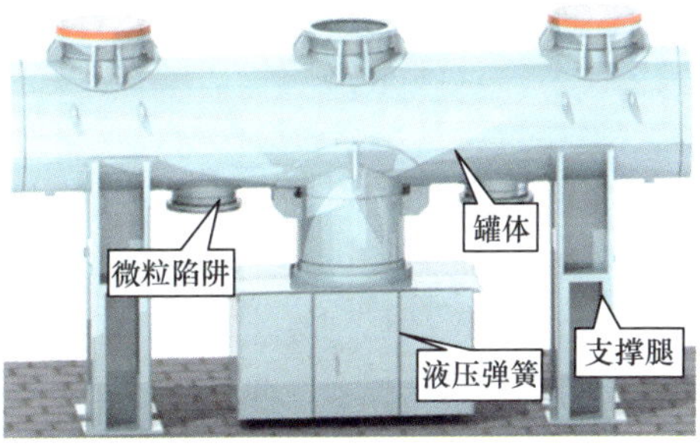

图 7-16　山东泰开 800kV 高速断路器

此外，国内其他开关设备厂家如西电集团等也在开展高速断路器产品研发。

7.4　环保类开关设备

7.4.1　110kV 真空断路器研制

1．产品研制难点

难点包括以下两方面：

（1）真空灭弧室工艺难度大。目前，国内外已有多家公司完成了 126kV

真空灭弧室的制造，但由于批量小，灭弧室结构、制备工艺和测试手段都未得到充分的验证和优化，产品性能及可靠性尚有很大的提升空间。

（2）操动机构及传动系统的优化困难。匹配机械特性的弹簧操动机构输出特性需要根据触头控弧试验的结果确定。真空断路器匹配特性与六氟化硫断路器有较大差别，需要对已有弹簧机构进行优化设计。弹簧机构作为一个运动系统，缓冲器以及分合闸簧等的修改将同时可能带来分合闸锁扣及分合闸时间的变化，如何提升机构动力学仿真的准确性和分合闸锁扣的可靠性至关重要；同时126kV真空断路器为三相联动产品，传动系统的设计也非常关键。

图7-17　126kV真空断路器

2．国内研究现状

目前国内开关厂家如平高电气、西开电气都有126kV真空断路器产品。参数可以达到额定电流3150A，额定短路开断电流40kA的水平。产品生产制造较为成熟，见图7-17。

7.4.2　220kV真空断路器研制

1．产品研制难点

难点包括以下三方面：

（1）兼顾开断和额定通流能力的触头设计困难。目前，高电压等级真空灭弧室提升开断能力的主要措施是保证触头间纵向磁场强度，进而控制电弧，避免电弧产生集聚。252kV真空断路器相比126kV真空断路器，绝缘参数有明显提高，开距必然拉大，随着触头开距的增大，相同条件下产生的磁场强度会随之降低。另一方面，短路开断电流从40kA增加到50kA，控弧所需的磁场强度需求却有所提升。提升触头磁场强度主要途径是增加短路电流流过路径的长度，然而这却与灭弧室的额定通流能力产生了矛盾。因为随着路径增长，回路电阻也将随之增加，同时额定通流又由2500A提升到4000A，产生的热量大幅增加。

（2）252kV大尺寸真空灭弧室制造工艺。随着产品尺寸的增大，零部件表面积大幅增加，采用以往的表面处理工艺和工装夹具难以保证表面粗糙度、表面质量的均匀性；大体积薄壁零件焊接过程中热胀效应更为明显，热状态和常温状态尺寸差异达到毫米级别，对焊缝造成较大应力，极易导致焊缝开裂或材质撕裂，现有工艺成品率极低，需要确定合理的焊接顺序和焊接温升曲线。

（3）252kV 灭弧室及真空断路器整机绝缘结构设计。断路器绝缘包含灭弧室真空内绝缘和环保气体外绝缘两个路径。为实现对 252kV 六氟化硫断路器的替代，252kV 真空断路整体外形尺寸与 252kV 六氟化硫断路器基本保持一致。因此，真空灭弧室和套管外形尺寸也相应受到限制。但是，真空间隙的绝缘水平存在非线性饱和的特性，环保气体绝缘性能又弱于 SF_6。因此，真空灭弧室绝缘和整机绝缘结构设计是项目的难点之一。

2．国内研究现状

目前，国内厂家如平高电气、西开电气、成都旭光都在进行 252kV 真空断路器的研制工作，并取得了一些进展，见图 7-18。

图 7-18　252kV 真空断路器

7.4.3　环保气体研发及应用

1．干燥空气研制及应用

在高压交直流断路器中，干燥空气仅作为绝缘介质使用。干燥空气作为常规的无氟环保型气体，具有物理化学性能均比较稳定，价格低廉，液化温度远

低于 SF_6 气体等特点，是一种性能优异的 SF_6 替代气体。目前，国内针对干燥空气的物理、化学特性，以及绝缘性能开展了大量的研究，已基本掌握了其在不同气压下的绝缘性能。平高电气在系列化 GIS 用真空断路器中已使用干燥空气作为绝缘介质，通过提高充气压力，解决了干燥空气绝缘性能低于 SF_6 气体的问题，西电电气 GIS 用真空断路器也有类似的应用。

2. C_4 气体研发及应用

（1）产品研制难点。难点包括以下两方面：

1）气体方案设计困难。纯 C_4F_7N 气体 GWP 值仅为 SF_6 的 1/10 而绝缘性能达到了 SF_6 的 2 倍，但它在一个标准大气压下 −4.7℃便会液化，影响产品正常使用，因此需要将其与其他气体（称为缓冲气体）混合使用，以提高液化温度。2015 年 GE 公司推出了 g_3 作为 SF_6 替代气体，即 C_4F_7N/CO_2 为主的混合气体，这种气体的 GWP 较 SF_6 降低 95% 以上，同时具有良好的绝缘性能。然而，g_3 气体在实际应用中仍存在问题，如何确定气体混合比与充气压力使产品的液化温度和绝缘性能同时满足工程应用需求是 C_4F_7N 高压电气设备的设计难点之一。

2）设备结构优化困难。气体种类改变引起的物性参数变化和绝缘、灭弧性能差异，导致在 SF_6 电气设备设计过程中积累起来一些的仿真计算和结构优化技术不再适用，引起产品研制周期和研制成本增加。以断路器绝缘性能为例，目前针对 C_4F_7N 环保混合气体的绝缘强度研究结论，大多通过小模型摸底得到，没有足量的产品试验结果支持，这种方法得到的绝缘判据可能与产品试验的实际情况有差异，因此进行设计方案绝缘强度评估时，需要预留更多的绝缘裕度，以尽可能提高设备绝缘性能，最终导致设备设计难度增加。此外，不同充气方案下混合气体的物性参数和灭弧性能存在差异，现阶段进行断路器灭弧结构设计时，需要通过摸底试验或者参数测量矫正仿真模型，导致设备研发周期和成本增加。

（2）C_4F_7N 环保气体产品国内研究现状。国内，武汉大学研究了 C_4F_7N 混合气体的绝缘特性及气固相容性，提出了工程化绝缘设计依据，并解决了部分材料不相容问题。中国科学院电工研究所获得了 C_4F_7N 气体在电、热下分解的气固相容性。沈阳工业大学等初步探索了 C_4F_7N 混合气体电弧特性。在环保气体设备研制方面，平高集团有限公司研制出 1000kV C_4F_7N 环保气体 GIL、126kV C_4F_7N 环保气体隔离接地开关、母线、套管等设备；云南电网公司等也

研制了采用 C_4F_7N 的 12kV 柱上负荷开关等。

西开电气基于“真空开断 + 洁净空气绝缘”技术自主研制的新一代环保组合电器产品，额定电压 126kV。断路器采用真空灭弧室，三相共箱立式布置，配弹簧操动机构，其余元件均采用洁净空气作为绝缘和灭弧介质，隔离开关接地开关采用三工位结构，配用电动机构。产品能满足 -40 ～ +40℃使用环境要求、达到 1.1×3150A 载流、短路电流 40kA 开断能力。

平高电气基于“真空开断 + 二氧化碳绝缘”技术自主研制的新一代环保组合电器产品，额定电压 126kV。断路器采用真空灭弧室，三相共箱立式布置，配弹簧操动机构，其余元件均采用二氧化碳作为绝缘和灭弧介质，隔离开关接地开关采用三工位结构，配用电动机构。产品能满足 -40 ～ +40℃使用环境要求，额定短路开断电流达 40kA，电寿命大于 20 次，容性电流开断水平为 C2 级，机械寿命等级达 M2 级，可靠性高，寿命长，并且生命周期内免维护，产品已在河南鹤壁思德变、浙江湖州安吉城北变电站挂网运行。

7.5　新一代智慧型高压开关设备

7.5.1　产品研制难点

难点包括以下三方面：

（1）GIS 状态全要素感知缺乏一体化设计。高压开关设备状态监测数据类型复杂而繁多、特性各异，目前在智能变电站应用的各类型传感器和智能组件基本上都是相对独立的，自身的软硬件耦合程度高，如何在有限硬件资源下将表征智慧 GIS 状态全要素感知是难点和关键点。

（2）高压开关设备状态监测数据特征提取及智能诊断研究存在局限。高压开关设备状态监测数据类型复杂而繁多、特性各异，需要针对性地研究典型特征提取技术，而不同原理的数据诊断分析算法的适用范围都有一定的局限，如何针对不同类型的特征数据找出适应性强、计算结果准确度高、应用范围较广的诊断分析算法是研究难点。

（3）高压开关设备在线故障诊断标准体系建设不完善。目前针对每台开关设备进行的故障诊断面广量大，且不同评估人员对诊断标准的理解、掌握的尺度不尽相同，影响诊断结果。必须通过信息化、现代化的手段，通过建立强大的信息系统来完善，提高状态诊断的效率和准确性，避免手工分析可能造成的数据不全面、分析不深入、标准不统一等问题。

7.5.2 国内研究现状

在全世界范围内，GIS 设备异常带来的电力传输系统安全故障普遍存在。一项由国际大电网工作组（CIGRE）公布的 GIS 设备运行统计数据表明：国外在 1967～1992 年间的所有 GIS 绝缘故障率，超过了 GIS 设备运行标准所要求的 1/1000 每年的指标，而且随着电力传输系统电压的增高，GIS 设备发生绝缘故障的概率会不断地增加。2003 年 8 月北美和加拿大地区发生超大规模停电事件，随之而来的 GIS 设备检测和维修工作耗费了巨大财力、物力。我国自 1980 年开始引入 GIS 并投入运行，距今已有 30 年历史的应用和检修历史，但相对于欧美以及日本等国家而言，在 GIS 运行状态在线监测的差距依然很大，一方面是相关经验和研究实施较少，另一个方面是没有形成有效的监测办法和管理机制。

在当今物联网、人工智能、大数据迅速发展的背景下，通过采集的数据，结合数据挖掘和其他算法，可以从数据中挖掘出与先前方法不同的特征数据。这为设备的状态评测提供了支撑：通过对运行不正常的设备的数据进行采集，以统计学的手段进行分析，可以对事故高发的季节、地区等进行重点关注并分析原因，这样能够更加敏锐地挖掘设备故障的原因；通过对各种类型的电气开关设备运行时产生的参数进行分析，可对各个参数在状态评测中的重要度、贡献度进行排序，这样对于以后算法的应用与提高有着指导性意义；通过对不同类型的设备的在不同生命周期的状态参数的统计和分析，可以对同工况、同类型、同历史状态的相同类型的设备的状态进行预测，结合预测结果，提出合理建议，既节省人力物力，又及时检查开关设备的隐患。

从目前的情况来看，虽然针对开关设备的各种传感器，从数量到类型到精度上都在增长，但是，大部分监测装置功能过于细分单一，软硬件耦合程度高，造成工程现场监测装置数量较多，成本较高，不利于设备状态感知技术的推广。单一检测方法一般使用单一的检测进行分析，容易出现误判、漏判等情况。获得的各种类型的数据，缺乏统一的管理平台。存在的管理平台存在以下几个缺陷：系统收集的数据具有实时检测数据和在线检测数据。数据只是简单使用，有些数据甚至只是简单地进行存储，并没有进行有效利用，同时，在储存时这个系统不挖掘数据的内涵，难以对设备的状态进行准确且合理的判断；由于开关设备可检测的状态量持续增加，系统的可扩展性大大降低。同时，现存系统过于冗余，很难在已有的系统框架上进行功能增添或改变。因此，除关键信号的采集和分析技术外，开发高效轻量级服务平台也是当务之急。虽然国家电网已开展了相关的研究和试点工作，但目前并未形成完善的状态检修体系，多传感器信息融合将多传感器或多源的信息和数据，依据一定的准则进行自动分析、数据耦合和综合处理，以完成所需的决策和估计。

平高电气研制了 PIM-8000 智慧高压开关设备综合监测系统（见图 7-19），并将该系统应用于新一代 252kV 智慧型 GIS（见图 7-20）。该产品是用于变电站开关设备状态监测与评估的边缘计算终端系统，具备机械特性、储能、绝缘（局部放电、SF_6 气体状态）、隔离开关触头位置、系统负荷（电压、电流）、温升、避雷器泄漏电流、环境等状态量全面感知和多源信息融合功能，结合能在监测装置上运行的轻量级多维特征状态评价算法，可自主评估开关设备当前健康状态，实现设备典型缺陷的趋势分析和常见故障的智能诊断。

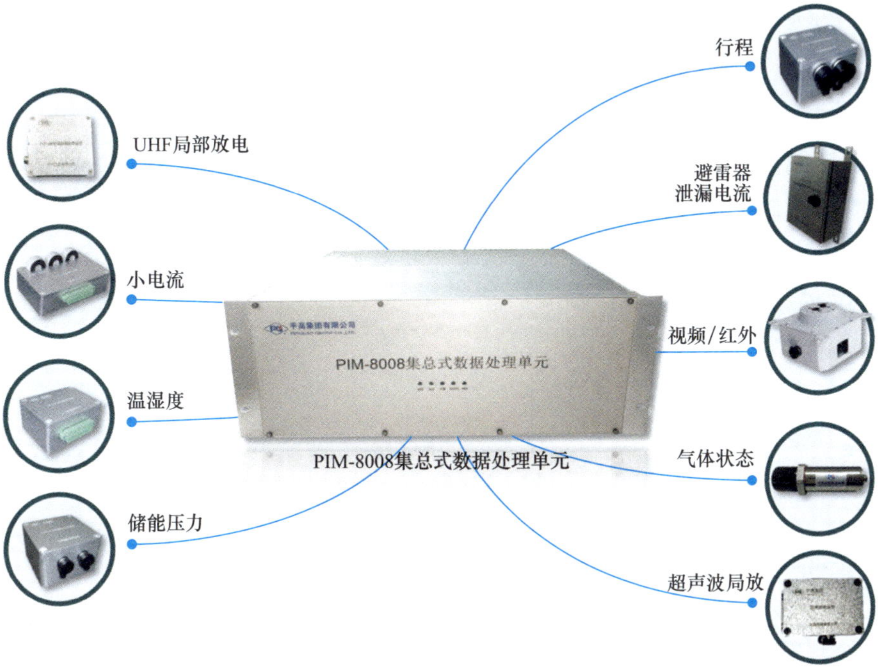

图 7-19　PIM-8000 智慧高压开关设备综合监测系统

图 7-20　新一代 252kV 智慧型 GIS

基于现有技术开展更高电压等级新一代智慧型高压开关设备研制，为高压开关设备提供多源信息融合、轻量化的综合监测系统，实现多源数据的一体化全面监测，将显著提升新一代智慧型高压开关设备故障诊断的准确性和可靠性，成为大电网安全稳定运行的重要保障，有力支撑新型电力系统的建设，具有极高的经济社会效益和广阔的市场应用前景。

章后导练

1. 550kV 80kA 断路器研制存在哪些难点？

2. 直流 GIL 研制存在哪些难点？简述 ±800kV GIL 研制的必要性。

3. 220kV 真空断路器研制存在哪些难点？简述下更高电压等级真空断路器需要突破哪些关键技术？

典型练习题

参考文献

[1] 黎斌. SF_6 高压电器设计［M］. 北京：机械工业出版社，2009.

[2] 徐国政，张节容，钱家骊，等. 高压断路器原因和应用［M］. 北京：清华大学出版社，2000.

[3] 赵婉君. 高压直流输电工程技术［M］. 北京：中国电力出版社，2004.

[4] 米尔萨德·卡普塔诺维克，王建华，闫静，等. 高压断路器——理论、设计与试验方法［M］. 北京：机械工业出版社，2015.

[5] 黎卫国，张长虹，夏谷林，等. 500kV 交流滤波器用断路器灭弧室爆炸故障分析与防范措施［J］. 高压电器，2017，53（5）：181-187.

[6] 左亚芳. GIS 设备运行维护及故障处理［M］. 北京：中国电力出版社，2013.

[7] 祝志祥，张强，曹伟，等. 特高压直流避雷器用 ZnO 电阻片研究进展［J］. 中国陶瓷. 2022，58（4）：9-15.

[8] 王兰义. 金属氧化物避雷器 IEc. IEEE 和 JEC 标准的比较［J］. 电瓷避雷器. 2022.

[9] 卢文浩，肖翔，韦晓星，等. 氧化锌避雷器阀片局部 U_（1mA）大小与缺陷程度关系的研究［J］. 电瓷避雷器. 2022（06）：147-151.

[10] 吕怀发. 避雷器［M］. 北京：中国电力出版社，2021.

[11] 何俊佳，宋丽，周本正，等. ZnO 压敏电阻微观结构调控与性能提升研究综述［J］. 电工技术学报. 2023，38（20）：5605-5619.

[12] 安志国，胡上茂，蔡汉生，等. 避雷器放电计数器多重雷击动作特性改进研究［J］. 电瓷避雷器. 2021（5）：25-29，35.

[13] 毕洁廷. 多重雷击下 ZnO 避雷器热击穿机理研究［J］. 电瓷避雷器. 2022（4）：162-168.

[14] 王典浪，曹鸿，等. 500kV GIL 三支柱绝缘子隐患分析及整治［J］. 高压电器，2023，59（2）：001-005.